Thomas Adam

Feuer, Fluten, Hagelwetter

Naturkatastrophen in Baden-Württemberg

Inhalt

Zur Einführung:
Fukushima, der Cannstatter Wasen und die Zumutung unserer Verwundbarkeit

Eine Rätselfrage zu Beginn: Was haben das Volksfest auf dem Cannstatter Wasen, das Fahrradfahren und die teilweise bereits erfolgte Stilllegung der Kernkraftwerke in Philippsburg und Neckarwestheim miteinander gemein? Nun, ihre Wurzeln liegen in Fernost und sind eigentlich katastrophischen Ursprungs. Das ein oder andere Detail unserer jüngeren Geschichte wäre anders verlaufen ohne den gewaltigen Ausbruch des Vulkans Tambora östlich von Bali im April 1815 und ohne den Tsunami, der im März 2011 auf die Küste von Tōhoku traf.

Worum es in diesem Buch geht

Das erfordert eine nähere Erklärung. Und zugegeben: Die Zusammenhänge sind plakativ überzeichnet. Den stufenweisen deutschen Atomausstieg und das Laufzeitende auch für die baden-württembergischen Kernkraftwerke hätte es ohne die Nuklearkatastrophe von Fukushima früher oder später trotzdem gegeben; allenfalls der letzte entscheidende Impuls ist den ökologischen Auswirkungen des Tsunami und dem folgenden politischen Stimmungswandel im Land geschuldet.

Ähnlich beim Radfahren. Um auf das technische Prinzip seiner zweirädrigen Laufmaschine zu kommen, brauchte der badische Tüftler Karl Drais sicher nicht den Ausbruch des Tambora, der rund um den Globus jahrelange Kältewellen verursachte. Dass seine Draisine aber ihre erste Chance erhielt, soll den Ernteausfällen während jener schweren Klimakrise zuzuschreiben sein: Pferdehaltung war wegen der gewaltig gestiegenen Haferpreise für viele schlicht unbezahlbar geworden, es drohten Einschränkungen der Mobilität.

Recht handfest ist indes der Zusammenhang zwischen Tambora-Eruption und Cannstatter Wasen. Die landwirtschaftliche Leistungsschau, mittlerweile eines der größten Volksfeste weltweit, wurde im Gefolge dieses Desasters 1818 von der königlichen Regierung unter Wilhelm I. ins Leben gerufen, ebenso die württembergische Landessparkasse und die heutige Universität Hohenheim. Durch Fortschritte auf dem Agrarsektor und ein finanzielles Sicherungssystem wollte man vergleichbare Krisen künftig abmildern können. Der am Boden liegenden schwäbischen Wirtschaft verschaffte dies dringend benötigte neue Impulse.

Damit wäre angeschnitten, wie Naturkatastrophen auf der anderen Seite des Erdballs hier im deutschen Südwesten ihre Spuren hinterlassen und zu wirkmächtigen Faktoren der regionalen Geschichte werden können. Das Kunstwort „glokal" beschreibt vielleicht am besten die beiden Facetten ihres zwiespältigen Doppelcharakters – lokal im Entstehen, global in den Auswirkungen.

Aber auch unser eigenes Land kennt selbst verheerende Extremereignisse; historisch gesehen prägten sie die Lebenswelt früherer Generationen mit. Das ist in erster Linie der Fokus dieses Buches. Geografisch richtet sich sein Blick auf Baden-Württemberg, gelegentliche Abstecher in Nachbarregionen wie Südhessen, das Elsass und die Pfalz, den Schweizer Norden und die westlichen Teile von Bayern müssen erlaubt sein. Genau an den Landesgrenzen enden und das Thema räumlich so strikt abstecken hieße menschengemachte Schranken setzen, um die sich aber die zerstörerischen Naturkräfte absolut nicht scheren. Dem Wirken und Einfluss dieser Extremereignisse spürt das Buch über die letzten Jahrtausende hin bis zur Gegenwart nach. Beobachtet werden Menschen im Umgang mit Katastrophen, gefragt wird nach ihren Ängsten, ihrem Durchhaltewillen, ihrer Schaulust und Sensationsgier.

Individuum und Gesellschaft hier, Naturgewalt da, beides prallt im fatalen Moment des Geschehens aufeinander. Neben den einmaligen großen Desastern formten und formen hauptsächlich die permanenten kleinen kräftig am Wesen und Weltbild der Epochen mit. Nicht alles muss dabei zwingend Verderbnis und elementare Not bedeuten, muss den Stempel der echten Katastrophe tragen. Kometen, die bis ins 17. Jahrhundert in unmittelbarer Erdnähe statt weit draußen im Weltall vermutet wurden, schwache Erdbeben, selbst Sonnen- und Mondfinsternisse haben, ohne irgendwelche Schäden anzurichten, für Erschütterung gesorgt: nämlich im Denken und Glauben der Menschen einer Zeit. Wie viel Irrlichterndes, wie viel Spekulatives über Ursachen und Wirkungen solcher Erscheinungen spiegelt sich doch wider in den offiziellen Kirchenlehren wie im volksfrommen Brauchtum! All dies zusammen hat beigetragen zu Brüchen im kollektiven Bewusstsein, zu wichtigen Innovationen wie auch zu Phasen eines beschleunigten gesellschaftlichen Wandels.

Nun lassen sich die von Extremereignissen herbeigeführten Verwüstungen im süddeutschen Raum nicht in eins setzen mit dem Schicksal unzähliger Menschen, deren Leben während der letzten Jahrzehnte in anderen Erdteilen durch Überschwemmungen, Beben und Tropenstürme ausgelöscht wurden. Eine solche Gegenüberstellung wäre abwegig. Was sind selbst die größten zentraleuropäischen Schadensereignisse im Verhältnis zu den Hunderttausenden von Toten, den Abermillionen von Obdachlosen und Flüchtlingen bei Naturkatastrophen in China, dem indischen Subkontinent, dem Iran oder auch in Teilen Mittel- und Südamerikas? Was sind – verglichen mit Tsunamis, Taifunen und tektonischen Starkbeben – die weggefegten Dachziegel und abgeknickten Tannen nach einem schweren Sturmtief im Schwarzwald, was die bei Gewitterregen vollgelaufenen Keller im Flachland? Der Historiker Eric Jones schreibt sogar den Aufstieg Europas insgesamt der Klimagunst des Kontinents und der doch überschaubaren Zahl und Auswirkung solcher Katastrophen zu.

Trotzdem darf der Südwesten nicht als eine Insel der Seligen missverstanden werden. Das höchste Hagelrisiko in ganz Deutschland besteht im Schwarzwald-Baar-Kreis, die Witterungsbedingungen der Oberrheinebene begünstigen das unheilvolle Auftreten sogenannter Superzellengewitter, den Raum zwischen Straßburg und Heidelberg hat der Geophysiker Alfred Wegener schon 1917 als eine regelrechte „Tornado-Allee" bezeichnet. Erdstöße erschüttern regelmäßig Teile von Baden-Württemberg, die Schwäbische Alb gehört zu den seismisch aktivsten Gebieten diesseits der Alpen, und das Dreiländereck um Basel hat durch ein Jahrtausendbeben im Oktober 1356 einen festen Platz in der ewigen Katastrophenstatistik sicher. Im Norden war das Maintal während der Magdalenenflut vom Juli 1342 Szenerie eines der gewaltigsten europäischen Hochwasser im Binnenland.

Würde ein solches Ereignis sich heute wiederholen: Die Folgen wären verheerend. Nicht der Opferzahlen wegen, denn die blieben relativ gering. An den großen Flüssen sind steigende Wasserpegel im Voraus gut zu berechnen, die Anrainer können sich beizeiten in Sicherheit bringen. Die Zahl von rund dreißig Toten und Vermissten während des mitteleuropäischen Hochwassers im Frühjahr 2013 ist bei aller Tragik des Einzelfalls bescheiden. Gewaltig aber die materiellen Auswirkungen: Mit ihren tagelangen schweren Überschwemmungen hat die Flut in sieben Ländern Gesamtschäden im zweistelligen Milliardenbereich verursacht.

Eine typische, eine symptomatische, auch eine einleuchtende Bilanz: In reichen und technisch besser gewappneten Industrienationen entstehen durch Extremereignisse die größten volkswirtschaftlichen Verluste, die meisten menschlichen Opfer hingegen – über 95 Prozent aller Katastrophentoten weltweit in den Jahren zwischen 1970 und 2008 – fordern sie in den strukturschwachen Entwicklungs- und Schwellenländern, deren Bewohner sich nicht ausreichend gegen drohende Gefahren schützen können.

Unsere Verwundbarkeit

Für den Einfluss von Naturkatastrophen auf die Kulturentwicklung gibt es Gründe. Einer davon: Extreme Ereignisse dieser Art sind dem Menschen eine Zumutung. Ihre Gewalt, die er nur allzu gerne ausschalten würde, führt ihm die eigene Verwundbarkeit vor Augen. Sie ist für ihn das Gegenteil von Normalität und Stabilität, ein störender und gefährlicher Fremdkörper, der das Gewohnte aushebelt – ungeliebter Beweis dafür also, dass die natürliche Umwelt außermenschlichen Regeln folgt und sich auch von einer noch so hochtechnisierten Zivilisation nicht vollständig beherrschen lässt. Im wortspielerischen Begriff des „See-Regiments", der bei beträchtlichen Überflutungen am Bodensee gewissermaßen die Herrschaftsübernahme durch das Hochwasser beschreibt, kommt diese Ohnmacht zum Ausdruck. Die Wucht der Naturgewalten stellt mitunter jäh und unerwartet das Vertraute in Frage, rüttelt am Verlässlichen, schockiert, macht schutzlos und belässt kaum individuellen Handlungsspielraum. Niemand habe sich der Wasser erwehren, niemand der eindringenden Flut Widerstand entgegensetzen können, heißt es nach einer schweren Überschwemmung im Basel des frühen 16. Jahrhunderts. So und ähnlich ist unzählige Male während der gesamten Menschheitsgeschichte geklagt worden.

Oft rührt dieser Mangel an Handlungsmöglichkeiten aber auch von Unkenntnis und fehlender Einsicht her. Was tun, wenn die Flut kommt, was, wenn die Erde bebt? Umso verwundbarer ist unsere Welt, je ahnungsloser wir sind, umso verletzlicher, je weniger wir die tatsächlich drohenden Risiken überblicken. Wie viele Menschen verfügen noch aus einem lokalen Erfahrungsschatz heraus über eingeübte Verhaltensregeln im Umgang mit wiederkehrenden und daher langjährig vertrauten Extremereignissen? Wie viele wissen im Ernstfall mit Herausforderungen richtig umzugehen, wissen im möglichen Maße vorzubeugen, wissen den Naturgefahren zu begegnen und sich ihnen anzupassen?

Kaum irgendwo im mitteleuropäischen Binnenland, von den lawinengefährdeten Alpenhängen und Ufern der großen Flüsse abgesehen, wiederholen sich die Katastrophen in ein und derselben Region so regelmäßig, dass Menschen wirklich lernen könnten, mit derart existenziellen Bedrohungen zu leben. Häufig ist das Gegenteil der Fall: Solche Desaster überspringen zuweilen ganze Generationen, der zeitliche Abstand zwischen ihrem Auftreten ist ebenso groß wie das daraus resultierende Halbwissen der Betroffenen. Die setzen sich dann womöglich besonders leichtfertig auch erheblicheren Risiken aus, denn sie begreifen die potenziellen Gefahren durch Naturgewalten gar nicht (mehr); um ein echtes Bewusstsein für sie zu entwickeln, bedarf es der persönlichen Konfrontation mit ihnen, des eigenen Erlebens. Viele Menschen aber glauben Risiken nun gerade deshalb in Kauf nehmen zu können, weil sie selten sind und die Höhe der drohenden materiellen Schäden noch halbwegs kalkulierbar scheint. Also kehren die Geretteten selbst nach Starkbeben und Flutkatastrophen zurück, widmen sich an gleicher Stelle dem Wiederaufbau und verdrängen das Geschehene. Just wegen des erlittenen Unglücks wähnt sich mancher – irrtümlich – erst einmal bis auf weiteres in Sicherheit, denn schließt nicht das Gesetz der Wahrscheinlichkeit eine abermalige Katastrophe noch zu Lebzeiten der jetzigen Generation aus?

Entsprechend rasch macht sich unter den Betroffenen das Vergessen breit. Von dem Grundsatz, man solle das Beste hoffen, doch zugleich auf das Schlimmste gefasst sein, bleibt in den meisten Köpfen nur mehr die vordere Hälfte des Spruches übrig. Und dann wirkt im erneuten Ernstfall der gravierende Mangel an Risikobewusstsein wie auch an praktischer Erfahrung im Umgang mit der Naturgewalt womöglich als Brandbeschleuniger: Je unvorbereiteter die Betroffenen, desto größer die Bedrängnis, in die sie geraten werden.

Im Augenblick ihres Eintretens konfrontieren Extremereignisse den Menschen mit seinen Grenzen – danach aber, kaum hat der Hagelschlag geendet oder der Rauch des Stadtbrandes sich verzogen, mit der Erkenntnis, dass selbst diese Grenzen nicht in gleicher Weise für alle gelten. Denn im ersten Moment mögen durch eine Katastrophe noch sämtliche Bewohner einer Region im selben Maße beeinträchtigt werden. Schon wenn es dann jedoch um Notversorgung und um die Schaffung von Unterkünften geht, hängt das weitere Schicksal der Überlebenden stark von den sozialen Verhältnissen ab. Wohlhabende kommen inmitten des Elends meist rascher wieder auf die Beine als Mittellose, und das gilt für jeden einzelnen Leidtragenden ebenso wie für ganze Städte und Staaten. Wer auf Besitz und Einfluss zurückgreifen kann, ist in der Krise mehr als andere in der Lage zur Selbsthilfe, ist materiell widerstandsfähiger, bewältigt die Extremsituation im besten Falle sogar eigenverantwortlich. Das heißt für den Einzelnen, so schnell als möglich sein niedergebranntes oder eingestürztes Haus von Neuem aufzubauen, während Regionen und Länder insgesamt dem Flusshochwasser künftig aufwändige Dammwälle entgegensetzen werden. Im

Naturgewalt, Unglück, Katastrophe: Mit Begriffen gilt es behutsam umzugehen. Die Überschwemmungen am Neckar im Gefolge schwerer Regenfälle anfangs Juni 2013, oben Hirschhorn, unten Reutlingen, legten den Schiffsverkehr lahm und verursachten Schäden von einer Million Euro. „Rekorde" aber wurden nicht gebrochen, nur an einigen Pegeln bildete sich ein über fünfzigjährliches Hochwasser aus.

Wissen um seine Verwundbarkeit sucht der Mensch, wo immer er die finanziellen und technischen Möglichkeiten dazu hat, den Einfluss der Naturgewalten soweit es geht auszuschalten.

Noch etwas zu den Kernbegriffen

Vorab, zum besseren Verständnis, noch einige begriffliche Klärungen. Ansonsten geraten vielleicht verwandt klingende, aber eben alles andere als deckungsgleiche Worte wie Extremereignis, Unglück und Katastrophe, Risiko und Naturgefahr leicht durcheinander, werden sorglos synonym verwendet und sind es doch nicht.

Das ständig und überall Drohende, das Potenzielle, nicht das wirklich Geschehene kommt in Begriffen wie Risiko oder Naturgefahren zum Ausdruck – Vergegenwärtigungen möglicher Zukunft, so hat es ein Experte einmal formuliert. Eine Gefahr selbst ist nur latent, sie geht dem Ereignis voraus. Allein schon das Wissen um eine solche Bedrohung kann menschliches Handeln beeinflussen. Das Krachen und Rumpeln und Poltern an steilen Bergflanken kurz vor einem Felssturz kündigt nahendes Unheil an. Menschen können gewarnt sein, können von den Alarmsignalen auf die Gefahren schließen, haben noch die Chance zu reagieren und aus der Risikozone zu flüchten. Immer spielt deshalb auch die Frage eine Rolle, wie erwartet oder unerwartet ein extremes Ereignis über die Menschen hereinbricht, wie vorbereitet sie hätten sein können oder, umgekehrt, wie überrascht sie sein mussten. Dem über Tage und Wochen drohenden Bergrutsch ließe sich angesichts vieler klarer Vorzeichen entgehen – bringt aber ein schweres lokales Unwetter einen ansonsten harmlosen kleinen Bach zum Überlaufen und macht binnen Minuten ein reißendes Gewässer aus ihm, bleibt den Betroffenen so gut wie keine Reaktionszeit.

Mit Bergrutsch oder Sturzflut entladen sich nun zerstörerische Naturgewalten, bloße Gefahren werden zu wirklich eintretenden Extremereignissen – wenn auch noch nicht zwingend zu Katastrophen. Denn geht der Steinschlag auf unbesiedeltes Gebiet nieder oder verschlämmt der anschwellende Bach nur ein unerschlossenes Gebirgstal, kommt also niemand zu Schaden, sind die Folgen eben gerade nicht katastrophal. Naturgewalten und Extremereignisse bedürfen keines Menschen, um ihre Bezeichnungen zu rechtfertigen. Ein Sturm ist ein Sturm, ein Beben ein Beben, gleich ob von irgendwem wahrgenommen oder nicht.

Völlig anders verhält es sich mit der Katastrophe: Sie ist ohne den Menschen überhaupt nicht denkbar. Sie muss als extremes Naturereignis in einem größeren Raum die Infrastruktur massiv schädigen – früher rissen Wassermassen Brücken weg und Stadtmauern ein, heute unterspülen sie Bahnlinien und überfluten Industrieflächen –, muss Menschen töten oder in akute Not bringen, muss erhebliche Maßnahmen zur Krisenbewältigung erzwingen. Ging eine mittelalterliche Stadt vollständig in Flammen auf, lässt sich rückblickend sehr wohl von einer Brandkatastrophe sprechen; legte ein Blitz bloß ein Haus nebst Scheune in Asche, wären doch eher zurückhaltendere Begriffe wie Unglück oder Schadenfeuer angebracht. Versanken wie beim Magdalenenhochwasser vom Juli 1342 etliche Siedlungen an den Ufern der großen Flüsse im Strom, dann handelt es sich fraglos um eine Flutkatastrophe; laufen entlang einiger Schwarzwaldbäche die Keller voll, ist wiederum sprachliche Besonnenheit angezeigt. Zuletzt: Der Ausbruch eines Vulkans in unbewohnter Region ist ebenfalls keine Katastrophe, es sei denn, sein Aschenebel verdunkelt die Sonne und löst schwerwiegende Ernte- und Hungerkrisen in besiedelten Gegenden aus, siehe den Tambora nach 1815.

Als Katastrophe oder Desaster gilt demnach nicht schon das extreme Naturereignis selbst, sondern erst seine zerstörende Auswirkung auf die Umwelt des Menschen – verbunden mit der Herausforderung an die Betroffenen, materiell und psychisch die Folgen zu bewältigen.

Aus alledem ergeben sich jene Fragen, die sich wie ein roter Faden durch das Buch ziehen. Welches sind die Naturgewalten, die zwischen Alpenvorland und Mainzer Becken, zwischen Oberrhein und Allgäu den Menschen in seinem Besitz und Leben gefährden? Wie verwundbar waren frühere Gesellschaften, wie haben sie Extremereignisse wahrgenommen und gedeutet? Wie wurde die Katastrophe bewältigt und der Wiederaufbau organisiert? Was überwog – stilles Dulden und der Glaube an die Unabwendbarkeit oder eine Entschlossenheit zur künftigen Gefahrenabwehr? Wann und wie fand ein Lernen aus dem Erlebten statt? Wurde die Erinnerung daran wachgehalten oder vielleicht sogar bewusst verdrängt?

Weiter: Wen stempelten die Leidtragenden zum Sündenbock? Denn jedes größere Desaster reißt mehr ein als nur Brücken und Dämme; womöglich setzt es die gesellschaftlichen Bande einer so erheblichen Belastungsprobe aus, dass vorher schon vorhandene Fehlstellen unvermittelt in ihrer ganzen Brüchigkeit erkennbar werden. Von einem sozialen Zerreißen hat, ganz in diesem Sinne, der amerikanische Soziologe Robert A. Stallings gesprochen. Sich mit Naturkatastrophen zu beschäftigen führt deshalb immer auch zu einer Auseinandersetzung mit der Natur des davon betroffenen Menschen.

Überlieferung in Schlick und Schrift: Von der Prähistorie zum Hochmittelalter

Lange ehe der frühe Mensch das Europa nördlich der Alpen bevölkerte – weit über eine halbe Million Jahre sind seitdem vergangen – haben Naturgewalten sein künftiges Siedlungsgebiet mitgeformt. Beim Vordringen ist er auf schroff umgestaltete Landschaften gestoßen, auf riesige Kraterseen, auf Schwemmkegel und Felsstürze. Niemand kann sagen, ob oder ab wann der steinzeitliche Jäger die Spuren vergangener Extremereignisse schon als solche erkannte und begriff. War er sich dessen bewusst, dass viele dieser Kräfte, die hier gewirkt hatten, seinen Lebensraum auch aktuell gefährdeten und jederzeit in der Lage waren, ihn von Neuem zu verändern? Fühlte er sich in dieser Umwelt machtlos und sah er sich ihr ausgeliefert? Dachte er, wenn schwere Stürme Wälder niedermähten und Flüsse Hochwasser führten, über mögliche Erklärungen und Begründungen für solche Verhängnisse nach?

Stumme Zeugen aus den Archiven der Erde

Fragen dieser Art haben sich dem Menschen im Zuge seiner kulturellen Entwicklung wohl sehr bald gestellt. Bereits früheste schriftliche Zeugnisse liefern sagenhafte, mythische Deutungsversuche für bizarre Felsformationen oder stattliche steinerne Findlinge – offenbar (wie anders ließe ihr Vorkommen sich erklären?) von unbekannter Macht in eine fremde Umgebung verpflanzt. Die Salzsäule, zu der Lots Weib beim Blick zurück auf das sündige Sodom erstarrt sein soll, mag eine auffällige Gesteinsausblühung nahe dem Toten Meer gewesen sein. Ähnliche Ursprungssagen kursierten vielleicht schon in antiken Tagen auch im heutigen Allgäu zwischen Lindau und Kempten, wohin der gewaltige Rheingletscher im Laufe der jüngsten Eiszeit einige der größten erratischen Blöcke Europas geschoben hat.

Diese Findlinge und Krater, zerklüfteten Felshalden und versunkenen Wälder – sie alle gehören zu einer Kategorie geologischer und archäologischer Befunde, für die Wissenschaftler den Begriff der „stummen Zeugen" geprägt haben. Gemeint sind damit jene in den Archiven der Erde hinterlassenen Relikte unverzeichneter Extremereignisse, die teils ganz ohne Beisein des Menschen, teils vor Beginn aller Überlieferung entstanden und heute noch im Gelände nachweisbar sind.

Wobei die exakte Datierung oft einige Schwierigkeit bereitet. Stumme Zeugen sprechen nicht von selbst, sie zu durchschauen ist durchweg eine Sache der Auslegung. Manchmal genügt zur Bestimmung simple Logik, etwa wenn auf der Geröllhalde eines Felssturzes prähistorische Siedlungsspuren gefunden werden, das Trümmerfeld also älter sein muss. Oder aber Forschungsergebnisse zwingen zum Umdenken in die andere Richtung: Auf mindestens zehntausend Jahre geschätzt wurde landläufig ein Hangrutsch am Gräbelesberg zwischen Balingen und Albstadt. Bis Archäologen dort keltische Schutzwallanlagen aus dem neunten vorchristlichen Jahrhundert entdeckten – erheblich verschoben durch die Rutschung, deren mögliches Alter prompt auf Bruchteile zusammenschrumpfte.

Verheerende Extremereignisse haben mit Sicherheit unter den steinzeitlichen Menschengruppen immer wieder Opfer gefordert. Aussagekräftige Indizien freilich sind spärlich, und mit jedem neuen Befund, siehe den Gräbelesberg, kann das Bild sich wandeln. Starben Menschen, als – zum bislang letzten Mal – vor rund 13000 Jahren östlich vom heutigen Andernach der Laacher Vulkan ausbrach, die gewaltigste Eruption in Mittel- und Westeuropa während der vergangenen hunderttausend Jahre? Meterdick deckten Asche und Bims anderthalbtausend Quadratkilometer verwüsteten Grund zu, ein riesiger See staute sich auf und überflutete das Land bis hinunter in den Rhein-Neckar-Raum. Geologen haben die Masse des Auswurfmaterials beziffert auf zwanzig Kubikkilometer. Obwohl sich aber altsteinzeitliche Jäger in der Region aufhielten und im einstigen Katastrophengebiet heute weitflächig Bims abgebaut wird, sind bis dato keinerlei Überreste direkter Opfer dieser Eruption entdeckt worden.

Inmitten solcher Gas- und Lavawolken ist der Mensch ganz der wehrlose und unschuldige Leidtragende; jedoch wird er schon in der Steinzeit seinerseits zum Verursacher erster sichtbarer Umweltveränderungen. Er greift in den Naturhaushalt ein und löst mit seinen Rodungen dort, wo die Wälder zur Anlage von Äckern zurückgedrängt werden, starke Erosion aus. An Rhein, Main und Donau haben Archäologen für die Epoche um 5000 vor Christus die vermehrte Ablagerung von Auenlehm nachgewiesen, fortgeschwemmt von den entblößten Berghängen im Zuge der jungsteinzeitlichen Erschließung des Landes.

Auch finden sich frühe Hinweise auf Formen menschlichen Verhaltens, wie sie bis in die Gegenwart symptomatisch sind für den Umgang mit Naturrisiken: Mögliche Nachteile werden gegen einen erhofften oder tatsächlichen Nutzen abgewogen und je nachdem hintangestellt. Erscheint ein Siedlungsgebiet als grundsätzlich attraktiv und wirtschaftlich lohnend, nimmt man selbst erheblichere Gefährdungen dafür in Kauf und erschließt auch solche Plätze von Neuem, wo zuvor Überschwemmungen, Erdrutsche oder Felsstürze gewütet haben. In Bergbauregionen konnten Siedlungen am Fuße lukrativer Erzvorkommen durch Gerölllawinen verschüttet werden, trotzdem hat man sie rasch wieder errichtet. Fast ein Paradebeispiel möchte man das nennen für die moderne soziologische Unterscheidung zwischen primärer Gefahr und sekundärem Risiko: Die eine vielerorts in der Natur vorhanden, das andere ein bewusstes, ja absichtlich gesuchtes Eingehen, „ein gewinnträchtiges sich Einlassen auf Bedrohliches", wie Niklas Luhmann es griffig formuliert hat, wobei Zerstörung wohl eintreten kann, aber nicht muss, und das lohnende Wagnis die Chance auf Profit eröffnet.

Was als stummer Zeuge prähistorischer Naturereignisse gelten kann, hat sich mit den Fortschritten der Wissenschaft erheblich erweitert. Zuvor war manches davon der unmittelbaren Wahrnehmung und dem bloßen Auge entzogen. Dank moderner Untersuchungsmethoden ist eingeschlossenes Holzmaterial ein verlässlicher Indikator für das Alter von Felsstürzen und Schlammlawinen. Auf ein halbes Jahrhundert genau konnte so der Bergsturz von Flims eingegrenzt werden, weltweit einer der größten bekannten seiner Art: Etwa 7450 vor Christus gingen zwölf Kubikkilometer Gesteinstrümmer auf über fünfzig Quadratkilometer Fläche im Vorderrheintal nieder.

Lohnendes ist auch herauszulesen bei der Analyse von Baumpollen, die den Nachweis schwerer Sturmschäden in den Wäldern der Baar-Hochebene während der letzten 2500 Jahre erlauben. Hier am „Kältepol" des Südwestens, zwischen Schwarzwald und Schwäbischer Alb, haben diese frühgeschichtlichen Vorläufer der Winterorkane Wiebke und Lothar häufiger als anderswo flächenhafte Verwüstungen angerichtet.

Noch weitere verborgene stumme Zeugen stecken im Boden selbst, in Schlick und Sedimenten. Allein schon aus der Dicke bestimmter Schichten kann, vergleichbar mit den Jahresringen von Bäumen, rückgeschlossen werden auf die Sonneneinstrahlung und die Heftigkeit der Winde zu ihrer Entstehungszeit. Analysen von Ablagerungen aus dem Meerfelder Maar, einem Eifler Kratersee vulkanischen Ursprungs, machen eine ebenso heftige wie plötzliche Kältewelle des ersten vorchristlichen Jahrtausends greifbar, das sogenannte Homerische Minimum am Übergang zwischen Bronze- und Eisenzeit.

In Bohrkernen aus größeren Tiefen zutage gefördert, ermöglichen Sedimente und Ablagerungsgesteine den Blick zurück in eine besonders ferne Vergangenheit. Die wohl bekannteste – und umstrittenste – These ist jene vom Aufprall eines Meteoriten vor 65 Millionen Jahren, am Ende der Kreidezeit: Der soll, direkt oder indirekt, die Dinosaurier ausgelöscht und das Leben auf der Erde grundlegend verändert haben. Wenn auch nur selten ein derart verheerendes kosmisches Kaliber die dünne Schutzhülle der Atmosphäre durchdringt, ohne zur Sternschnuppe zu verglühen, so hat es ähnliche Einschläge vorher wie nachher doch immer wieder gegeben. Ständig steht unser Planet unter Beschuss; zuletzt raste ausgangs Januar 2015 ein Asteroid, Durchmesser ein halber Kilometer, in nur dreifacher Mondentfernung vorbei. Seine Ausmaße kommen jenem Himmelskörper nahe, dessen gewaltige Hitze- und Druckwelle das heutige Süddeutschland vor rund fünfzehn Millionen Jahren großflächig in toten Grund verwandelte und die Krater von Nördlinger Ries und Steinheimer Becken aus dem Boden sprengte.

Am Ende der letzten Eiszeit, so mutmaßen Forscher, könnte vor knapp 13000 Jahren ebenfalls ein Asteroideneinschlag gestanden haben. Sofort veränderten sich Klima und Lebensbedingungen, Mammut und Säbelzahntiger starben aus, eine lang anhaltende Dürreperiode machte Jäger und Sammler im Nahen Osten zu sesshaften Bauern. Diese lernten den Acker umzubrechen und legten erste städteartige Siedlungen an. Zivilisationen reiften, weil Menschen zusammenrücken mussten. Spätere Temperaturschübe haben die Wege zur Hochkultur ebenfalls beeinflusst – ein Fingerzeig darauf, dass bestimmte extreme Naturereignisse nicht nur ganz unmittelbar auf die Umwelt einwirken, sondern (oft mehr noch) auch indirekt durch ihre weitreichenden Folgen für das Klima. Neben den seltenen Einschlägen aus dem All gilt dies am meisten für Vulkanausbrüche. Verdunkeln ihre gewaltigen Rauchsäulen den Himmel und schirmen das Sonnenlicht ab, können weltweit Stürme, Hagel, extreme Nässe oder Kältewellen die langwierige Folge sein.

Erklärungen gegen die Furcht

Stumme Zeugen künden von tatsächlichem Geschehen, von eingetretenen Katastrophen und – wo der archäologische Nachweis gelingt – ihren menschlichen Opfern. Aber sie erlauben keine Aussage darüber, wie Betroffene mit dem Erlebten umgegangen sind. Stattdessen Mutmaßungen: Gerade in ältesten Zeiten lassen sich menschliche Existenz und die Angst vor den unberechenbaren Gewalten der Natur nicht trennen. Gefühle ohnmächtigen Ausgeliefertseins und völliger Hilflosigkeit begleiteten die steinzeitlichen Jäger und Sammler bei ihren Versuchen, für sie undurchschaubare Extremereignisse zu deuten und einzuordnen in ihr von Dämonen bevölkertes Weltbild. Spätere naturreligiöse Ideen von Drachen, riesigen Schlangen und mythologischen Fischen, die mit unterirdischen Schwanzbewegungen Erdbeben verursachen, mögen bereits hier ihre ursprünglichen Wurzeln haben.

Freilich ist nichts von alledem, wann und wie es seinen Anfang nahm mit solchem magischen Denken, im eigentlichen Sinne zu belegen. Prähistorische Glaubensvorstellungen bleiben Gegenstand der Spekulation. Früheste Überlieferung beginnt in Europa mit der griechisch-römischen Kulturwelt.

Und da zeigt sich gleich im ersten Augenblick, wie Menschen das ständige Bedrohtsein durch die Natur in größere Zusammenhänge stellen wollen, wie sie nach Sinndeutung verlangen, nach Schutz und Abwehr suchen. Zeus bei den Griechen, der römische Jupiter und Donar oder Thor im Götterhimmel der Germanen – die drei himmlischen Blitzeschleuderer sind nur namentlich verschiedene, im Kern jedoch höchst wesensähnliche Antworten auf die Frage nach den Ursprüngen der Gewitter und anderer Naturerscheinungen. Von allem Anfang an nimmt Religion dabei die Rolle einer Erklärerin wie auch einer Trösterin ein, die Trauer und Trauma geistig zu bewältigen hilft, die dem ansonsten Sinnlosen einen Sinn verleiht. In den Tempeln der Römer, den Kathedralen des Mittelalters und den Bethäusern nachreformatorischer Christengemeinden wurde in ähnlicher Weise nach dem Warum gefragt – und nach Wegen gesucht, solches und Schlimmeres fortan durch ein gottgefälliges Lebens abzuwenden.

Aber bereits das Altertum kennt auch rationale Erklärungen für Katastrophen, gestützt auf wissenschaftliche Einsichten, erörtert freilich in den eher engen Zirkeln der philosophisch Bewanderten. Diese hatten mit ihrer naturkundlichen Forschung ein erklärtes Ziel, erreichten aber über die eigene Expertenebene hinaus wohl nur einen sehr begrenzten Personenkreis: Den Menschen wollten sie die Furcht vor dem drohenden Schrecken nehmen, wollten ihnen ihre Ängste bewältigen helfen und – wie Lukrez es im ersten vorchristlichen Jahrhundert ausgedrückt hat – ein Leben in Freude und Seelenruhe ermöglichen. Am ehesten noch verfing die Strategie bei den Sonnenfinsternissen, von denen es in den über tausend Jahren zwischen 753 vor und 334 nach Christus mindestens 44 gegeben hat. Weil sich die periodischen Phasen der Verdunkelung durch den Mondschatten erklären, mathematisch berechnen und so auch vorhersagen ließen, wussten aufgeklärte Römer und Teile des Volkes über die Zusammenhänge Bescheid. Einer weitverbreiteten abergläubischen Furcht vor dem Verlust des Sonnenlichts kamen jedoch selbst diese Einsichten nicht bei.

Denn trotz solcher nüchternen Betrachtungen über Kreisläufe in der Natur spielten religiös-mythische Deutungen und straftheologische Vorstellungen weiterhin die entscheidende Rolle: Zornige, über menschliches Fehlverhalten erboste Götter verhängen (niemals willkürlich, niemals ohne Grund) die Katastrophe als demonstratives Zeichen, als gezielten Akt der Vergeltung. Nur die Himmelsmächte können der entfesselten Gewalt Einhalt gebieten, können die aus dem Gleichgewicht geratene Erde zurück in einen stabilen Zustand versetzen.

Die Schuldhaftigkeit des Menschen ist unzweifelhaft. Trotzdem – oder gerade deswegen – hat er jetzt aktiv zu handeln: Er ist sündig geworden und muss um Schonung bitten, muss mit Opfergaben versuchen, das gestörte Verhältnis zwischen sich und den Göttern wiederherzustellen. Denn mit dem bereits eingetretenen Unglück, so das antike Denken, ist die Gefahr eventuell noch nicht überstanden; vielleicht ist es nur ein Vorzeichen kommender, weit furchtbarerer Heimsuchungen. Das Chaos der Natur nimmt gesellschaftliche Verwerfungen vorweg. Die wütenden Götter strafen, doch nicht ohne Vorwarnung. Extreme Ereignisse sind ihnen ein Weg der Kommunikation, sie nehmen mit ihrer Hilfe Kontakt auf zu den Sterblichen. Denn sie erwarten Reue von ihnen. Bleibt diese aber aus, ist das Urteil gefällt.

Deshalb wurden auch nicht nur wirkliche Katastrophen, sondern alle anormalen Phänomene der Umwelt, Naturschauspiele eigentlich, höchst sensibel und als Begebnisse von womöglich staatspolitischer Tragweite wahrgenommen – leichte Erdbeben, die keinerlei Opfer gefordert hatten, Störungen der Harmonie im Weltgebäude: extreme Witterungen auf Erden, Kometen am nächtlichen Sternenzelt, Sonnenfinsternisse und die als besonders unheilschwanger gefürchteten Eklipsen des Mondes. Zwar richteten sie nirgendwo Schaden an, doch mochten sie ein beängstigender Hinweis auf den offenkundigen Zorn der höchsten Mächte sein. Wohl mehr als für jede andere Zeit gilt – in diesem Sinne – für das Altertum die Einschätzung, es habe immer eine gewisse „mentale Katastrophenbereitschaft" geherrscht.

Allerdings billigt der Mensch sich selbst durch diese Haltung zur göttlichen Welt erhebliche Wirkungsspielräume zu. Er ist zum guten Teil seines Glückes Schmied, er hat die Chance, das eigene Schicksal in die Hand zu nehmen. Wenn der Groll von oben eine irdische Ursache hat, dann lässt sich diese durch menschliche Sühne beseitigen – ein hoffnungsvoller Gedanke, der ein ums andere Mal über Katastrophenerfahrungen hinweghalf. Denn wiederholte sich das Unglück, war man offenkundig nicht streng genug zu sich selbst gewesen und hatte erneut Frevel und Laster verschuldet. Also hieß es, bei nächster Gelegenheit noch gewissenhafter zu sein.

Dieses Deutungsmuster hat, eingepasst in veränderte Formen des Glaubens, bis weit in die Neuzeit hinein das Verhältnis des Menschen zur Naturgewalt bestimmt. Wie die römische Religion, so interpretierte auch das frühe Christentum extreme Ereignisse als Zeichen göttlichen Zorns und als Strafe für das sündhafte Treiben auf Erden; wobei es schärfer akzentuierte, das gehäufte Auftreten von Katastrophen künde von der unmittelbar bevorstehenden Endzeit. Bei allen theologischen Gegensätzen zwischen römischem und christlichem Glauben standen am Anfang nahezu dieselben „didaktischen Zwecke" und am Ende sehr ähnliche äußerliche Formen – bis dahin, dass sogar Termine überdauerten, der 25. April etwa, an dem aus einem antiken Flurumgang die spätere Markusprozession geworden ist. Selbst das Europa der Moderne kennt sie vereinzelt noch, diese demonstrativen rituellen Aufzüge, die Stiftungen von Kapellen und Wegekreuzen wie auch die Dankgebete der Davongekommenen. Als „Instanz zur Traumabewältigung" haben Historiker solche Andachtsübungen und Frömmigkeitspraktiken beschrieben; ihre Wurzeln liegen durchweg im Altertum.

Umgestürzte Kartenhäuser

Mit dem Klima hatten die Römer lange Zeit Glück. Aufstieg und Niedergang ihres Imperiums stimmen auffällig mit Anfang und Ende einer temporären Warmphase überein, üppige Ernten und milde Winter selbst in höhergelegenen Regionen schufen beste wirtschaftliche Voraussetzungen. Dem Einfluss größerer Katastrophen sah sich die antike Welt des Mittelmeeres dennoch permanent ausgesetzt, schwere Erdbeben und spektakuläre Ausbrüche der Vulkane Ätna und Vesuv eingeschlossen. Vom „außergewöhnlichen Normalen" hat der Althistoriker Gerhard Waldherr mit Blick auf die Häufigkeit solcher Extremereignisse gesprochen. Der Stoff ging den römischen Geschichtsschreibern auch in dieser Hinsicht nicht aus.

Ihre Überlieferung lehrt, dass menschliches Verhalten im Angesicht des Grauens damals wie jederzeit ein Ähnliches ist: kollektive Massenpanik, die Todesangst des Einzelnen, jenes weite Spektrum körperlicher Sofortreaktionen von unbändigem Schreien über ziellose Konfusion bis zur regelrechten Schockstarre. Dann das fast schon instinktive, unwillkürliche Fliehen aus dem einsturzbedrohten Haus nach draußen, wenn die Erde bebt, Hals über Kopf hinaus ins Freie. Seneca berichtet davon, Tacitus ebenfalls, und ihre Aufzeichnungen nehmen vorweg, was mittelalterliche Chronisten mehr als ein Jahrtausend später über Menschen unter dem Eindruck schwerer Erdstöße notierten: Aus Furcht und Schrecken seien sie umhergeirrt wie Schatten an der Wand, „der Kopf tat ihnen weh, sie rannten auf der Straße hin und her, sie standen still und konnten doch nicht stehenbleiben".

Auch wissen schon die Geschichtsschreiber des Altertums um das verzweifelte Suchen nach Familienangehörigen, um den Schauder vor dem vermeintlich drohenden Ende der Welt, um das Beten angesichts der Unfähigkeit oder Unmöglichkeit zu helfen. Die emotionale Bewältigung der erlittenen Ängste erforderte Seelenstärke und Zeit. Bei aller gebotenen Vorsicht, wenn es darum geht, bestimmte Dinge epochenübergreifend gleichzusetzen, lässt sich sagen: Posttraumatische Belastungsstörungen, wie sie heute nach grauenhaften Vorfällen bei direkt Betroffenen oder Augenzeugen ärztlich diagnostiziert werden, haben im Katastrophenerleben der Antike ihre frühen Parallelen. Einigen kostete das Entsetzen den Verstand.

Für die meisten aber ging nach dem Desaster das Leben weiter wie früher. Zwar kannten und errichteten schon die Römer erste einfache Schutzbauten gegen Überschwemmungen, und über einige andere Indizien müssen Archäologen und Historiker sich den Kopf zerbrechen: Sollten etwa die statisch robusten Fischgrätenmuster ihrer Backsteinhäuser nicht nur optischer Zierrat sein, sondern vielleicht auch Schäden durch Starkbeben vermindern helfen? Insgesamt jedoch konnte von vorbeugendem Katastrophenschutz im Moment des Neubeginns kaum eine Rede sein.

So umfänglich die Extremereignisse rund um das Mittelmeer dokumentiert sind, so dünn bleibt indes die Überlieferung für den südwestdeutschen Raum, die römischen Provinzen Raetia und Germania Superior. Schriftliche Zeugnisse sind selten, ab und an werden klimatische Kapriolen erwähnt, etwa wenn Tacitus auf das Jahr 70 nach Christus die schlechte Versorgungslage der Legionen in den Rheinkastellen beklagt – schuld daran war der äußerst niedrige Wasserstand des Flusses, „welcher durch eine unter jenem Himmel unbekannte Trockenheit kaum Schiffe trug". Mit dem schieren Gegenteil zu kämpfen hatte dreihundert Jahre darauf das spätantike Kastell Alta Ripa, das die Reichsgrenze am wichtigen Zusammenfluss von Rhein und Neckar kontrollierte. Im heutigen Gemeindenamen Altrip hat sich die lateinische Urform fast unverändert erhalten. Die Bauarbeiten wurden um 370 durch die Macht des Wassers erheblich erschwert, der Chronist Ammianus Marcellinus erzählt von der befürchteten Unterspülung des Bauwerkes, von der gewaltigen Strömung und „der Unruhe des drängenden Stromes".

Den Erdbebenverdacht hegten Archäologen bei der Untersuchung nach außen gekippter römischer Hausmauern nahe Oberndorf-Bochingen im Landkreis Rottweil, hier eine 15 Meter lange Giebelseite aus Kalkbruchsteinen. Die Grabung wurde durchgeführt vom Landesamt für Denkmalpflege.

Nun sind das allenfalls Randnotizen über Naturkräfte und Witterungsextreme, keine eigentlichen Katastrophenberichte. Weil diese fehlen, rücken einmal mehr die stummen Zeugen in den Vordergrund, diesmal umgestürztes Mauerwerk, aber was es wirklich aussagt, ist in der Fachwelt umstritten. Im Saarland, in Baden-Baden und nahe der Schwäbischen Alb sind Archäologen auf römisches Gemäuer gestoßen, vollständig um neunzig Grad nach außen gekippt wie bei umgestürzten Kartenhäusern. Vermeintlich ein wahrer „Bilderbuchbefund". Doch was war tatsächlich die Ursache? Fielen die Wände auf instabilem Untergrund einfach um, lange schon nachdem die Bewohner ihre Gutshöfe verlassen hatten? Oder können Erdstöße ihre Zerstörung bewirkt haben? Nach anfänglicher Begeisterung für die Bebentheorie sind die Wissenschaftler inzwischen wieder sehr viel zurückhaltender geworden.

Ähnlich die Befunde aus der Römersiedlung Augusta Raurica. Sie bringen die Archäologen besonders zum Grübeln. Auf einer Hochfläche am südlichen Rheinufer zehn Kilometer östlich von Basel gelegen, in seismisch brisanter Landschaft, zählte diese blühende Koloniestadt zu ihren besten Zeiten in den ersten nachchristlichen Jahrhunderten bis zu zwanzigtausend Einwohner. Was die Ausgräber aber in den Ruinen entdeckten, erhitzte die Gemüter: Mauertrümmer, offenbar aus großer Höhe herabgestürzt; menschliche Skelette, begraben unter Teilen von Säulentrommeln und Steinquadern. Wie anders als durch ein Erdbeben, bei dem herunterprasselnde Bauelemente die Unglücklichen erschlugen, ließe sich so etwas erklären? Sogar die Datierung des mutmaßlichen Untergangs von Augusta Raurica auf die Jahre nach 243 schien dank aussagekräftiger Keramik- und Münzfunde recht exakt möglich.

Zwischenzeitlich sind indes auch hier die Deutungen zurückhaltender. Denn neuere Analysen zeigen: Die Zerstörungen ereigneten sich keineswegs auf einmal, sondern traten zu verschiedenen Zeiten ein, vermutlich über mehrere Jahrzehnte hin. Gewiss, Erdstöße können dabei eine gewisse Rolle gespielt und durch ihre Bodenerschütterungen einzelne Schäden verursacht haben. Doch das eine große und alles erklärende Katastrophenbeben als alleinige Ursache hat es wahrscheinlich nicht gegeben.

Die Katastrophen des Dr. Franz Paradeis

Es ist aber auch kein Leichtes mit den stummen Zeugen. Pure Bodenfunde jenseits der schriftlichen Überlieferung gaukeln zuweilen Fährten in Richtungen vor, wo eigentlich gar nichts zu finden sein kann. Manch einer hat sich auf diese Weise schon hoffnungslos verrannt, zumal wenn er Entdeckungen aus der Erde durch literarische Quellen zu erklären versucht, die zueinander in keinerlei direktem Bezug stehen.

Das musste der geschichtsbegeisterte Mediziner Dr. Franz Paradeis schmerzlich erfahren und konnte es sich doch bis zu seinem Tod 1936 nicht wirklich eingestehen. Er, der um 1890 mit Anfang dreißig seine Arztpraxis in Rottenburg am Neckar eröffnete, engagierte sich im dortigen Sülchgauer Altertumsverein und betreute dessen historische Sammlungen. Ein Gutteil der römischen Bestände des heutigen Sülchgau-Museums in der Rottenburger Bahnhofstraße geht auf die Forschungen und Grabungen von Paradeis zurück.

Bei diesen Grabungen gelangte der eifrige Hobbyarchäologe zu einem – so meinte er – spektakulären Befund, der ihn regelrecht elektrisierte. In einer Höhe von bis zu dreißig Meter über dem Neckarspiegel entdeckte er spätantike Ruinen des einstigen Sumelocenna, des römischen Rottenburg, bedeckt von mächtigen, mit Muscheln durchsetzten Schichten aus Sand und Lehm. Seine kühne Schlussfolgerung: Eine ebenso gewaltige wie plötzliche Flutwelle muss im Altertum durch das Neckartal geschossen sein. Der Zustand einiger Mauern überzeugte Paradeis obendrein davon, dies sei mit einem gleichzeitigen Erdbeben einhergegangen.

So etwas konnte natürlich kein rein lokales Ereignis gewesen sein. Derart gewaltige Wassermassen mussten ohne Zweifel ein weit größeres Gebiet verwüstet haben. Paradeis stieß auf den 21. Juli des Jahres 366 (heute weiß man: richtig muss es 365 heißen), jenen Tag, an dem antike Geschichtsschreiber auf dem gesamten Erdenrund entsetzliche Naturgewalten am Werke sahen. Der bedeutendste von ihnen, Ammianus Marcellinus, schildert sehr genau die Ereignisse: ein unterseeisches Starkbeben vor Kreta, gefolgt von einem gewaltigen Tsunami an den Küsten des östlichen Mittelmeeres, schwerste Schäden, viele Tote, kilometerweit ins Landesinnere geschwemmte Schiffe. Noch Jahrhunderte später dachte die Bevölkerung Alexandrias an diesen „Tag des Horrors" zurück.

Paradeis nahm, fern aller Quellenkritik und ohne den durchweg auf das *mare nostrum* fixierten Blick römischer Schriftsteller zu bedenken, die Überlieferung äußerst wörtlich. Sprachen die alten Texte davon, Beben und Flut hätten den ganzen Erdkreis heimgesucht, nun, dann musste das wohl so gewesen sein. O-Ton Paradeis: „Und wenn die meteorologischen Schrecknisse der Natur in der Gegend des Mittelmeeres, das ein Binnenmeer ist, so waren, wie sie Ammianus schildert, woran nicht zu zweifeln ist, so haben sie sich bei uns speziell am Neckar und am Rheine, wenn sie sich der Beschaffenheit nach in verschiedener Beziehung auch anders gestaltet hatten, doch ebenfalls gezeigt."

Also suchte er – und meinte sie zu finden – weit über Rottenburg hinaus nach zusätzlichen Beweisen für seine Überschwemmungstheorie, stieß auf entsprechende Anhaltspunkte im Elsass, in Mainz, Kaiserslautern und dem vorderpfälzischen Rheinzabern. Den Untergang der ehemals blühenden Koloniestadt Augusta Raurica sah er im gleichen Zusammenhang. Das alles sei, freute er sich, „klipp und klar die gleiche Katastrophe". In einer Artikelreihe für die *Reutlinger Geschichtsblätter* breitete Paradeis seine Befunde aus, gebetsmühlenartig auf die muscheldurchsetzten Schlammschichten hoch über dem Neckar verweisend. Eine ähnliche Theorie entwickelte er für einen weiteren vermeintlichen Katastrophenmix im Mittelalter, kündet doch eine frühbarocke Sandsteintafel an der Rottenburger Altstadtkapelle, die Stadt sei Anfang des 12. Jahrhunderts „durch Ertbidem [Erdbeben] und Geweser undergangen".

Das biedere Neckartal von einer Monsterwelle überschwemmt zu sehen, ausgelöst durch ein Erdbeben bei Kreta, das war – bei allen unbestrittenen historischen Verdiensten, die sich Paradeis in langen Jahren um Rottenburg erworben hat – ein ziemlicher Schmarren. Geologen haben ihm das beizubringen versucht, Historiker auch. Heute weiß man: Das antike Sumelocenna wurde von seinen Bewohnern verlassen und ist allmählich verfallen, die Mauern kippten um, Ablagerungen von Lehm und Schlamm, hauptsächlich vom Weg-

Als historische Fehlüberlieferung muss die frühbarocke Inschrift an der Altstadtkapelle im äußersten Südwesten von Rottenburg am Neckar gewertet werden, die von starken Zerstörungen durch Erdbeben und Hochwasser am 3. Januar 1112 berichtet.

gentalbach, bedeckten im Laufe der Jahrhunderte die Ruinen – eben jene angeschwemmten Schichten, die Paradeis einem einmaligen gewaltigen Neckarhochwasser zuschrieb. Auf dieser Position, so allein er mit ihr stand, beharrte er zeitlebens, verwahrte sich gegen jeden Einwand, sperrte sich gegen alle Kritik. Mit seinen Theorien nur den Spott der Fachwelt auf sich gezogen anstatt deren Anerkennung erlangt zu haben, sollte sich als die eigentliche Katastrophe des Dr. Franz Paradeis erweisen.

Die Überlieferung beginnt mit einem Paukenschlag

Dabei hat es spektakuläre Naturkatastrophen nicht weit entfernt von der Dramatik, wie Paradeis sie sich für das Neckartal ausmalte, im spätantiken Zentraleuropa tatsächlich gegeben. Schon eines der ersten schriftlich überlieferten Desaster jenseits des Mittelmeerraumes ist ein Paukenschlag: Im Jahre 563 werden die heutigen Schweizer Großstädte Genf und Lausanne durch einen Tsunami verwüstet. Gewaltige Geröllmassen eines Felssturzes verursachen im schmalen und flachen Genfer See eine mächtige Welle, deren Spitzen dreizehn Meter und mehr erreichen.

Dieses sechste nachchristliche Jahrhundert ist allgemein der Beginn greifbarer Nachweise von Extremereignissen nördlich der Alpen. Kühle Witterung setzt der Klimagunst des römischen Altertums ein Ende, der Umschwung – nur einer von mehreren in der europäischen Geschichte – ist gravierend. Vor allem zwischen 450 und 800 verursachen zunehmende Kälteperioden immer wieder Missernten, Stürme und Flutkatastrophen; markant die globale Wetteranomalie von 535/36, ausgelöst vielleicht durch eine heftige Vulkaneruption in Äquatornähe, ein Jahr der verfinsterten Sonne und des Schneefalls im Sommer. Bischof Gregor von Tours, dessen Geschichtswerk auch den Tsunami im Genfer See der Nachwelt überliefert hat, kommt an vielen Stellen seiner Niederschriften zu sprechen auf die feindliche Umwelt, auf heftige Regenfälle und Überschwemmungen, auf Schnee und Spätfröste, auf Seuchen und Hungersnöte. Die Einwohnerzahl Europas sinkt, Siedlungen werden aufgegeben, der Zerfall einstiger Infrastruktur macht den Menschen zu schaffen.

Generell wird die Überlieferung seit der karolingischen Zeit zusehends dichter, konkreter und verlässlicher. Dass der Rhein anno 815 über die Ufer trat, umgekehrt im Jahr 1000 aus Wasserarmut fast trockenen Fußes durchschritten werden konnte, sind nur zwei von vielen Mitteilungen dieser Art, extreme Witterungsverhältnisse betreffend; ähnlich die Kunde von Schäden an der Trierer Bischofskirche bei einem schweren Unwetter am 15. September 857. Verheerend muss am Rhein ein Jahrhunderthochwasser im Sommer 886 gewirkt haben. Der ungebärdige Fluss überströmte die ganze Ebene und suchte sich ein teilweise neues, weiter östlich gelegenes Bett. Statt am rechten Ufer fanden sich die Dörfer Edigheim und Oppau bei Ludwigshafen danach am linken wieder.

Zerstörende Wasserfluten aber waren und sind kein Monopol der großen Flüsse. Im Gegenteil. Weit häufiger erlebt Deutschland, Mitteleuropa überhaupt, das Auftreten seiner vielleicht beträchtlichsten und sicher am meisten unterschätzten Naturgefahr: abrupt einsetzende Sommerwildwasser dieser eigentlich unscheinbaren Bäche mit einem recht schmalen, nur wenige Meter breiten Bett, sonst in den heißen Monaten beinahe ausgetrocknet, doch nach schwerem Gewitterregen „dermaßen angeloffen, als wann es grosse Ströhm wären", Brücken niederreißend, Siedlungen verwüstend, Mensch und Tier ertränkend. Mit der kleinräumigen, allerdings kolossalen Gewalt dieser Sturzfluten gibt es wenig Erfahrung. Sich vorbereiten, vorwarnen gar ist kaum möglich, denn über Generationen oder Jahrhunderte hin passiert nichts – bis sich im Gefolge heftiger

Plötzliche Höchststände kleiner Fließgewässer nach Gewitterregen gehören seit jeher zu den bedrohlichsten Naturgefahren in Zentraleuropa. Ein jüngerer Extremfall: Die Überschwemmung von Königheim im Brehmbachtal westlich von Tauberbischofsheim am Fronleichnamstag 1984.

lokaler Starkniederschläge tosende Wassermassen binnen Minuten, längstens Stunden übermannshoch in Tal und Dorf ergießen. Und so schnell sie kommen, so rasch klingen sie ab, eine Schneise der Verwüstung hinterlassend und die fast ungläubige, erschütternde Erinnerung an den „großen Bach", jetzt wieder das unbedeutende friedliche Rinnsal, als das er bekannt und scheinbar vertraut war.

Die früheste Überlieferung eines solchen örtlichen Wolkenbruchs mit verheerenden Folgen erzählt von dem Dorf Asgabrunno, es ist Eschborn am Taunus, im unteren Maingebiet, heimgesucht durch eine plötzliche nächtliche Überschwemmung am 3. Juli 875, gleichwohl doch „weit entfernt von Flüssen und Strömen", wie der Geschichtsschreiber des Klosters Fulda später in seiner Aufzeichnung staunend vermerkt. Angeblich verlieren 88 Menschen ihr Leben, die Zugtiere und das Vieh ebenso, fast vollständig vernichtet wird der Ort, selbst von der Kirche soll kaum mehr etwas übrig geblieben sein. Um dieselbe Zeit gründen Bauern unweit von Göppingen ein Dorf und nennen es „Siedlung am zerstörerischen Fluss". Deutlich spiegelt sich darin ein Bewusstsein für die drohenden Gefahren wider. Die Rede ist von dem Ort Faurndau – sein althochdeutscher Name meint genau das –, wo Brunnenbach und Marbach in die Fils münden und so zu dritt miteinander für besondere Überschwemmungsgefahr sorgen.

Wieder und wieder kommen in den Chroniken Missernten zur Sprache, Zeiten des Hungers und lange harte Winter, jene etwa von 820 und 874 mit ihrer Eiseskälte und ihren Unmassen an Schnee. Die behinderten zwar massiv den Verkehr, erlaubten es aber auch, wochenlang die vollständig überfrorenen Flüsse von Ufer zu Ufer mit ganzen Gespannen zu passieren. Als jedoch im Frühjahr 821 das Tauwetter sehr schnell einsetzte, waren schwere Überschwemmungen entlang des Rheins die Folge. Wahrscheinlich ereignete sich einer dieser gefürchteten und für die Anrainer gefährlichen Eisgänge, wie sie bei Flutkatastrophen des 18. und 19. Jahrhunderts eingehend dokumentiert sind: Kommt nach einem frostklirrenden Winter unvermittelt die Wärme, ein „gählinges Thau-Wetter", dann schmilzt der bodendeckende Schnee rascher als die erstarrten Eispanzer auf den Fließgewässern. Die werden stattdessen durch den Druck des von unten nachströmenden, ansteigenden Tauwassers regelrecht aufgesprengt. So entstandene Schollen verstopfen Engstellen im Flusslauf, bleiben hängen an Biegungen und Brückenpfeilern, schieben sich untereinander, Schicht für Schicht. Schließlich erreichen sie den Grund und behindern wie eine Mauer den Abfluss des Wassers. Rasch staut sich der Strom, übersteigt die Barriere der aufgetürmten Schollenwand und flutet am Eisdamm vorbei seitwärts das umliegende Land.

Auch das andere Extrem neben den grimmigen Wintern hat die Gemüter bewegt: außergewöhnlich heiße und trockene Jahrhundertsommer mit wiederholten Dürreperioden. Sie rechneten im Hochmittelalter, als rege Sonnenaktivität für eine anhaltende Warmzeit und ideale Siedlungsbedingungen sorgte, zu den Schattenseiten der eigentlichen Klimagunst. Dann welkte auf den Äckern die Frucht, Ernten mussten in den kühleren Nachtstunden eingefahren werden, das wenige Getreide ließ sich in den stillliegenden Mühlen nicht mahlen. Mehrfach war der Wasserstand selbst großer Ströme so weit unten, dass man sie an vielen Stellen zu Fuß durchschreiten konnte; im Sommer 1130 den Rhein, fünf Jahre später die Donau. Prompt nutzten die Regensburger das Niedrigwasser, um die Fundamente für den Bau der Steinernen Brücke zu legen, bis heute ein bekanntes Wahrzeichen ihrer Stadt.

Offenbar hat es immer wieder Phasen gegeben, da scheinen gewisse Extremereignisse besonders geballt aufgetreten zu sein – vielleicht verhielt es sich tatsächlich so, vielleicht ist dieser Eindruck auch nur die Folge einer zufällig gehäuften Quellenfülle. Für das Hochmittelalter sieht der Freiburger Klimahistoriker Rüdiger Glaser schwere Gewitter an fast der Hälfte des gesamten Unwettergeschehens beteiligt und zugleich als größte Schadensverursacher. Wobei er von Phasen stärkerer und schwächerer Aktivitäten spricht: die erste mit einem Höhepunkt um 1020, die zweite ab 1120 mit Spitzen zwischen 1150 und 1225. Forderten Hochwasser, Unwetter und Hungersnöte im Gefolge von Missernten häufiger zahlreiche Menschenleben, so verursachten Erdbeben nördlich der Alpen zu jener Zeit wohl mehr Unruhe und Panik als reale Schäden. Von wenigen zerstörenden Beben abgesehen, werden es überwiegend leichtere Stöße gewesen sein, die an der Bausubstanz kaum etwas auszurichten vermochten. Mitte des 9. und in der ersten Hälfte des 11. Jahrhunderts verzeichnen die Chroniken in Teilen der Schweiz und im Süden Deutschlands besonders viele Erdbeben, der Bodensee ist betroffen und der Oberrhein um Worms und Speyer, auch fällt immer wieder der Name der Stadt Basel. Eine schwere Erschütterung führt am Neujahrstag des Jahres 858 zu Schäden in den Städten des Rheingrabens, in Mainz sollen Mauern eingestürzt sein. Freilich bleiben beim Blättern in mittelalterlichen Annalen stets Fragezeichen hinsichtlich ihrer Authentizität und Glaubwürdigkeit. Wann und wo ein Beben oder eine andere Katastrophe sich ereignete, wie schwer tatsächlich die angerichteten Verheerungen waren: Für die Goldwaage taugen solche Aussagen der alten Geschichtsschreiber meistens nicht.

„Viele" ist nicht immer eine große Zahl

Sie taugen dafür nicht einmal dann, wenn die Angaben derart exakt sind und tatsachengetreu wirken, als habe der Chronist persönlich die Opfer einzeln erblickt und gezählt. Denn Größenordnungen, obwohl sie in konkreten Zahlen ausgedrückt sind, werden im Mittelalter gerne unbestimmt verstanden. Ihnen aufs Wort zu vertrauen birgt deshalb die Gefahr, wirklichkeitsferne Übertreibungen für bare Münze zu nehmen. Schon die Bibel kennt mehrstellige Ziffernfolgen als bloße Umschreibung für „sehr viele", etwa bei der Speisung der Fünftausend. Da kann man getrost in Gedanken eine Null abstreichen und liegt trotzdem noch bei weitem zu hoch.

Überhaupt ist „viele" die wohl häufigste „Zahl" in Chronikberichten über mittelalterliche Katastrophen, während „lange" als ein verbreiteter Zeitbegriff dient. Viele Häuser, heißt es immer wieder, seien eingestürzt, viele Tote zu beklagen, so bei der ersten verbürgten Überschwemmung von Heidelberg 1278, als ein Hochwasser den Neckar beträchtlich über die Ufer treten ließ. Doch uneindeutig wie es ist, stellt dieses Wort eben nur einen sinnbildlichen Wert

dar und unterstreicht als bewusster rhetorischer Zusatz: Bei diesem Extremereignis, das „vielen Menschen und Tieren" das Leben nahm, handelt es sich
schlicht um etwas Außergewöhnliches. Im selben Sinne wird auch die Angabe eines Eichstätter Annalisten zu verstehen sein, der die (in Wahrheit wohl
allenfalls dreistellige) Zahl an Toten des Basler Erdbebens von 1356 auf *mille
milia hominum* beziffert, also auf eine Million Menschen. Suchten Hungersnöte
und Seuchenzüge größere Landstriche heim, konnten solche Formulierungen
zudem die Unmöglichkeit veranschaulichen, die wirkliche Masse der Opfer zutreffend zu schätzen.

Superlative dienten ähnlichen Zwecken. Da muss ein Winter „äußerst hart"
und eine Überschwemmung „gänzlich zerstörend" sein, da darf die Feuers-
brunst in einer Stadt „nicht ein einziges Haus" übrig lassen, alles ist *gravissi-
ma*, und da wird selbst aus einem harmlosen leichten Erdstoß flugs ein lang-
andauernder *terrae motus magnus*. Denn entbehrliche Füllworte wie „riesig"
oder zumindest „groß" machen sich stilistisch einfach gut in einer Beschreibung. Solcher Herkunft ist letztlich auch die Monsterwelle im Neckartal, die
Franz Paradeis am Werk sah, weil er den antiken Geschichtsschreibern wörtlich
folgte – und ihnen darin Glauben schenkte, das Seebeben bei Kreta habe sich
ausgewirkt auf *totum orbem* und *per universum*, auf den ganzen Erdkreis also.

Dieses Verallgemeinerns wegen sind Chroniken auch für die Beurteilung
von Seuchenausbrüchen und Hungerkrisen nur bedingt vertrauenswürdige
Gewährsquellen. Dass schlimmste Entbehrung geherrscht und alles Volk ge-
darbt habe – bezieht sich eine derart unpräzise Bemerkung auf ein ganzes Land
oder bloß auf eine Handvoll abgelegener Klosterdörfer eben jener Abtei, in der
ein Ordensmann zufällig gerade an seinen Annalen schrieb? Im statistischen
Durchschnitt verzeichnen Quellen des 9. bis 13. Jahrhunderts für das westliche
Süddeutschland alle zwei Jahrzehnte eine Hungersnot; in welcher tatsächlichen
Ausdehnung aber, überregional oder nur örtlich, das bleibt oft ein Geheimnis.
Wer solche Texte zu deuten versucht, der muss durchschauen, wie sein mittelalterlicher Gewährsmann einst dachte und schrieb: Übertreibt er gerne, ist bei
ihm immer alles „groß" und „außerordentlich"? Oder verwendet er gemeinhin
eine zurückhaltendere Sprache? Wahrscheinlich dürfen wir gerade dem, der ansonsten behutsam formuliert und nur einmal dann doch ein Ereignis als besonders erschütternd hervorhebt, mehr glauben als einem anderen, der seine Texte
stets mit dickster Tinte zu Pergament bringt.

Ohnehin ist jedes schriftliche Zeugnis, auch das sei bedacht, stets ein Zu-
fallsprodukt. Ob ein Naturereignis aufgezeichnet wurde oder nicht, hatte wesentlich damit zu tun, wo es sich zutrug. In der Nähe einer Abtei oder größeren

Stadt? Dann stieg die Aussicht auf Überlieferung. Vom klosterreichen Bodensee und aus den oberrheinischen Metropolen Basel, Straßburg, Speyer, Worms und Mainz stammen bei weitem die meisten Nachrichten über mittelalterliche Erdbeben im süd- und westdeutschen Raum. War hingegen eine rein ländliche und abgelegene Region betroffen – wer hätte die Erinnerung an einen bestimmten Vorfall in bleibende Worte fassen sollen?

Wie die hohen Tausenderzahlen, die Superlative oder der Begriff „viele" in jedmöglicher Anwendung, so kehren auch die Werte 40 und – deren Doppeltes – 80 öfter wieder, besonders häufig in Chroniken des 11. und 12. Jahrhunderts. Vierzig oder achtzig Tage dauerten die Erdbeben, vierzig Mal hintereinander fiel in jenem eiskalten Winter weiterer Schnee. Dahinter verbergen sich ebenfalls biblische Schablonen mit hoher Symbolkraft; die Ströme der Sintflut regneten, das behauptet der alttestamentliche Bericht, vierzig Tage und Nächte lang auf die Erde nieder. Ebenso lang wartete Noah, ehe er mit den Tieren die Arche verließ, ebenso lang war Mose auf dem Berg Sinai seinem Gott nahe. Vierzig Tage blieben der Stadt Ninive für Reue und Umkehr vor dem drohenden Untergang, zogen sich Elia und Jesus in die Einsamkeit zurück, vergingen zwischen Auferstehung und Himmelfahrt Christi. Vierzig Jahre schließlich wanderte das Volk Israel in der Wüste umher. Immer diese eine Zahl, die für Prüfung und Buße steht, für Läuterung und Neuorientierung. Wo die Chronisten ihre Schilderungen extremer Naturereignisse mit einem eindringlichen, mahnenden Fingerzeig hervorheben wollten, haben auch sie sich ihrer bedient.

So liegt denn der konkrete Gehalt antiker und vor allem mittelalterlicher Quellen nicht in einer exakten Wiedergabe echter Fakten, sondern hauptsächlich darin, Extremereignisse und Katastrophen grundsätzlich als etwas Außerordentliches zu kennzeichnen, das es – weil abseits des alltäglichen Erfahrungshorizontes – in besonderem Maße zu begreifen, zu erklären, zu deuten galt.

Warum überhaupt Überlieferung?

Dieses Begreifen, Erklären und Deuten fußt unweigerlich auf der Lebenswirklichkeit einer Zeit und spiegelt den theologischen und philosophischen Gesichtskreis der Menschen wider. Überlieferung geschieht kaum je um ihrer selbst willen, als wertneutrale Weitergabe von Informationen an die Nachwelt, sondern stets eingebettet in Weltbild und Jenseitsvorstellung der Epoche. Ebenso spielt die politische Gesinnung des Chronisten eine nicht zu unterschätzende Rolle, es wirken Anerkennung oder Kritik der herrschenden Verhältnisse mit in seine Darstellung hinein, wie auch klösterliche Geschichtsschreiber eine Katastrophe bevorzugt dann zur Kenntnis nahmen, wenn eine Niederlassung des eigenen Ordens davon betroffen war.

Dabei entspringt längst nicht alles religiösen Anschauungen. Manches stand in durchweg irdischem Zusammenhang. So fällt in mittelalterlichen Chroniken doch auf, dass harte Winter und Überschwemmungen besonders häufig verzeichnet sind, gefolgt von Hungersnöten und Viehseuchen. Das ist kein Zufall und hat auch wenig mit Theologie zu tun, sondern schlicht mit genau jenen verwundbaren Stellen, an denen eine bäuerliche Gesellschaft am empfindlichsten getroffen wurde. Wenn Hochwasser den Wiesengrund zerstörte, der Viehfutter liefern sollte, oder wenn langer Frost und später Schnee die Versorgung der Tiere im Stall sowie die Ernte des laufenden Jahres gefährdeten, dann sah sich die dörfliche Welt einer nur allzu bekannten Drangsal gegenüber: Das Gespenst des Hungers schimmerte durch.

Aber es waren ja nicht die zumeist analphabetischen Bauern, die solche Informationen niederschrieben. Die Überlieferung stammt von den Klöstern mit ihren Skriptorien, seltener auch von weltlichen Grundbesitzern – denn ihnen brachen durch Ertragseinbußen die Zehnten und Naturalabgaben weg, von denen in hohem Maße ihr eigenes Auskommen abhing. Häufiger negative als positive Ereignisse zeichneten sie auf, was im Rückblick wie ein Zerrspiegel wirken und die gelegentlichen schlechten Erntejahre ins grotesk Überhöhte zerdehnen kann. Und nicht zu vergessen: Hinter dick auftragenden Schadens- und Katastrophenmeldungen eines Lehnsherrn an seinen Fürsten lässt sich immer der Vorsatz vermuten, einen möglichst ansehnlichen Nachlass bei den fälligen Abgaben und Steuern zu erwirken. Ähnlichen Zwecken mag noch manches Stadtbrandbild der frühen Neuzeit gedient haben, fingierte Kupferstiche, manchmal kommunale Auftragsarbeiten, die den schon real gewaltigen Schaden bewusst weiter überzeichneten; als Folge des Feuers wird da ein einziges verheertes Ruinenfeld präsentiert. Das freilich war absolut zweckdienlich, denn geschaffen hat man solche Zerrbilder mit dem konkreten Ziel, sie beim Einwerben von Spenden für den Wiederaufbau vorzuzeigen – eine entsprechend dramatisierende Darstellung wurde mithin zur Grundlage erfolgreicher Bittgänge.

Ihre Berichte verknüpfen mittelalterliche Chronisten auch mit moralisierenden und (mehr oder minder offen) politisch gemeinten Wertungen. Im Zusammenhang mit dem Felssturz am Genfer See 563 erinnert Bischof Gregor von Tours mahnend an das tödliche Schicksal habgieriger Mönche, und dass die Schäden an der Trierer Domkirche durch das Unwetter vom September 857 schriftlich überliefert wurden, hat wohl mehr mit der nur wenig verschleierten

Kritik an einem umstrittenen Kleriker zu tun als mit der Heftigkeit des Sturmes selbst. Der Blitz, berichtet der Gewährsmann, habe das Gotteshaus nämlich getroffen, während Bischof Theutgaud die Messe feierte. Ein großer Hund, der leibhaftige Gewitterdämon womöglich, sei um den Altar gestreunt und plötzlich im Boden verschwunden – all dies Vorzeichen für schwere Verwerfungen in der Amtszeit von Theutgaud, den am Ende der Papst seines Amtes enthob.

Als ein solches sittliches Lehrstück mit erhobenem Zeigefinger diente – überliefert in der Chronik eines Konstanzer Domherrn – auch der Brand von Rottweil am 21. Mai 1338 oder 1339. Eine schwierige Zeit; der Papst hatte den deutschen Kaiser exkommuniziert und verwehrte nach Kirchenrecht, dass christliche Sakramente im Land gespendet werden durften. Das aber schuf Unwillen unter dem Volk, Klerikern wurde, wenn sie den Bannspruch befolgten, hart zugesetzt. Auch in Rottweil kam es zu Übergriffen gegen Geistliche, und selbst die angebliche Weissagung kommenden Unglücks durch einen hellseherisch befähigten Bürger führte zu keinem Sinneswandel in der Stadt. Als dann der Blitz einschlug und Rottweil niederbrannte, sechs Häuser und die Vorstädte ausgenommen, war dem Konstanzer Domherrn die göttliche Abkunft einer solchen Züchtigung augenfällig. Heftig seien die Menschen anderer Städte bei dieser Nachricht erschrocken, und damit ihnen nicht Ähnliches widerfahre, so schloss der Chronist stimmungsvoll, hätten sie eigens Feiertage angesetzt, Bittgebete verrichtet und Prozessionen abgehalten.

Zwei Jahrhunderte später, Europa begann sich konfessionell zu spalten, wurde das Moralisieren noch um bekenntnishafte Elemente vermehrt. „Erbermglich und grusamlich und erschrockenlich" hatten Überschwemmungen in den Jahren 1529 und 1530 die reformierte Stadt Basel zugerichtet; postwendend knüpfte ein Kartäusermönch daran Betrachtungen dieser Flut als Gottesurteil wider die bilderstürmerische Ketzerei der Protestanten. Auf der Gegenseite wies – nachdem 1584 ein Blitz die Stadtkirche von Biberach an der Riß zerstört hatte – der Prediger Konrad Wolfgang Platz vehement den Vorwurf zurück, die Lutherischen und ihr neues Evangelium trügen daran die Schuld. Schließlich sei doch offenkundig, dass es nicht nur in protestantischen Gemeinden, „sonder auch vil und offt an den aller Bäpstischen enden und orten einschlegt".

Damit wird nun eine weitere Ebene sichtbar: die theologische Interpretation bei der Überlieferung verheerender Naturgewalten. Sündenstrafe hier, Weckruf zur Bußfertigkeit da, zwischen diesen beiden Angelpunkten bewegten sich die Deutungen. Nicht selten spielte auch das Erwarten des Jüngsten Gerichts handfest hinein. Katastrophen und verstörende Himmelserscheinungen galten als Indizien für Gottes Zorn, womöglich gar für den herannahenden Weltuntergang selbst. Seit den Schreckenstagen der Pestepidemie im 14. Jahrhundert fiel die legendenhafte Vorstellung auf fruchtbaren Boden, der Antichrist kündige sich an durch fünfzehn wahrnehmbare Zeichen, Extremereignisse zumeist. Traten also beängstigende Naturphänomene gehäuft auf, kamen außerdem Überschwemmungen, Erdbeben und Brände hinzu, dann schien die eschatologische Vorausdeutung auf die letzten Tage augenfällig.

Deshalb verknüpften die Chronisten solch vermeintliche Zusammenballungen mit Eifer – und haben sie zeitlich vielleicht näher aneinandergerückt als sie es tatsächlich waren. Dabei sind ihre Formulierungen niemals beliebig, niemals

Nach dem Einschlag eines Blitzes in den Turm der Biberacher Stadtkirche entspann sich 1584 ein Streit über die konfessionelle Auslegung des Brandunglücks. Pfarrer Konrad Wolfgang Platz widersprach jeder Deutung als Gottesstrafe gegen die protestantische Gemeinde.

zufällig, sondern stets programmatisch zu verstehen, unter Rückgriff auf den biblischen Kanon der Plagen; Erdbeben gehören immer dazu, Gewitter, Blitze. Zahlreiche solcher Unglücksfälle in verschiedenen Regionen des fränkischen Reiches legten Kirchenmänner gegen Ende des 6. Jahrhunderts als Anbruch der endzeitlichen Prüfungen aus. Vom Bodensee sind wiederholt auffällige Reihungen überliefert, die Erde hat gebebt und tags darauf erlitt ein Kahn im Sturm Schiffbruch, oder es erschien als Begleiter eines abermaligen Erdstoßes ein Komet am Himmel. Aus dem Raum Lindau werden einmal Erdbeben, Feuersbrunst und Hochwasser hintereinander vermeldet – ein untrüglicher Fingerzeig, „daß uns Gott zur Buße locket". Ohne solche Sinngebung und geflissentliche Tendenz sind also antike, mittelalterliche und frühmoderne Katastrophenberichte gar nicht denkbar; man muss sich ihnen mit äußerst strenger Quellenkritik und durchaus misstrauischem Augenmerk nähern.

Volksglaube gegen Kirchendogma

Sündenstrafe durch verheerende Naturgewalten, die mahnende Stimme Gottes im Donner, Blitze als Symbole seiner Macht: Bilder wie diese mit ihren biblischen Anklängen waren vor den Umwälzungen der Aufklärung (und noch weit über diese hinaus) in vielen christlichen Glaubenssätzen präsent. Ebenso die Sintflut, das Feuer über Sodom und Gomorrha, Erdbeben und karfreitägliche Finsternis bei Jesu Sterben am Kreuz, schließlich die Erschütterungen und Gewitter beim Öffnen der letzten Siegel in der Johannesapokalypse – die Heilige Schrift lieferte allerhand Blaupausen für das Verständnis von Katastrophen und verankerte so straftheologische Auslegungen fest im Denken der Gelehrten. Erdstöße erschüttern daher in den Chroniken wiederholt freitags um die neunte Stunde den Boden, Hochwasser werden verglichen mit Noahs Flut, bei niedergebrannten oder von Felsstürzen verwüsteten Orten fallen die Namen der beiden alttestamentlichen Sündenpfuhle aus dem Buch Genesis. Angesichts der rauchenden Trümmer des Städtchens Neckarbischofsheim glaubten sich Kraichgauer Bauern noch im November 1859 an den Untergang Sodoms erinnert, den Schweizer Marktflecken Glarus sah ein Augenzeuge nach einem Großfeuer 1861 „wie einst Gomorrha verzehrt". Das durch Gott als „Blutstadt" gezüchtigte Ninive, ebenso die frevelhafte, von seinem Zorn mehrfach heimgesuchte Tempelstadt Davids boten sich als weitere Analogien an: Leidtragende der Großfeuer in Reutlingen 1726 und Göppingen 1782 setzten die rußgeschwärzten Ruinen ihrer Wohnstätten mit „einem elenden, öd, wüst und zerstörten Jerusalem" gleich.

Trotzdem heißt es aufpassen. Historische Sachbücher genau wie unterhaltende Mittelalterromane wissen groß und breit von der einst vermeintlich fortwährenden Panik in Erwartung des Weltenendes zu berichten. Solche populären Geschichtsbilder über das Leben in fern vergangener Zeit wurden und werden über die letzten hundert Jahre hin gerne unter die Leute gebracht. Wobei jedoch populär eben nicht zwingend korrekt bedeuten muss.

Gewiss: Spätantike und mittelalterliche Christen teilten den grundsätzlichen Glauben, hereinbrechen könne das apokalyptische Strafgericht zu jedem Augenblick, *in hoc momento* – das Ende war sicher, nur nicht sein Tag, seine Stunde –, und den Begriff *theomenia* als Ausdruck für göttlichen Zorn verwendeten lateinische Geschichtsschreiber seit dem 5. Jahrhundert als Synonym für Erdbeben. Dass Gott sich (ähnlich Zeus, Jupiter und Donar im Altertum) der Gewitterblitze bediene, um das sündhafte Menschengeschlecht zu züchtigen, davon war der Volksglaube überzeugt, und so auch die Bewohner von Trier, als sie im 10. Jahrhundert den Ursachen lang anhaltender wolkenbruchartiger Regenfälle nachspürten. Schließlich fanden sie heraus: Der Groll des himmlischen Weltenlenkers musste sich offenkundig gegen das Phlegma richten, mit dem die Bürger der Stadt ihr bisheriges Wohlergehen als allzu selbstverständlich hingenommen hatten.

Das weitverbreitete Bild aber, bei jedem Erdstoß, Hagelschlag oder Dauerregen habe der Mensch damals Sintflut und Zeitenende dräuen sehen, ist in dieser Schärfe sicher nicht zutreffend. Auch Katastrophen und Extremereignisse wurden, zumal von gebildeten Kirchenmännern, schlicht als Beiwerke der Schöpfung und damit als Grundelemente der natürlichen Weltordnung betrachtet. Es bedurfte überhaupt nicht auf Schritt und Tritt irgendwelcher metaphysischer Deutungsmuster, im Gegenteil: War nicht der Gedanke widersinnig, immer hinter allem und jedem einen Ausdruck heiligen Zorns von oben vermuten zu müssen? Gewiss kreisten Kirchenpredigten nach Starkregen und Hochwasser mahnend um die Notwendigkeit, „Sünden abzustellen", umzukehren und ein besseres Leben zu führen. Doch über Gebühr häufig kommen hochmittelalterliche Annalen und Chroniktexte auf Strafen oder Prüfungen Gottes gar nicht zu sprechen, endzeitliche Auslegungsmuster sind nur vereinzelt – und dann besonders in Krisenzeiten – zu finden.

Auch die immer wieder behauptete europäische Massenhysterie am Vorabend des Jahres 1000, diesem angeblichen Scheitelpunkt der Heilsgeschichte, bleibt eine bloße Legende voller Klischees und gewinnt nicht dadurch an Wahrheit, dass sie regelmäßig von Hobby-Apokalyptikern nachgeredet wird. Denn weniger der mittelalterliche als vielmehr der frühneuzeitliche Mensch des 16. und 17. Jahrhunderts sah, vom ständigen Ahnen des Weltuntergangs durchdrungen, noch in den harmlosesten Himmelserscheinungen „on Zwy-fel vorbotten dess künfftigen jüngsten Tags". Diesen Rückgriff auf archaisches Gedankengut sollte ausgerechnet der vermeintliche Modernisierungsschub im Zeitalter von Humanismus und Reformation begünstigen; davon später mehr.

Die christliche Welt des Mittelalters, zumal des frühen, kannte zwar wesens-ähnliche, doch etwas anders akzentuierte Bilder. Sie war noch stark geprägt von abergläubischen und magischen Vorstellungen älteren Ursprungs, es trieben Unholde ihr Wesen und zauberische Wettermacher, die mit heidnischem Ge-brauch verheerende Gewitter herbeirufen konnten. Zu einer Zeit, in der fast alles – die alltägliche Arbeit, der landwirtschaftliche Ertrag, das Überleben – an die Gunst der Witterung gekettet war, kreiste das Denken der Menschen per-manent um diese Abhängigkeiten und um die Vorstellung, es müsse sich durch gewisse okkulte Praktiken eine Änderung zum Besseren bewirken lassen. Oder auch, aus Missgunst, zum Schlechteren. Von offizieller Kirchenseite als un-christlicher Kult verurteilt und trotzdem allgemein im Volk verwurzelt, wurden auf den Äckern des karolingischen Reiches Papierschnitzel mit beschwörenden Formeln an hohe Stangen gehängt, die gegen Hagelschlag schützen sollten.

Solche Sicherheit zu gewähren aber, das predigte der Klerus, wohne keinem dunklen Wetterzauber inne, sondern sei nur der einen heiligen Kirche gegeben, die allein über das Wissen um wirksame Heilkräfte gegen die Übel der Welt verfüge. Unter ihrer spirituellen Führung sollten es die Gläubigen durch Bettage und Fasten, durch Bußgänge und Almosen für die Armen dahin bringen, dass Erdbeben aufhörten, Seuchen erloschen und Katastrophenfolgen abgemildert wurden. Kreuze zum Schutz der Feldfrüchte vor Sturm und Hagel errichtete man, von Geistlichen feierlich gesegnet, in den Flurgemarkungen. Indem sie einige ihrer Heiligen als Patrone günstiger Witterung und ertragreicher Ernten verehren ließ, trug die Amtskirche im Laufe des Mittelalters zur Verknüpfung zwischen dem Heiligenkalender und den Bauernregeln im dörflichen Brauch-tum bei. Derselben Wurzel entstammt vor allem im katholischen süddeutschen Raum die Anrufung von Nothelfern in Leid und Drangsal – Barbara, Scholas-tika und Donatus bei Unwetter, Agatha bei Feuer und Erdbeben, Florian und Laurentius bei Brandgefahr. Im Schwarzwald und auf der Baar stand der heilige Nikolaus den Menschen gegen Überschwemmungen zur Seite. Mittels dieser christlichen Alternativen wurden die verbliebenen Relikte heidnischer Wetter-riten zumindest überlagert, oft auch ganz verdrängt.

Wobei die Kirchenbehörden in ihrer Haltung keineswegs immer konsequent waren. Und konstant schon gar nicht. Magisches Gedankengut verdammten sie als Irrlehre – allein an die Wirkungskraft nichtchristlicher Kulte gegen Blitz und

Hagel zu glauben, galt im Bistum Worms des 10. Jahrhunderts bereits als strafbar. Praktisch zur gleichen Zeit aber verfolgte der Klerus selbst verdächtige Zauberer und bedrohte „überführte" Wettermacher, die es doch nach der anderen Lesart gar nicht gab, ebenfalls mit kanonischer Sühnung.

Allgemein war der amtskirchliche Umgang mit besonders zähen und widerstandsfähigen Elementen älteren Volksglaubens nicht eben geradlinig. Dahinter stand das Bemühen, vorchristliche Überbleibsel niederzuringen oder wenigstens aufzusaugen und umzudeuten. So wird das Schlingern und Taktieren der Kirchenmänner verständlich, wenn es um die Abwehr von Gewittern und Hagel ging. Binnen Minuten konnte dieser gefährlichste und seit alters her gefürchtete Feind der Landwirtschaft alle Hoffnung zerschmettern und den ersehnten günstigen Ernteertrag zunichtemachen. Im Hohenlohischen heißt der Hagelschlag noch heute das „Kieselwetter"; mit blutenden Wunden mussten die Menschen draußen im Freien Schutz suchen vor den manchmal eiergroßen Eiskörnern. Das Getreide auf den verwüsteten Feldern war oft nicht einmal mehr als Stroh oder zur Viehfütterung verwendbar. Pfeile haben die Gallier gegen die schwarzen Wolken in Richtung Himmel geschossen, Hagelfeuer die Germanen angezündet. Auch heftiger Radau, Hörnerblasen, Geschrei und lautes Trommeln – ein Heidenlärm im wörtlichen Sinne – galten in der Antike als probate Mittel, die bösen Gewitterdämonen zu verscheuchen und so Nutzpflanzen und Weinstöcke zu schützen; übrig geblieben von diesem Glauben, verweltlicht jedoch, sind bis heute der Polterabend und das alljährliche Feuerwerk zu Silvester.

Im Frankenreich des 8. Jahrhunderts lehnte die Kirche derlei Spektakel vehement ab, dann aber näherte man sich an und ermöglichte dem Wetterglauben schließlich eine zweite Hochkonjunktur seit dem Spätmittelalter. Vielleicht brauchte, vielleicht forderte das Volk irgendeine praktische und direkte Handhabe gegen die Mächte des Sturms. Also fiel der Blick auf die Kirchengeläute und deren kräftige metallene Stimmen; der Straßburger Prediger Geiler von Kaysersberg bezeichnete sie 1473 als „Trompeten Gottes". Bei der rituellen Weihe von Glocken durch Pfarrer und Bischöfe ging, so die Vorstellung, eine übernatürliche Kraft auf sie über. Das verlieh ihnen Macht – gegen die Unwetter an sich wie auch deren ursprüngliche Verursacher, gegen Dämonen und Höllenwesen, letztlich den Satan selbst. An vorchristliche Glaubenswelten anknüpfend und dennoch theologisch unterfüttert, verbreitete sich das laute Tönen der Wetterglocken bald als neues populäres Mittel zur Abwehr von Blitz, Donner und Hagelschlag.

Bei allen Zugeständnissen und Annäherungen an solche schlichteren Formen der Frömmigkeit aber war der christlichen Kirche ein zentraler Gedanke wichtig: Die Volksmeinung vom selbstständigen Treiben des Teufels lehnte sie strikt ab. Einzig der allmächtige Gott ist die entscheidende Instanz, er allein gebietet über Wetter und Naturereignisse, über Gesundheit und Tod, niemand sonst, kein Hexer und kein Satansjünger, auch der leibhaftige Luzifer nicht. Jedenfalls nicht aus eigener Machtfülle, sondern nur wenn der Schöpfer und Weltenlenker dem Bösen vorübergehend eine gewisse Entfaltungsmöglichkeit zugesteht und die Dämonen zu Vollstreckern seines Strafbefehls macht. Deshalb verurteilte die Amtskirche (und mit ihr die weltliche Obrigkeit) gerade dasjenige lokale Brauchtum besonders scharf, das an diesem Grundsatz rüttelte. In Teilen Süddeutschlands verbrannten Bauern zu Christi Himmelfahrt Teufelsdarstellungen und streuten die Asche auf ihren Äckern aus, um Blitz und Hagel fernzuhalten – was anderes war das denn „als gleichsam eine aussdruckliche Anruffung dess bösen Geists, darmit er das feldt behüten soll"?

Gott hatte nach dieser Vorstellung zwei Möglichkeiten, sich der Natur zu Sühnezwecken zu bedienen: Entweder er griff direkt in das irdische Geschehen ein oder er beauftragte die dunklen Gewalten damit. Den Menschen aber musste bei dieser Vorstellung grausen. Denn solange der Teufel die Wurzel allen Übels war, ließ sich ihm direkt die Schuld an Sturm und Seuche zuschreiben, und so verblieb immerhin eine letzte Hoffnung auf Gott als dem rettend waltenden Schöpfer. Entpuppte sich jedoch der Allmächtige selbst als höchste Gerichtsbarkeit und strafender Urteilsvollstrecker zugleich – wo war dann noch Erlösung, wo Zuversicht?

Ungewissheiten dieser Art ängstigten fromme Christen, wie überhaupt die Frage: Warum Naturkatastrophen? War Gott allgewaltig – wie stand es dann um seine väterliche Güte, wo er solches Leid und Elend zuließ? Weshalb schickte er wieder und wieder derart verheerende Extremereignisse? Weil sie den Weg zu ihm eröffneten, so lautete dann eine Antwort der Kirche, weil sie den Glauben festigten und die Menschen durch Reue und Buße zur Frömmigkeit führten. Auf den Punkt gebracht hat diese Anschauung 1439 der anonyme Verfasser der sogenannten *Reformatio Sigismundi*, einer während des Basler Konzils entstandenen politischen Streitschrift: Wenn menschliches Fehlverhalten die eigentliche Ursache für Wetterkapriolen und missliche Klimaverhältnisse war, dann kam auch dem Wirken der Elemente im Rahmen des göttlichen Strafgerichts eine ausdrückliche Heilsfunktion zu.

Hunger, Flut und Basler Beben: Katastrophen des Spätmittelalters

Es hat gegen Ende des Mittelalters eine Phase gegeben, während der sich gerade auch im Süden Deutschlands binnen kurzer Zeit die Katastrophen augenfällig häuften. Wer für apokalyptische Ängste oder Sehnsüchte empfänglich war, der begriff diese Zusammenballung – Historiker sprechen von der „Krise des 14. Jahrhunderts" – als untrügliches Vorzeichen des nahenden Weltenendes. Kaum eine Epoche kennt derart viele Extremereignisse und Superlative wie die vier Jahrzehnte zwischen 1315 und 1356: Die ergiebigsten Regenfälle und das schwerste mitteleuropäische Hochwasser des zweiten Jahrtausends, der fürchterliche „Große Hunger", die Pestepidemie, schließlich das stärkste in historischer Zeit überlieferte Erdbeben nördlich der Alpen.

Nicht allein das Wetter macht den Hunger zur Katastrophe

Mit dem Hunger fing es an. Entbehrung und Elend waren an sich keine seltenen Eindringlinge in den mittelalterlichen Städten und Bauerndörfern; als „eine Welt des Mangels" ist diese Epoche charakterisiert worden. Zwar seien die Menschen, so schreibt der italienische Historiker Massimo Montanari in seinem grundlegenden Werk über die Kulturgeschichte der Ernährung in Europa, nicht ständig vom Hunger gepeinigt gewesen, sehr wohl aber von der Angst davor. Wegen ihrer Außerordentlichkeit erhielt die Krise der Jahre 1315 bis 1317, regional sogar bis 1322, das Attribut „groß". Millionen Männer, Frauen und Kinder starben in weiten Teilen des Kontinents. Wer sich retten wollte aß Hundefleisch und Schlimmeres; in äußerster Verzweiflung, wie es aus dem fränkischen Bad Windsheim heißt, selbst Leichenteile von den gehängten Dieben am Galgen.

Ursache dieser Not waren extreme Witterungsverhältnisse. Wie die Römer zu ihren besten Zeiten, profitierten auch die Menschen des Hochmittelalters zwischen 1000 und 1300 von einer Warmphase, die ihnen in den entscheidenden Monaten des Pflanzenwachstums, Mai bis September, optimale Bedingungen bescherte. Überschwemmungen entlang der Flüsse ereigneten sich nur wenige, der Landwirtschaft kamen linde Winter und sonnige, oft auch trockene Sommer zugute. Am Oberrhein ist vereinzelt von blühenden Obstbäumen und brütenden Vögeln über den Jahreswechsel hin die Rede, von „unerhörter Milde" im Dezember und Januar, und es wird kein Zufall sein, dass der Bodensee zwischen 1108 und 1217 wohl nicht ein einziges Mal von einem festen winterlichen Eispanzer bedeckt war – mehr als hundert Jahre und damit die längste zeitliche Spanne, die seit Beginn der Überlieferung jemals zwischen zwei sogenannten Seegfrörnen verstrichen ist.

Dann der plötzliche Bruch: Nach 1310 begann eine fortwährende Serie kühler und feuchter Sommer, späte Nachtfröste fügten den jungen Pflanzen beträchtliche Schäden zu. Kalt, schneereich und hartnäckig wie kaum je in der europäischen Geschichte waren die Winter, besonders extrem zur Jahreswende von 1317 auf 1318, entsprechend verkürzt die Wachstumsphasen. Anhaltende Wolkenbrüche führten zu weiträumigen Überschwemmungen und, im Gefolge dieser Unbilden, zu mehreren Missernten nacheinander. Den Ertragsausfall eines einzelnen Jahres konnte die mittelalterliche Agrarproduktion meist noch verkraften, danach aber war die Zuspitzung unvermeidlich. Die Preise für Lebensmittel schlugen erheblich auf, der Dinkel kostete in Teilen Süddeutschlands mehr als das Zehnfache gegenüber ergiebigeren Jahren. Das ohnehin wenig belastbare Versorgungssystem brach zusammen, Hunger und Tierseuchen griffen um sich. Die Menschen erlebten permanente und launische Witterungsextreme, entweder unaufhörliche Niederschläge samt Hagel oder dann wieder einen brütend heißen Sommer, in dem monatelang kaum ein Tropfen Regen fiel. Mehr noch als die drei Jahrzehnte später auftretende Pest dürfte der Hunger des frühen 14. Jahrhunderts für das Wüstfallen von Bauerndörfern und Höfen auf Grenzertragsböden verantwortlich sein. Fluchtartig wurden die Siedlungen verlassen. Denn was sonst tun, wenn die letzten Vorräte aus den ohnehin mageren Ernten aufgezehrt waren?

So blieben die sozialen Folgen keineswegs auf den Augenblick beschränkt. Dauerhaft wirkte die Krise in den Körpern weiter, auch als sie längst überwunden schien. Wer als Kind, vor allem in den ersten Monaten nach der Geburt, einer Unterversorgung mit Nährstoffen ausgesetzt ist, der kommt in seinem Größenwachstum verzögert voran und kämpft noch als Erwachsener mit gesundheitlichen Spätfolgen. Im Erbgut der Betroffenen sind dann bestimmte Abschnitte verändert, ihr Körper bleibt lebenslang geschwächt, die Widerstandsfähigkeit vermindert. Selbst in Zeiten des Überflusses sind sie erheblich anfälliger für Krankheiten als andere, die keine Entbehrungen in Kindertagen durchlitten haben. Dreißig Jahre nach dem Großen Hunger wurde Europa von der Pest heimgesucht; dass schätzungsweise 25 Millionen Menschen ihr erlagen, jeder Dritte der damaligen Bevölkerung, kann eine Spätfolge dieser früheren Mangelernährung gewesen sein. Skelettfunde auf einem englischen Pestfriedhof fügen sich exakt in dieses Bild: Die Knochen stammen überwiegend von armen, in jungen Jahren durch Hunger geschwächten Seuchenopfern.

Aber inmitten des Elends konnte es auch Gewinner geben. Wer viel besaß und auf seinen Äckern über den Eigenbedarf hinaus produzierte, der zog Nutzen aus den hohen Marktpreisen für Lebensmittel. Nicht schicksalhafte Witterungsbedingungen allein, erst das Zusammenspiel mit den gesellschaftlichen Verhältnissen machte die Not für etliche zur Katastrophe. Historiker haben das prägnant formuliert: Es liege an der Natur der Herrschaft, wie weit die Herrschaft der Natur reiche.

Nach dem Großen Hunger dauerte es noch einmal vier Generationen, von denen wohl jede zumindest eine schwere Versorgungskrise durchlitt, ehe mancherorts die Selbsthilfe verbessert wurde. Dem Mangel in der Folge einiger klimatisch extremer Jahre vor 1440 fielen in größeren Städten fünf und mehr Prozent der Bevölkerung zum Opfer. Basel, Straßburg und Köln reagierten mit dem Bau kommunaler Getreidegroßspeicher, die über tausend Tonnen Korn fassten. Dank solcher Vorräte konnte endlich ein neues Kapitel der Fürsorge in Hungerjahren aufgeschlagen werden.

„Rasende Stromgewalten"

Überschwemmungen oder auch Niedrigwasser der großen süddeutschen Flüsse zählen zu den frühesten verbürgten Extremereignissen diesseits der Alpen; erste schriftliche Zeugnisse datieren bekanntermaßen noch in die Zeit der römischen Geschichtsschreiber. Dieser Umstand ist kein Zufall der Überlieferung, sondern schlicht statistisch folgerichtig. Denn kaum eine zerstörende Naturgewalt in Mitteleuropa kehrt häufiger wieder als die Hochstände der Binnenströme, zumal sie, wenn auch aus jeweils unterschiedlichen Ursachen, sowohl im Sommer wie im Winter auftreten können.

Ehe die zunehmend industrialisierten Flüsse durch Einleitungen immer mehr Wärme tanken mussten und daher im 20. Jahrhundert aufhörten zu überfrieren, ereigneten sich gegen Ende der kalten Jahreszeit die besonders gefürchteten Eisgänge, ausgelöst von raschem Tauwetter. Im Februar 1374 hatten die aufgestauten Schollen mit Rheinpegeln von über vierzehn Metern beträchtliche Überschwemmungen zur Folge, in Straßburg bedeutete das für einige Stadtviertel Land unter. Überhaupt sind Winterhochwasser zwischen November und März, am häufigsten im Dezember und Januar, für den Rhein seit vielen Jahrhunderten belegt; schon die Chronisten des Spätmittelalters wussten mehr als einmal über „ein gross wasser in wynachfurtagen" oder „gegen Jahresende" zu berichten.

Im Vor- und Frühsommer sind die Ursachen meist andere; heftige Gewitter und Starkregen lassen die Flüsse über ihre Ufer treten, am Rhein zudem verstärkt durch die gleichzeitige Schneeschmelze in den Alpen. Gerade solche Sommerfluten, wenn sie wie 1404 das Rheintal über sechs Wochen hin unter Wasser setzten, waren verheerend für die Landwirtschaft, vernichtend für die Ernten und deshalb Auslöser von Teuerungen und regionalen Hungersnöten.

Sichtbare Veränderungen führten die Fluten entlang den Ufern herbei. Nicht jedes Dorf, das früher einmal an den großen Flüssen bestanden hat, findet sich noch heute auf der Landkarte. Dornheim am Neckarbogen unterhalb von Mannheim-Feudenheim wurde 1278 ausgelöscht, Frecanstetten, Dettenheim und Knaudenheim nördlich von Karlsruhe sind als Ortschaften verschwunden oder tragen, nach schweren Hochwassern mehr ins Landesinnere verlegt, andere Namen. Aus dem Fischerdorf Pfotz bei Germersheim, dessen versunkene Kirchenglocken laut einer Sage unten in den Flusstiefen weitergeläutet haben sollen, entstand – nach einem Umzug weg vom Ufer – das heutige Neupotz. Zugunsten der in geschützterer Lage errichteten Stadt Kehl hat man im 15. Jahrhundert die Dörfer Niffer, Hunsfeld, Iringheim sowie Alt- und Neu-Kunheim aufgegeben. Neuenburg büßte bei einem verheerenden Hochwasser 1525 sein einstmals prachtvolles Münster ein, mehrfach zurückgebaut wurde die Siedlung Grauelsbaum bei Lichtenau, drohte doch der Rheinstrom den bisherigen Standort zu verschlingen. Ähnlich Wörth, um 1629 „in den Rhein gebrochen" und neu angesiedelt am Platz einer alten Wüstung. Schließlich der jetzige Karlsruher Stadtteil Daxlanden, versetzt aus ähnlichen Gründen; ein schweres Hochwasser unterspülte Mitte des 17. Jahrhunderts Häuser und Kirche im Dorf, machte Äcker unbrauchbar, schwemmte Särge mit Toten fort.

Was an Infrastruktur nahe dem Wasser besonders anfällig war, Mühlen, Straßen, Hafenanlagen, Brücken, das litt regelmäßig Schaden; schlimm vor allem der Verlust fester Flussübergänge, deren Einsturz Verkehrsadern zerschnitt und das lokale Beförderungswesen stillsetzte. Im Sommer 1480 fegte es am Hochrhein nach anhaltenden Regenfällen hintereinander die Brücken von Kaiserstuhl im Aargau, Laufenburg, Säckingen, Rheinfelden und Basel weg; möglicherweise war auch Schaffhausen betroffen. Fuhrwerke gelangten nicht mehr von Ufer zu Ufer, als „großen Brückentod" haben spätere Jahrhunderte solche folgenschweren Hochwasser umschrieben.

Wer aber der wirtschaftlichen Anziehungskraft erlag und sich bewusst in einer Stadt am Fluss niederließ, hatte als Schattenseite der überragenden Siedlungsgunst solche permanenten Gefährdungen zu akzeptieren. Ernährer und Zerstörer zugleich, so beschrieb der Umwelthistoriker Christian Rohr das Janusgesicht der großen Ströme. Stellte man indes Nutzen und Risiko gegenüber, überwogen immer noch die Vorteile; dass die meisten Menschen des Mittelalters das ganz ähnlich sahen, kommt in der enormen Dichte von Städten und Dörfern etwa entlang des Rheins zum Ausdruck.

Früher oder später haben die Überschwemmungen der Binnenflüsse eher vertraut als außergewöhnlich gewirkt. Mit sporadischer Bestimmtheit wiederkehrend, galten sie, solange erträgliche Pegelstände nicht überschritten wurden, bis zu einem gewissen Grad als normal. Alles in allem hieß es, sich mit den gegebenen Widrigkeiten zu arrangieren. Auf bescheidenem Niveau gab es technische Verfahren, die Launen der Natur zu mäßigen; aus dem Kampf mit Hochwassern gingen die frühesten Maßnahmenbündel gegen Extremereignisse hervor. Zumindest größere Städte am Rhein leisteten sich schon im Mittelalter Deichbauten entlang ihren gefährdeten Ufern, mussten diese jedoch regelmäßig unterhalten und nach Überschwemmungen wieder mit erheblichem Aufwand instand setzen. Oder auch ganz neu aufführen, wenn der Fluss sich ein anderes Bett gesucht hatte. Aber das alles war ja nur sehr punktuell, war kleinräumig und lokal, zu niedrig angelegt womöglich und ohne wirklich geschlossene Deichlinie. Bei leichteren Hochwassern bot so etwas einen gewissen vorübergehenden Schutz für Siedlungen und Felder, echte Katastrophen indes konnten damit niemals verhindert werden. Eine Statistik vom Oberrhein noch aus dem frühen 19. Jahrhundert zeigt, wie angreifbar die Deiche waren und dass sie in den Stunden der Gefahr reihenweise brachen: beim Hochwasser um die Jahreswende 1801/02 allein auf dem rechten Rheinufer zwischen Kehl und Philippsburg an 26 Stellen, im Herbst 1824 zwischen Hochstetten und Mannheim zu beiden Seiten des Flusses an 59 Stellen. Deshalb suchten die Anrainer früh schon ihr Heil in deutlich größer dimensionierten und wirkungsvolleren wasserbaulichen Maßnahmen; erste Durchstiche von Flussschlingen datieren am Oberrhein auf das späte 14. Jahrhundert.

Sicherlich ist auch der Kampf des Menschen gegen das Wasser – ein Beispiel im Kleinen – mit jenen beiden Begriffen zu umschreiben, die der britische Historiker Arnold J. Toynbee als bestimmend für den gesamten Verlauf der Weltgeschichte ausgemacht hat. *Challenge and Response* hat er sein Gegensatzpaar genannt, Herausforderung und Antwort, die Notwendigkeit von Kulturen, rechtzeitig auf schwierige oder veränderte (Umwelt-)Bedingungen zu reagieren. Ihre Zukunftschancen hängen von den Lösungen ab, die sie in solchen Situationen finden.

Selbstverschuldete Fehler der Anrainer konnten entlang kleinerer Gewässer mit Ordnungsstrafen geahndet werden; so am Stuttgarter Nesenbach, der zwischen 1272 und dem frühen 19. Jahrhundert bei Tauwetter und frühsommerlichen Starkregen mindestens achtzehn Mal über die Ufer trat und dabei auch Menschenleben forderte. Mitverursacht wurden diese Unglücksfälle durch mancherlei Unrat, der innerhalb von Stuttgart das Bachbett verstopfte, außerdem durch zu niedrig gebaute Brücken, an denen sich das Hochwasser zurückstaute. Solche Missstände ließen sich beheben. Aus anderen Fehlern lernte man, etwa als Anfang des 15. Jahrhunderts eine Stadtmauer im schmalen Münstertal bei Staufen nach einem Starkregen unbeabsichtigt wie eine Talsperre wirkte und dann unter der enormen Wucht anströmender Fluten vollständig zusammenbrach.

Sich an die Gegebenheiten anzupassen wurde dadurch noch erleichtert, dass zumindest die Überschwemmungen der großen Ströme – ganz anders als die Sturzbäche aus kleinen Tälern – nicht unbedingt jäh und plötzlich kommen. Die gefürchteten Eisgänge ausgenommen, schwillt das Wasser erst nach und nach an, über Stunden, oft über Tage hinweg. Wie gewaltig und existenzbedrohend der entstehende materielle Schaden in den ungeschützten Dörfern nahe den Flussufern daher auch immer gewesen sein mochte: Zur Rettung selbst stand meist noch genügend Zeit zur Verfügung, die Zahl der Hochwasseropfer blieb in vielen Fällen gering. Es sei denn, eine stark benutzte Brücke wurde durch die Strömung mitgerissen. Als es Ende Juni 1275 den hölzernen Basler Rheinübergang traf, sollen hundert Menschen ertrunken sein. 1288 gab es Tote in Heidelberg, angeblich nahm der Neckar die Brücke mit, als just eine Prozession darüber ging – „ein reyßend und ein fressend Wasser" wird man diesen Fluss Jahrhunderte später nennen.

Lang ist die Liste der Überschwemmungen und Schadensmeldungen seit der Spätantike, kaum ein Menschenalter, in dem nicht Rhein, Main, Neckar und Donau über die Ufer getreten wären. Mit dem 13. Jahrhundert mehren sich die schriftlichen Nachweise, beginnend im Dezember 1206, als „rasende

Stromgewalten" des Alpenrheins die Kirche von Lustenau zerstörten, wenige Kilometer südwestlich von Bregenz. In Oberdeutschland und Teilen Frankreichs hat diese Winterflut schwere Verwüstungen angerichtet, der Main schwoll auf enorme Höhe an, der Rhein trat über die – hier mit dem lateinischen Wort *claustra* schon ausdrücklich erwähnten – Dämme. Von tausend Ertrunkenen ist, mit aller Vorsicht sei es zitiert, in einem zeitgenössischen Text die Rede. Fortan verging zwischen den chronikalisch festgehaltenen Hochwassern manchmal nur ein einziges Jahr, so bei den zwei verheerenden oberrheinischen Fluten von 1358 und 1359; dann wieder, wenn auch selten, blieb es für Jahrzehnte relativ ruhig.

Die folgenschwerste Überschwemmung aber, vielleicht die größte Naturkatastrophe im mitteleuropäischen Binnenland seit Beginn der Aufzeichnungen, war die Magdalenenflut von 1342. Ihren Namen trägt sie nach dem Heiligentag der Maria Magdalena, begangen am 22. Juli. Ein Tief, vollgesogen mit Wasser aus dem Mittelmeer, regnete sich auf einer Bahn von Südost nach Nordwest über weiten Teilen Deutschlands ab. Die Wolkenbrüche waren sintflutartig, auf Frankfurt am Main soll an acht Tagen die gesamte Niederschlagsmenge eines Jahres herabgeschüttet sein. Das übermäßige Nass konnten die Böden nicht aufnehmen, denn nach feuchten und kühlen Frühjahrswochen hatte eine Hitzewelle Anfang Juli ihre Deckschichten ausgetrocknet und verkrustet. Großenteils oberflächig lief das Wasser ab. Viele Ströme und Flusstäler in Zentraleuropa waren betroffen, vergleichbare Pegelstände sind seitdem nie mehr erreicht worden, als „hydrologischen GAU" hat Rüdiger Glaser die Überschwemmungen um den Magdalenentag 1342 bezeichnet. Einzig den Oberrhein und das Neckarland glaubte man bislang glimpflich davongekommen; allerdings müssen diese vermeintlichen Ausnahmen nach neueren Quellenfunden in südwestdeutschen Archiven kritisch diskutiert werden. Waren diese Gebiete wirklich ganz verschont? Oder hatten sie einfach nur das zufällige Glück, dass die auch hier niedergehenden Regengüsse erst weiter stromabwärts extreme Spitzen anschwellen ließen?

Die Wiederkehrzeit einer derartigen Flut in Mitteleuropa schätzen Geowissenschaftler auf siebenhundert bis zehntausend Jahre. Und eigentlich war es ein spektakulär untypisches Hochwasser. Die meisten ganz schweren Überschwemmungen der großen mitteleuropäischen Flüsse sind eher eine Sache der Temperatur als des Regens; sie ereignen sich während der Schneeschmelze im Frühsommer oder in den Wintermonaten, so wie eben 1206, im Dezember, wenn der vorübergehend milde Niederschlag einer Warmfront zu Tauwetter führt und allerorten die Pegel ansteigen lässt. Viele Sommerhochwasser hingegen bleiben, regionalem Starkregen geschuldet, beschränkt auf einzelne Flüsse oder auf die Einzugsgebiete kleinerer Fließgewässer.

1342 war das anders. Selten kamen so heftige sommerliche Wolkenbrüche über einer derart großen Fläche herunter. Erheblich diesmal auch die Verluste an Menschenleben, die sich – wieder bei allem angebrachten Argwohn gegenüber solchen Zahlen – europaweit auf Zehntausende beziffert haben sollen. Besonders betroffen war das Maingebiet. Im Raum Würzburg riss der Fluss mehrere Brücken mit sich fort, Häuser und ihre Bewohner, „alte Leute sampt den Kindern". Turmfundamente wurden unterspült und gaben nach, Stadtmauern stürzten ein. Es dauerte Wochen, bis die Lage in den Hochwasserregionen sich zumindest vordergründig normalisierte.

In Wahrheit erwiesen die bleibenden Zerstörungen sich als immens – und folgenschwer. Überflutete Auenlandschaften waren unbewohnbar geworden, dicke Sedimentschichten bedeckten ehemals fruchtbares, jetzt wüstes Land. Siedlungen mussten ganz aufgegeben oder, bevorzugt an höher gelegenen Standorten, von Neuem erbaut werden. Heftige Erosion hatte Äcker, Gärten und Weinberge fortgeschwemmt, und das in gewaltigen Dimensionen: Was sonst über viele Jahrhunderte hin abgetragen wird, soll in den paar Tagen der Magdalenenflut verloren gegangen sein, geschätzte dreizehn Milliarden Tonnen Boden. In die großflächig entwaldeten Landschaften hinein – das deutsche Mittelalter war deutlich baumärmer als die Gegenwart – hatten die Wassermassen tiefe Schluchten gerissen. Die Ernte war zum großen Teil vernichtet, für das noch verbliebene Getreide gab es kaum intakte Mühlen zur Weiterverarbeitung. Zumindest in den direkt betroffenen Überspülungsgebieten zog das Hochwasser lokale Wirtschaftskrisen nach sich, die Versorgung mit Gütern des täglichen Bedarfs war stark beeinträchtigt, mit dem Hunger kamen die Krankheiten. Den zahlreichen frommen Prozessionen zum Trotz, die in den Jahren nach der Magdalenenflut immer am 22. Juli stattfanden, ebnete sicher auch dies der ab 1348 grassierenden Pest den Weg: Die von der Überschwemmung heimgesuchten Regionen verzeichneten Bevölkerungsverluste durch die Seuche zwischen dreißig und fünfzig Prozent und erreichten damit im deutschen Reich ziemlich das obere Ende der Stufenleiter.

„Umbgedürmelt" oder: Vom Verlust des sicheren Bodens

Selbst bei einem so schweren Hochwasser wie der Flut von 1342 bleiben entlang großer Flüsse immerhin noch knappe Vorwarnzeiten. Die Pegel steigen sichtbar, ein Entkommen aus ufernahen Gebieten ist möglich. Dagegen sind Erdbeben äußerst jähe Extremereignisse, die abruptesten überhaupt, unvermittelt, eine Sache längstens von Minuten, eher Sekunden. Eben deshalb haben Menschen sie als besonders einschneidende Schicksalsschläge empfunden. Keine unter den vielen Strafen Gottes, so formulierte es 1601 der Straßburger Jurist Johann Michael Beuther, sei schockierender als diese – „ihrer unversehenen schröcklichen plötzigkeit halben", die im schlimmsten Fall auch jede innere Vorbereitung auf den Tod unmöglich macht.

Kaum irgendwo in Deutschland traten mehr historisch überlieferte Erdstöße auf als im Süden und vor allem im Südwesten, in den heutigen Bundesländern Bayern und Baden-Württemberg. Im Schwäbischen machten sich während des Mittelalters seismisch aktive Verwerfungen an den Rändern des Fildergrabens bemerkbar, ein weiterer Brennpunkt ist nach Westen hin die Tiefebene des Rheingrabens zwischen Basel und Frankfurt, im Oberlauf des Flusses flankiert von Jura, Schwarzwald und Vogesen. Sie war Schauplatz von über der Hälfte aller Erschütterungen, die bis zum ausgehenden 19. Jahrhundert in Deutschland aufgezeichnet wurden. Mehr als siebenhundert Erdstöße aus dieser Liste rührten vom Oberrhein und seinen Randgebirgen her, fast hundert weitere hatten zwar anderswo ihr Epizentrum, konnten aber hier noch wahrgenommen werden.

Über Jahrmillionen hin in ein Puzzle zahlloser Einzelteile zerborsten, weist die Senkungszone des Rheingrabens massenhaft tiefliegende Störungen auf, ist deformiert durch Pressungen und Zerrungen, zerhackt, versetzt, verkippt, voller Verwerfungen und Bruchlinien. Gleichzeitig liegt ganz Mitteleuropa vom Alpenrand bis zur Nordsee, so hat es ein Experte formuliert, wie eingespannt zwischen den Backen eines Schraubstocks. Wo nun, wie entlang des Rheins, labile geologische Schwachstellen vorhanden sind, immer von Neuem aufbrechende „Wunden in der Erdkruste", dort treten, sobald das ineinander verkeilte Gestein plötzlich und ruckartig wieder freikommt, tektonische Beben auf. Stark sind die meisten davon nicht, eine Gefahr stellen sie kaum dar, und mehrheitlich haben sie, wie es vom Bodensee über einen Erdstoß des frühen 18. Jahrhunderts heißt, „ausert dem Schreken, kein weiterer Schaden verursacht". Dafür ereignen sich gerade derart kleine, überwiegend folgenlose Bodenbewegungen gar nicht so selten. Im Abstand eines Jahrzehnts zitterte 1279 und 1289 die Erde im Elsass, bei Straßburg, so mächtig, „daz men vorhte [fürchtete], das daz münster und die stat wurdent verfallen". Wenig später, August 1295, waren neunzehn Erschütterungen nacheinander im Bodenseegebiet um Konstanz und bis Chur zu spüren; auch hier die Angst, „die hüser wurdent niderfallen".

Ein Gefühl für den Schrecken

Im Naturkundemuseum am Karlsruher Friedrichsplatz bietet ein Erd-
bebensimulator die Möglichkeit, die Bodenerschütterungen realer Ereignisse nachzuempfinden. Friaul, das japanische Kobe, die Küste von
Kalifornien, aber auch Albstadt – die Namen dieser Städte und Landschaften stehen für einige der heftigsten Erdstöße weltweit während
der vergangenen Jahrzehnte. Beeindruckend ihre Verschiedenheit, die
jeweils ganz andere Art der Bewegung unter den Füßen, nicht zuletzt in
der Dauer: Lange 41 Sekunden in Japan gegen fast flüchtige 4,4 Sekunden auf der Schwäbischen Alb. In jedem Fall aber bleibt beim Herun-
tersteigen von dem Gerät die Irritation über das eben Erlebte. Und eine
zumindest vage Vorstellung davon, um wie viel größer die Bestürzung
sein muss, würde man irgendwo da draußen unvermittelt von einer solchen Naturgewalt überrascht.

Psychisch schwer belastend selbst bei schwächeren Stößen ist der Schwund
von Sicherheit, der – ohne jede Vorwarnung – mit dem Beben einhergeht. Wenn
Boden und Raum und Inventar plötzlich wellenförmig in Bewegung geraten,
dann sind, wie der spätmittelalterliche Chronist Albert von Straßburg schreibt,
„schwindel schuettel oder schueß" die Folge, Orientierungsverlust und eine Stö-
rung des Gleichgewichts. „Umbgedürmelt" in den Gassen seien die Menschen,
heißt es 1601 aus dem badischen Achern; „ob es ihre Häußer auch so grausamb-
lich erschittelt", wollten ein halbes Jahrhundert später nach einem Erdstoß in
Tübingen Nachbarn voneinander wissen. Auf die Straßen fielen Betroffene 1855
in der Schweiz nieder, Hirten sollen sich gar haltsuchend an Grasbüschel ge-
klammert haben. „Ich glaubte mich", so berichtete noch einmal vier Jahrzehnte
später ein Freiburger, „auf hoher See und das Schiff von den Wellen sanft aber
rasch gehoben und gesenkt. In diesem unsicheren Gefühl beugte ich mich über
den Tisch, mit den Händen denselben festhaltend."

Alles passiert ganz schnell. Im eigentlichen Sinne Fluchtmöglichkeiten aus
dem betroffenen Gebiet gibt es nicht. Doch anders als von Hochfluten, die Menschen ertränken, von Felsstürzen, deren Steinmassen sie erschlagen, von Blitzen, die sie niederstrecken, geht von den Erdstößen an und für sich kaum eine
direkte Bedrohung aus. Auf ringsum freiem Feld sind selbst massive Starkbeben
eine gewiss verstörende, aber weitgehend gefahrlose Angelegenheit. Erst die
von menschlicher Hand geschaffenen Dinge und Gebilde werden zum tatsäch-

lichen Risiko bei schweren Erschütterungen, die niederprasselnden Dachziegel, die umkippenden Hausmauern, die einstürzenden Brücken.

Schon von jeher waren Erdbeben deshalb weniger eine Katastrophe der Dörfer und des flachen Landes. Denn einfache kleine Bauernhütten ohne Fundamente widerstanden dank ihrer beweglichen Holzkonstruktion den Stößen weit besser als starre gemauerte Steingebäude; selbst komplexere Fachwerkbauten sind relativ unempfindlich und halten mit ihrem elastisch verbundenen Balkenwerk den seismischen Schwingungen stand. Von den mit Stroh und Schindeln gedeckten Dächern konnten keine schweren Ziegel herabfallen und jemanden erschlagen. Nur eines brachte die Bauernhäuser zusätzlich in Gefahr: Stürzten bei einem Erdstoß Kerzen, Fackeln und Feuerschalen um, drohten rasch um sich greifende Brände.

Höchst anfällig für zerstörende Beben hingegen sind aufgemauerte mehrstöckige Gebäude aus Bruch- oder Backsteinen. Schwere Ziegeldeckungen knicken, weil sie den Bodenbewegungen kaum schwingend folgen können, ebenfalls bald ein; Ähnliches gilt für steinerne Brücken über größere Flüsse. Solche Bauformen aber kennen – vor allem im Mittelalter – fast nur die schnell wachsenden Städte. Den Zeitgenossen blieb nicht verborgen, dass neben Burgen und Befestigungsanlagen gerade Klöster, Kirchen und ihre Türme besonders häufig betroffen waren. Bei Erdstößen im Friaul und in Kärnten soll das einstürzende Mauerwerk eines Gotteshauses am 25. Januar 1348 alle getötet haben, die darin dicht gedrängt Zuflucht gesucht hatten. Diesem Starkbeben, wahrnehmbar noch bis in die Pfalz, werden (vermutlich übertrieben) zehntausend Opfer nachgesagt; es erschütterte nicht nur den Boden in einem Umkreis von vielen Hunderten von Kilometern, sondern ebenso die Haltung der Menschen gegenüber der Natur. Nur knapp neun Jahre sollten indes vergehen, ehe auch am Oberrhein durchgestanden werden musste, was tektonische Kräfte anzurichten in der Lage sind. Das Datum: 18. Oktober 1356. Der Ort: Basel.

„Berge von Gestein und Schweigen und Entsetzen"?

Ein Sprung in die Gegenwart: Sechseinhalb Jahrhunderte nach der Basler Katastrophe von 1356 legte die Schweizerische Rückversicherungsgesellschaft Swiss Re im Jahr 2000 deren – wenn man so will – „aktualisierte" Schadensbilanz vor. Die Frage aus dem Blickwinkel der Versicherung: Was, falls sich jene zerstörerischsten Erdstöße in Zentraleuropa nördlich der Alpen mit derselben Gewalt heute, hier und jetzt, in diesem extrem dicht besiedelten, aber keineswegs bebensicher bebauten Gebiet wiederholen würden? Die Antwort: Gesamtschäden von achtzig Milliarden Franken allein in der Schweiz, dazu weitere gigantische Verwüstungen in Deutschland und Frankreich. Mehr als eine halbe Million Menschen in Lebensgefahr, jedes fünfte Gebäude in Basel eingestürzt oder reif für die Abrissbirne, das gesamte regionale Großgewerbe des hochindustrialisierten Dreiländerecks in wirtschaftlich existenzieller Not. Dazu Umweltschäden bis zur Nordsee, verursacht durch die Chemiewerke, durch das Leckschlagen der Tanks in den Rheinhäfen, letztlich sogar Strahlengefahr wegen der umliegenden Atomkraftwerke. Im benachbarten Schwarzwald hätten die Mauern der Stauseen ihre Bewährungsprobe zu bestehen. Dieses ganze Chaos außerdem noch vermehrt durch eine weitgehend unvorbereitete Bevölkerung, die kaum weiß, dass Seismologen das beschauliche Basel – wie San Francisco – weltweit zu den zehn Städten mit dem höchsten Risikopotenzial bei starken Erdbeben rechnen. Nach einer solchen Katastrophe, befand 1995 ein Versicherungsexperte, werde man Basel vergessen können; Jahre seien erforderlich, allein die verseuchten Trümmer zu entsorgen. „Die Stadt würde" – ein kühner Schluss freilich, der jeglicher Erfahrung widerspricht – „aus Rentabilitätsgründen wohl nicht mehr aufgebaut." So also verhielte es sich heute. Und damals?

Basel am späten Nachmittag des 18. Oktober 1356. Von unvermittelt beginnenden Erdstößen in Panik versetzt, fliehen die Menschen ins Freie, eilen instinktiv hinaus auf die unbebauten Wiesenflächen außerhalb der Stadtmauern, vor allem auf den mit Bäumen bestandenen Petersplatz. Der ersten heftigen Erschütterung folgt eine Reihe von kleineren, die weiter Furcht schüren und verhindern, dass die Basler heimkehren in ihre Häuser. Wer anfangs doch zurück in die Stadt zu gelangen versucht, um wenigstens noch etwas von seiner Habe in Sicherheit zu bringen, wird durch diese Nachbeben abgeschreckt. Wahrscheinlich zu seinem Glück, denn etwa zwei Stunden vor Mitternacht setzt das eigentlich verheerende Hauptbeben ein. Die Stadt erfüllt ein „erschröckenlich praßlen und weeklagen". In den Kirchtürmen geraten die Glocken so heftig in Schwingung, dass sie wie von selbst läuten, ehe die Türme – gleich anderen hoch aufragenden Gebäuden, Fassaden und Mauern – schließlich unter den Bodenbewegungen zusammenbrechen.

Überall in den verlassenen Wohnhäusern und Werkstätten aber glühen noch die offenen Herdfeuer, brennen herrenlose Fackeln und Öllampen, in den Kirchen die Kerzen. Ausgehend davon brechen zahlreiche Brände aus; sie finden in den Holzschindeln und Strohdächern reiche Nahrung, verdichten sich rasch, wüten mehrere Tage lang fürchterlich in der Innerstadt und der Sankt Alban Vorstadt. Noch weit größere Schäden als das Beben selbst richten sie da-

Die obersten Stockwerke der Türme von Basel stürzen beim Erdstoß von 1356 in die Tiefe. Die fiktionale Darstellung aus der *Konstanzer Weltchronik* rückt durchaus zutreffend die Schäden in den Vordergrund, die vor allem hoch aufragende Steinbauwerke durch Starkbeben erleiden.

bei an. In den Kanzleien und Archiven fallen unzählige wertvolle Rechtsdokumente dem Feuer zum Opfer. Von herumliegendem Schutt in seinem freien Lauf behindert, staut sich der kleine Fluss Birsig, der Basel durchzieht, auf und richtet vor allem in der Talstadt weitere Verwüstungen an. Und immer wieder sind neuerliche Erdstöße zu spüren.

Zum Entstehen und Verlauf dieses tektonischen Jahrtausendbebens, das in weiten Teilen Mitteleuropas wahrgenommen wurde, können Geologen und Archäologen heute wesentlich verlässlichere Aussagen treffen als die Zeitgenossen des 14. Jahrhunderts. Nicht direkt bei der Stadt, sondern etwa fünfzehn Kilometer südöstlich von Basel nahe Liestal lag sein lokalisierbares Epizentrum. Im Bereich von sechs und bis über sieben auf der Richterskala, so ordnen Experten die Stärke des Hauptstoßes ein. Schwere Zerstörungen an Gebäuden entstanden innerhalb eines Ovals von 85 auf 45 Kilometer, zwischen dem

Fricktal im Osten und bis gegen Mühlhausen im Nordwesten erstreckte sich die Schadenslandschaft.

Seit die Erkenntnis von der Plattentektonik sich im Laufe des 20. Jahrhunderts wissenschaftlich durchgesetzt hat, richteten Wissenschaftler bei der Suche nach dem Auslöser des Bebens ihren Blick zunächst auf den tief eingebrochenen Oberrheingraben. An seinen Rändern stauen sich Spannungen auf und entladen sich dann oftmals ruckartig. Neuere Untersuchungen aber lassen den Grabenbruch mittlerweile als unschuldig erscheinen. Stattdessen wurden in der Schweizer Jurafaltung jüngere Bewegungen ausgemacht, eine seismisch aktive Bruchzone, deren Drücke exakt mit der Richtung des Bebens von 1356 übereinstimmen.

Als nun der Morgen des 19. Oktober dämmerte, blickten die schockierten, ja traumatisierten Menschen draußen auf den Wiesen vor Basel im frühen Licht des neuen Tages mutlos auf eine völlig vernichtete, unbewohnbare, brennende Stadt, in der kaum ein Stein mehr auf dem anderen war. So jedenfalls haben es Historiker bis vor wenigen Jahren häufig kolportiert. Einer ihrer Gewährsmänner: der Dichter Francesco Petrarca, von dem der Satz überliefert ist, Basel sei „nun nichts als Berge von Gestein und Schweigen und Entsetzen". Diese dramatische Sentenz beruht indes auf bloßem Hörensagen, der italienische Poet schrieb sie in weiter Ferne, selbst gesehen hat er das Ausmaß der Verheerung vorher nicht, und gewiss sind seine Worte erheblich übersteigert. Richteten Beben und Flammen wirklich die gesamte Stadt zugrunde, verschonten sie tatsächlich nichts und niemanden? Geschichtsforscher sind neuerdings mit derlei Deutungen äußerst vorsichtig geworden. Schon Mitte des 19. Jahrhunderts begann ein Erster aus der Zunft sich zu wundern, wie spärlich es doch um die schriftliche Überlieferung und wie merkwürdig mager es um die Quellenlage zum Beben von 1356 bestellt sei; mit dem historisch Verbürgten gelange man kaum über eine Seite farbloser Beschreibung hinaus. Ähnliches konstatierte Rudolf Suter zum 600. Jahrestag der Katastrophe. Das Erdbeben, notierte er 1956, scheine die Basler Zeitgenossen weit weniger beeindruckt zu haben als ihre Nachkommen.

Unbestritten: Es war ein schweres, ein zerstörendes Beben. Seine reale Wirkung dürfte jedoch lange Zeit überschätzt worden sein. Viele Basler Häuser waren noch intakt oder hatten nur unbedeutende Schäden an der Bausubstanz davongetragen, ein Teil der Vorstädte war auch vom Feuer verschont geblieben. Vor allem aber die wichtige Basler Rheinbrücke – anno 1340 durch Hochwasser lädiert und danach instand gesetzt – wurde dank ihrer Unversehrtheit zur zentralen Voraussetzung für den nachfolgenden Wiederaufbau der Stadt. Die Schäden im Umland betrafen überwiegend die steinernen Burgen und Bergfriede, die anfälligen hochragenden Kirchtürme, während die einfachen Holzhäuser und kleinen Fachwerkbauten der Bauern, unempfindlich gegenüber Beben wie sie waren, weitgehend heil geblieben sein dürften.

Und die Zahl der Opfer? Die ist zeitgenössisch überhaupt nicht erwähnt, nur drei Tote sind wirklich namentlich bekannt. Alle späteren Schätzungen schwanken zwischen wenigen Dutzend und einigen Tausend, einmal abgesehen von der grotesken Millionenzahl eines Eichstätter Chronisten. Aus heutiger Sicht gilt: Die niedrigen Annahmen, allenfalls wenige hundert Umgekommene, sind die bei weitem realistischeren. Weil die Menschen schon beim ersten, wohl noch schwächeren Erdstoß sofort aus der Stadt hinaus ins Freie gelaufen sind, scheinen sich die Opferzahlen demografisch nicht spürbar ausgewirkt zu haben. Auch findet sich in den Jahrzeitbüchern der Stadt keine auffallende Häufung von Totenmessen nach Mitte Oktober. Das Beben war fraglos eine Katastrophe, den Untergang von Basel und den seiner Bewohner aber besiegelte es keineswegs.

Nur ein gestutzter Baum, kein gebrochener

Im Gegenteil. Nach dem ersten Schock – dankbar, das nackte Leben gerettet zu haben – arrangierten sich die Basler mit ihrer Situation und wappneten sich draußen auf dem offenen Feld vor der Stadt behelfsmäßig für die schwierigen kommenden Monate. In den Gärten, auf Wiesen und Äckern standen zahlreiche Schuppen und kleine Häuschen, dazu gesellten sich eilends errichtete Zelte, die vielen zumindest ein notdürftiges Dach über dem Kopf boten. Es ging auf den Winter zu, Frost stand bevor, besonders dringlich war die Versorgung mit Lebensmitteln. Doch gerade in dieser Hinsicht sah es für die 7000 bis 8000 obdachlos gewordenen Basler gar nicht so düster aus; etliches Vieh wird auf den Weiden überlebt haben, die herbstliche Ernte war bereits eingebracht. Sicher konnte das eine oder andere an Getreide oder Gemüse aus den Kellern und Speichern der Stadt gerettet werden, und die Bauern des wenig zerstörten dörflichen Umlandes boten ihre Erträge an improvisierten Markttagen auf dem Petersplatz feil.

Zügig leitete die städtische Obrigkeit den Wiederaufbau in die Wege. Mit klaren Weisungen und harter Hand verhinderte sie eine Erosion der bestehenden Ordnung, ging gegen Plünderer vor, befal das Sammeln noch verwendbaren Baumaterials und das planmäßige Entsorgen des Brand- und Erdbebenschutts in den Rhein. Offenbar profitierte Basel auch von einer gewissen „Notstands-Solidarität", die es schon im Mittelalter unter Städten und Landesherren gegeben hat. Abordnungen mehrerer Metropolen des Oberrheins, aus Freiburg, Colmar und Straßburg, sollen den Baslern beim Räumen der blockierten Straßen und Gassen geholfen haben.

Spätestens gegen Ende des darauffolgenden Frühlings hatte man die urbane Trümmerlandschaft zugänglich gemacht, und bereits acht Monate nach der Katastrophe, im Juni 1357, tat Basel einen energischen Schritt hin zur angestrebten Normalität. Auf Befehl des Rates, der die Stadt nun aufs Neue für bewohnbar erklärte, kehrte die Bevölkerung in ihre Mauern zurück. Acht Monate, darunter die harte Zeit über den Winter – eine denkbar kurze Spanne hatte ausgereicht, um zumindest erste Teile der Infrastruktur wiederherzustellen.

Sicher, alle Schäden können zu dieser Stunde längst nicht behoben gewesen sein. Es dauerte gewiss ein Jahrzehnt und mehr, bis die kaputten Gebäudeteile sämtlicher Häuser, Kirchen und Klöster instand gesetzt waren. Aber die noch gut gefüllte Basler Stadtkasse hatte offenkundig wenig Mühe, die finanziellen Belastungen zu schultern, die der Wiederaufbau mit sich brachte; wahrscheinlich war die Truhe mit dem städtischen Münzschatz in Gold und Silber aus den Ruinen des Rathauses geborgen worden. Nur fünf Jahre nach dem Beben hatte Basel sämtliche durch die Katastrophe erwachsenen Schulden abgetragen und begann schon seinerseits eigene Darlehen zu gewähren. Aus Petrarcas angeblichen Bergen von Gestein und Schweigen und Entsetzen war es neu erstanden. Rudolf Suter hat dies so formuliert: „Die Stadt glich einem Baum, der gestutzt worden ist und nachher um so kräftigere Äste bildet. Die Entwicklung, die im 13. und im 14. Jahrhundert auf wirtschaftlichem, politischem und kulturellem Gebiet eingesetzt hatte, ging nach dem Erdbeben nicht allein ungebrochen weiter, sondern führte Basel überraschend geschwind seiner Glanzzeit entgegen."

In Vergessenheit freilich geriet das schreckliche Ereignis aus ganz unterschiedlichen Gründen nicht. Um die gestörte göttliche Weltordnung wieder in ein Gleichgewicht zu bringen, ordnete die Basler Obrigkeit alljährliche Bittprozessionen an und regelte die Almosen an Arme und Bedürftige. Untersagt wurde, „zierd von gold, silber, sammat und seyden zetragen, auch aller überfluß der kleidung". Ausgenommen von diesem Verbot waren indes ritterbürtige Basler, dem Adel also blieb die Pracht erhalten. Das musste kein Widerspruch sein: Denn der Aristokratie kam dieser Luxus sehr wohl zu. Taten es ihr aber Bürger und Nichtadelige gleich, missachteten sie die gegebenen Standesunterschiede und rührten am universellen Schöpfungsplan.

Ein schiefes Kreuz

In Reinach südlich von Basel erinnert noch heute das sogenannte Erdbebenkreuz an die Katastrophe von 1356. Den Hintergrund bildet eine
legendenartige Überlieferung um den jungen Grafen Walram III. von
Thierstein. Am Tag des Bebens soll er gemeinsam mit dem befreundeten
Edelknecht Werner von Bärenfels, ausgelassen auf dem Rückweg von
einer erfolgreichen Jagd, einen Priester verhöhnt und beleidigt haben.
Kurz vor Basel wandte Graf Walram, den zusehends ein schlechtes Gewissen plagte, sein Pferd und ritt den Gottesmann suchen, um sich für
sein Verhalten zu entschuldigen. Werner von Bärenfels sei beim Beben
in Basel von einem herabfallenden Stein erschlagen worden, während
Walram seine Familie wohlbehalten in der vom Erdstoß stark zerstörten
Stammburg Pfeffingen wiederfand. Als Dank für diese Rettung, die er in
Zusammenhang mit dem Priester brachte, soll er am Ort ihrer Begeg-
nung ein hölzernes Wegkreuz errichtet haben. Unweit des historischen
Standortes ragt seit 1978 ein moderner Nachfolger auf: Die künstlerische Ausführung und schiefe, verschobene Anmutung des Kreuzes will
an das Beben und an die Legende um Walrams Errettung erinnern.

Das in eine Schräge gestellte
Erdbebenkreuz bei Reinach,
neuzeitlicher Ersatz für ein his-
torisches Wegkreuz, erinnert an
die Sage des Grafen Walram von
Thierstein, der am Tag des Basler
Bebens samt seiner Familie vor
Schlimmerem bewahrt blieb.

Auffallend ist, wie das Basler Beben die Wahrnehmung steigerte – und die Furcht. Als im Mai 1357 in Straßburg der Untergrund vibrierte, geriet die Bevölkerung in Panik, den nur geringen realen Schäden zum Trotz. Das ganze folgende Jahrhundert hindurch vermerkt die Überlieferung bei neuerlichen Erdstößen die große Verzagtheit vieler Menschen. 1416 flohen die Basler, wie sechzig Jahre zuvor, beim Zittern des Bodens voll Grauen aus der Stadt und verbrachten die Nächte draußen im Freien.

Mit einigem zeitlichen Abstand schließlich machten sich Chronisten, Geistliche in Großstädten zumeist, an die Zusammenstellung von Erdbebenkatalogen aller Länder und Epochen, mindestens zurück bis zum biblischen Karfreitagsgeschehen bei Jesu Kreuzigung. Überhaupt häuften sich nach dem Basler Schreckenstag die Berichte über beobachtete Erschütterungen am Oberrhein auffallend, ein Phänomen, das damals wie heute bei jedem erregten medialen Nachrichtengewitter immer wieder die eine entscheidende Frage provoziert: Was vermehrt und verstärkt sich denn da eigentlich wirklich? Die Zahl der tatsächlichen Ereignisse oder ihre Wahrnehmung? Die Menge der Vorkommnisse oder die Sensibilität dafür? Gerade die vielen Aufzeichnungen im Gefolge des Basler Bebens veranlassten einen Geschichtsschreiber im 17. Jahrhundert zu der rückblickenden Feststellung, in Europa seien keine Orte den Erdstößen mehr unterworfen als Konstantinopel und Basel. Die reiche Fülle an Überlieferungen lässt die beschauliche Stadt am oberrheinischen Dreiländereck zumindest statistisch neben das heutige Istanbul rücken, das über einen Zeitraum von zwei Jahrtausenden hin von mehr als sechshundert teils zerstörenden Beben heimgesucht wurde.

Erst das schwere Beben von Friaul und Kärnten 1348, dann die Pestepidemie in weiten Teilen Europas, schließlich Basel 1356: Die Häufung verschärfte das allgemeine Krisengefühl dieser Epoche, der universell scheinende Niedergang war Nährboden für mannigfache Veränderungen in den Mentalitäten. Der Historiker Arno Borst hat die verschiedenen Schauplätze des Wandels zusammengefasst: „Im politischen gewann der Fürstenstaat an Macht, denn er schützte die Untertanen notdürftig gegen das Unvorhersehbare. Im sozialen Bereich nahm sich das Großbürgertum die Freiheit, das Kapital zur Selbsthilfe gegen das Unbewältigte einzusetzen. Im gelehrten Bereich ließ sich die Naturbetrachtung ermutigen, das Unvorstellbare durch Kausalketten einzugrenzen. Im literarischen Bereich wuchs das Ansehen der Geschichtsschreibung, denn sie wurde zum Sammelbecken der Erfahrungen mit dem Unerwarteten. Der allmähliche Wandel der Einstellungen förderte die Abkehr vom frommen Stillhalten im Tal der Tränen, die Hinwendung zur tätigen Aneignung des Diesseits, ohne die Weltherrschaft Gottes anzutasten."

Die Kraft des Feuers

Durch die Erdstöße wurde Basel schwer zugerichtet, aber das anschließende Großfeuer erst – gewütet haben soll es „me [mehr] denne fünf wuchen" – hat Teile der Stadt wirklich vernichtet. Die lodernden Flammen all der vielen Brände, die nach dem Beben ausbrachen und in Holz und Stroh üppige Nahrung fanden, stellten eine besonders bedrohliche und allgegenwärtige Naturgewalt dar. Feuer ist das gefährlichste, verheerendste der Elemente, wenig kommt seiner Zerstörungskraft gleich, wenig der relativen Häufigkeit und Verbreitung seines Auftretens. Die bis um 1900 notorischen Stadt- und Dorfbrände haben die bäuerlichen und bürgerlichen Gemeinwesen immer wieder an einer ihrer verwundbarsten Stellen getroffen.

Sicher hat es nicht *die* eine typische Art des Stadtbrandes gegeben. Ortschaften sind den Flammen im Sommer wie im Winter zum Opfer gefallen, durch menschliches Verschulden oder nach Blitzschlag während eines Gewitters. Gleichwohl lässt sich durchaus ein dramatisches „Idealbild", ein charakteristisches Muster vieler Feuerkatastrophen nachzeichnen, wie es sich zwischen Mittelalter und frühem 20. Jahrhundert unzählige Male in Europa wiederholt hat.

Dieses Muster sieht etwa so aus: Es ist Anfang September, die Menschen in der kleinen Stadt stöhnen unter der anhaltenden hochsommerlichen Hitzewelle. Geregnet hat es schon lange nicht mehr, fast verdunstet ist das Wasser im eigens angelegten Brandweiher, der – seiner Bestimmung nach – im Notfall als Löschteich dienen soll. Staubtrocken sind die mit Schindeln oder Stroh gedeckten Dächer der zum großen Teil hölzernen, in schmalen Sträßchen eng aneinandergereihten Fachwerkhäuser. Auf feuerfeste Zwischenwände aus Mauersteinen, die im Ernstfall ein Überspringen der Flammen verhindern können, aber nur für teuer Geld zu bekommen sind, haben die Bauherren nachlässig verzichtet. Der Baustoff Holz ist allgegenwärtig, in den Dielen und Decken der Häuser, in den Treppen und Wehrgängen der Stadtmauer. Die diesjährige Ernte konnte bereits eingebracht werden, ganz ordentlich ist sie ausgefallen, der permanenten Trockenheit zum Trotz. Frucht und Heu lagern in den Scheunen, bis unter die steilen Dächer sind die Speicher vollgestopft mit den Erträgen des Sommers.

Jetzt zieht, von starken Windböen begleitet, ein nächtliches Gewitter auf, und so sehr die willkommene Abkühlung herbeigesehnt wird, es überwiegt doch bei weitem das Bewusstsein für die damit verbundene Gefahr. Blitzschläge sind stets bedrohlich, verletzen oder töten Menschen auf dem Feld wie im vermeintlichen Schutz der Häuser. Gustav Schwab, der württembergische Dichter des 19. Jahrhunderts, hat in Versen beschrieben, wie vier Generationen, beisammen in einem Zimmer, am Vorabend eines Festtages vom Schicksal ereilt werden: „Sie hörens nicht, sie sehens nicht, / Es flammet die Stube wie lauter Licht: / Urahne, Großmutter, Mutter und Kind / Vom Strahl miteinander getroffen sind, / Vier Leben endet ein Schlag – / Und morgen ists Feiertag." Mit den verderblichen Folgen von Blitzen musste immer gerechnet werden, aber selten ist das Risiko größer als gerade jetzt, da sich die ausgedörrte Dachlandschaft binnen kurzem in ein Flammenmeer verwandeln kann. Blitze, so geht die Rede, seien der schlimmste Feind jedes Hauseigentümers.

Tatsächlich bricht Feuer aus. Man wird in der Stadt später erregt und kontrovers diskutieren, ob wirklich ein Blitzstrahl eingeschlagen hat – einige, zumal die Besitzer der zuerst betroffenen Gebäude, wollten das eindeutig so gesehen haben. Oder hat heftiger Wind Funken aus irgendeiner unbeaufsichtigten offenen Glut in Küchen und Werkstätten geblasen und angefacht? Bald jedenfalls schlagen Flammen aus einem Haus, dessen Bewohnern nach der Katastrophe schuldhafte Fahrlässigkeit vorgeworfen werden wird.

Noch regnet es nicht oder viel zu schwach, als dass die Niederschläge dem Feuer hätten Einhalt gebieten können. Vom ersten brennenden Dach aus wandert der Brand zum nächsten, für alle gut sichtbar im Stockdunkel der Nacht. Die reichen Vorräte sind den um sich greifenden Flammen willkommene Nahrung und fallen ihnen rasch zum Opfer; die glückliche Ernte, wichtigste Rücklage für die bald kommende kältere Jahreszeit, wird zu Asche.

Zu löschen gibt es wenig, die Finsternis erschwert die Rettungsarbeiten enorm. Der halbtrockene Brandweiher ist bald ausgeschöpft, die herbeieilenden Bürger mit ihren ledernen Wassereimern stehen den Flammen völlig hilflos gegenüber. Bange Fragen: Wie weit wird die Zerstörung um sich greifen? Bleiben wenigstens einzelne Teile der Stadt verschont? Woher weht der herrschende Wind? Fast alles hängt von ihm ab, und nichts an ihm lässt sich beeinflussen. Ist er stark und treibt er das Feuer in wirbelnden Stößen stadteinwärts, wird ein Großteil der Gebäude binnen Stunden verloren sein.

Und so ist es. Bald gerät das Feuer in den engen Gassen und Winkeln der Stadt außer Kontrolle, letzte Versuche einer koordinierten Brandbekämpfung scheitern. Die Menschen laufen auseinander, jeder versucht die eigene Habe, das eigene Haus zu retten, die schon in Flammen stehenden Gebäude werden aufgegeben. Das Vieh in den Ställen vermehrt noch das Chaos, denn freiwillig gehen die Tiere nicht, sondern müssen mit Gewalt herausgezerrt werden, und lockert man den Griff, dann rennen Kühe und Ziegen und Schweine eher wieder auf das Feuer zu anstatt von ihm weg. Ein unbeschreiblicher Lärm, ein Getöse; das Vieh brüllt, die Funken prasseln, ein gegenseitiges Zurufen und wirres Durcheinander, in das sich ängstliches Kindergeschrei und jammervolles Weinen mischen. Bei der rettenden Flucht hinaus auf das offene Feld vor der Stadt kommt es an eng bebauten Stellen, vor allem an den schmalen Mauerdurchlässen, zu einigem Gedränge und Gestoße. Die ersten Häuser brechen in sich zusammen, wo teure gläserne Fenster eingesetzt sind, da zerbersten sie der Hitze wegen, und zuletzt, wenn auch die Kirche brennt und der glühende Luftzug aufsteigt in den Glockenturm, schlägt – wie bei einem Erdbeben – von selbst das Geläute im Feuersturm.

Die ganze Nacht und noch am nächsten Tag brennt die Stadt, aber die geflohenen Menschen draußen auf den Feldern und Wiesen ringsum, die erst im Licht der Morgendämmerung das Ausmaß der Zerstörung zu erkennen beginnen, überkommt mit dem Anblick zugleich völlige Stille, ein stummes Entsetzen. Das Geschrei ist abgeklungen, leise wird geredet, als gelte es – wie auf dem Friedhof – Pietät und Takt zu wahren. Rasch steht fest: Tote hat es nicht gegeben, auch zur Rettung der Kranken und Alten ist ausreichend Zeit geblieben, doch die Gebäude, die Häuser und Scheunen innerhalb der Stadtmauer sind beinahe ausnahmslos vernichtet. Mancher gräbt nach dem Brand in den Trümmern seines Hauses, glücklich, hier und da etwas Brauchbares zu finden.

Aus sesshaften und angesehenen Bürgerfamilien sind Obdachlose geworden, die sich mit einem Schlag aus dem seligen Mittelstand in die unterste Tiefe des Elends geworfen sehen (so haben es die Bürger von Radstadt in Österreich

In der Gluthitze

Die Vorstellung von Hitze und Lärm eines Stadtbrandes ist, außer wenn jemand solche Sinneseindrücke vielleicht durch seine Tätigkeit bei einer freiwilligen Feuerwehr zumindest erahnen kann, im 21. Jahrhundert längst aus dem Erfahrungshorizont der Menschen verschwunden. Eine dreidimensionale Installation im Stadtmuseum von Pforzheim, entworfen von dem Australier Jeffrey Shaw, einem Pionier der neuen Medienkunst, und realisiert im Jahr 2001 gemeinsam mit dem Karlsruher Zentrum für Kunst und Medientechnologie, macht die elementare Gewalt einer solchen Ausnahmesituation spürbar. Vor dem großformatigen Bild, *Pforzheim on fire*, das die mehrfachen kriegsbedingten Stadtbrände um 1700 illustrieren soll, ist deren glühender Hauch körperlich wahrzunehmen.

1781 ausgedrückt); „verloren haben fast alle alles", heißt es ähnlichen Sinns in einem Bericht über den großen Stadtbrand von Rottenburg 1735. Dringend muss Essen beschafft werden, aber selbst an den notwendigen Geräten und Gefäßen für die Zubereitung herrscht Mangel. Sicher, noch ist Sommer, für den Augenblick lässt es sich ganz gut im Freien übernachten, doch der Herbst steht bevor. Wer „abgebrannt" ist – daher stammt das Wort –, muss in improvisierten Notquartieren oder bei Verwandten in den Dörfern des Umlands unterkommen, wenn nötig zu Dutzenden in einem Haus.

So war es im Mittelalter – allein dreimal binnen fünfzig Jahren, um nur ein Beispiel zu nennen, im Rottweil des 13. und 14. Jahrhunderts –, und so wiederholte es sich hundertfach bis zum letzten großen Stadtbrand in Deutschland zu Friedenszeiten, der Donaueschingen im August 1908 heimgesucht hat.

Stadtbrände: (Fast) an der Tagesordnung

Sich vor der Zerstörungskraft des Feuers zu fürchten, diese Naturgewalt als permanente und absolut nicht beherrschbare Bedrohung wahrzunehmen, der im Ernstfall kaum etwas entgegenzusetzen war: Eine solche Angst gehörte in den Städten und Gemeinden der vorindustriellen Welt – „weilen alle Häuser von Holz gebauet undt mit Schindtlen gedecket", wie es 1694 aus Triberg im Schwarzwald heißt – zum Alltag von Verwaltung und Bürgerschaft.

Hinter den Mauern städtischer Siedlungen des Mittelalters entfalteten Brandkatastrophen ihr ganzes Vernichtungspotenzial. Gerade einkommensschwache Schichten nutzten, anstatt Bruchsteine und teure Ziegel zu verwenden, zum Hausbau bevorzugt preisgünstigere Materialien wie Holz, Stroh und Reet. Das späte 12. und vor allem das 13. Jahrhundert lösten eine regelrechte Gründungswelle neuer Städte aus, und mit deren enger Bebauung begann für die kommenden siebenhundert Jahre das eigentliche Zeitalter der Großbrände in Europa. Mehr als hundert ereigneten sich im Südwesten in der Zeit von 1600 bis 1900, allein zwischen 1780 und 1794 traf es – und die Aufzählung muss nicht vollständig sein – Oberndorf, Göppingen, Neuenbürg, Gültstein bei Herrenberg, Vaihingen an der Enz, Liebenzell, Rottenburg, Nürtingen, Tübingen, Gengenbach, Schiltach, Weissach, Schwäbisch Gmünd und Sulz am Neckar, das komplett bis auf sechs Gebäude eingeäschert wurde.

Ein Rottenburger Augenzeuge hat die Unbezwingbarkeit der Flammen nach dem verheerenden Großbrand vom März 1735 mit der Bemerkung auf den Punkt gebracht, trotz tausend Menschen in der Stadt „kunte doch diser großen gewalt

Löschversuche und Flucht aus einer brennenden Stadt: In seiner *Berner Chronik* illustriert Diebold Schilling am Beispiel der Brunst von Bern im Mai 1405 die oftmals aussichtslosen Versuche, das Übergreifen der Flammen auf weitere Bauwerke innerhalb des Mauerrings zu verhindern.

niemand widerstehen und löschen". Derart stark war bei flächenhaften Bränden die Hitzeentwicklung, dass selbst auf den Friedhöfen die Holzkreuze Feuer fingen (so geschehen im Sommer 1841 beim Untergang des Städtchens Fürstenberg auf der Baar) oder sich Pechfackeln und Hanfwaren auf den Schultern ihrer Träger entzündeten – überliefert aus Neckarbischofsheim im November 1859.

Die Zahl der Todesopfer aber war sogar bei schweren Feuerkatastrophen eher gering, für eine Flucht vor den allmählich sich ausbreitenden Flammen blieb meist ausreichend Zeit. Nur selten ist zu hören, eine Stadt sei – wie es über Lindau im 14. Jahrhundert heißt – „sampt vilen menschen" niedergebrannt; auch die mehr als hundert Opfer der großen, bei starkem Wind rasend schnell um sich greifenden Brunst von Bern am 14. Mai 1405 markieren eher die Ausnahme. Weit häufiger wird berichtet, trotz erheblicher Schäden sei „weder mensch noch vieh" zu Tode gekommen.

Dafür vernichtete das Feuer in wenigen Stunden den Besitz der Bürgerschaft so vollständig wie keine andere Katastrophe, gründlicher als jedes Erdbeben, jedes Hochwasser oder jedes schwere Unwetter es vermocht hätte. Sämtliche Bauten innerhalb der Stadtmauern brannten im extremsten Fall nieder, nur eine Wüste blieb, ein „Stein- und Kohlehaufen", so gesagt 1634 über Giengen an der Brenz. Bloß ganz an den Rändern oder in den Vororten außerhalb der Umfassungen waren noch Häuser verschont. Der überwiegende Teil der betroffenen Stadt aber wurde regelrecht ausgelöscht, das alte staufische Göppingen etwa, das am Ostermontag des Jahres 1425 vollständig bis auf ein einziges Haus vernichtet worden sein soll. Vier Fünftel der Reutlinger Gebäude fielen im September 1726 einem fast vierzigstündigen Brand zum Opfer, 1200 Familien standen da ohne Obdach und Besitz; rund 2200 von 3500 Einwohnern verloren am 1. November 1803 in Tuttlingen ihre Bleibe, gerade einmal zwei von 229 Gebäuden im Stadtkern blieben erhalten.

Da ging manches Lebenswerk zugrunde. Auf Jahre hinaus, wenn nicht für ganze kommende Generationen, katapultierte das Feuer ein Gemeinwesen und seine Bewohner vom bescheidenen Wohlstand zurück in die Armut. Was sich zwischen dem Brandschutt an verwendbaren Wertsachen fand oder aus der Stadt auf das freie Feld gerettet worden war, plünderten, falls man nicht aufpasste, irgendwelche Habenichtse aus der Nachbarschaft. Brach ein Feuer im Winter aus und beraubte die Menschen in eisiger Kälte ihrer Behausung, drohte im Gefolge des Brandes sogar direkte Lebensgefahr.

Auch in kirchlichen und kommunalen Einrichtungen hatten die Städte viel zu verlieren, sie büßten Amtsgebäude und Mobilien ein, die Messgewänder und Kunstwerke in den Gotteshäusern, die Ratsprotokolle und Aufzeichnungen der Archive. Schlimmstenfalls vernichteten die Flammen wichtige Urkunden, mit denen sich bestimmte städtische Rechte und Privilegien beglaubigen ließen. Sie sei, klagte einmal die Verwaltung der Stadt Konstanz, durch mehrere Feuersbrünste „vmm ire annal vnd jar bucher" und damit um „ire freyheiten" gekommen. Mit Glück überlebten wenigstens abgelegte und nicht mehr oft benötigte Aktenbüschel, „aus ursach, daß dieselben in einem gwelb [Gewölbe] nahend bei der erdt verhalten worden". Dort unten hin kam das verzehrende Feuer nicht; „was man aber täglichen bei der hand bedürfft" – und deshalb im eigentlichen Kanzleigebäude aufbewahrte – „ist verprunnen".

Viele europäische Städte hat es nicht nur einmal in ihrer Geschichte getroffen. Etliche fielen zwei- oder dreimal dem Feuer zum Opfer; die Frage lautete
also eher, wie viel Zeit zwischen den Katastrophen lag. Beinahe im Jahrhun-
dert-Rhythmus ging St. Gallen in Flammen auf, 1215, 1314 und 1418. Entsprechend hoch schlugen um 1500 die Wellen, wenn dieser früheren Unglücke gedacht wurde, die Bürger sprachen davon, „daß unser statt all hundert jar
verbrönnen muoss". Die Serie hatte indes ein Ende, denn zwar brach 1507 tatsächlich wieder Feuer aus, das jedoch nur drei Häuser in Asche legte. Über die
Jahrhunderte hin zählte manche Stadt in ihrer Chronik gleich eine ganze Reihe
verheerender Großbrände: Balingen fünf zwischen 1546 und 1809, Triberg vier
von 1489 bis 1826, Schwäbisch Hall zwei binnen fünfzig Jahren.

Zur Vernichtungsgewalt der Flammen gesellte sich, zumindest bis in das 18.
und frühe 19. Jahrhundert, eine religiöse Komponente. Mehr als jedes andere Element wurde das Feuer für eine Strafe Gottes gehalten. Nirgends liegt die
Verbindung näher zu theologischen Vorstellungen von Züchtigung, Sühne und
Hölle, dann aber auch zum Moment der Reinigung, wie er bei Hexenverbren-
nungen eine ebenso zentrale wie abscheuliche Rolle spielte.

Stichwort Hexen: Deren verderbliches Wirken wurde in verschiedenen Fällen als vermeintliche Ursache von Großfeuern ausgemacht, etwa in Schiltach,
nach dessen Brand im Frühjahr 1533 die Beschuldigte den Scheiterhaufen be-
steigen musste. Als Magd war sie erst kurz vor der Feuersbrunst in das Schwarz-
waldstädtchen gekommen, und mit ihr sei das Böse in Schiltach eingefallen, ein
teuflischer Dämon, seit Jahren ihr Begleiter. Ihm, so der Vorwurf, habe die Magd
bei der Brandstiftung geholfen. Der Folter unterworfen, gestand die Frau Schuld
und Teufelsbund. Ein schwaches Licht der Erkenntnis glomm nach ihrer Hinrichtung auf; manche munkelten, das Ganze sei „eine Fabel" und „nicht wahr"
gewesen, ein Justizirrtum also. Tatsächlich ging der Einäscherung von Schiltach wohl ein Kaminbrand im Gasthaus des Wirts voraus, bei dem die Magd in
Diensten stand; der jedenfalls scheint eine Rolle dabei gespielt zu haben, ihr die
Täterschaft in die Schuhe zu schieben. Wäre ihm selbst Unachtsamkeit beim
Entstehen des Feuers nachgewiesen worden, hätte Ortsverweisung gedroht.

Häufige Auslöser solcher Brandkatastrophen waren eben nicht Hexen und
Höllenwesen, sondern – weit simpler – umgestoßene Lichtstümpchen und Öllampen, einige Funken Glut, aus dem holzbefeuerten Ofen auf den Stubenbo-
den gefallen oder durch den Kamin hinauf zum Dach gelangt; dann Kinder,
die mit Feuer spielten, manchmal Brandstiftung. Denkbar auch die Selbstent-
zündung von nicht ganz trockenem und in den Speichern gärendem Heu. Bei-
spielhaft eine Statistik aus St. Gallen: Dort entsprang, insoweit die Ursachen zu

klären waren, jeder fünfte von insgesamt 67 kleineren Bränden in den Jahren zwischen 1626 und 1830 einem Kaminfeuer. Fünfzehn Prozent nahmen ihren Anfang in Werkstätten, die mit Feuer arbeiteten, einmal schlug ein Brandstifter zu, dreimal der Blitz.

Überhaupt: der Blitzschlag. Elektrische Entladungen bei Gewittern sollen die Flammenmeere verursacht haben, die 1394 Ellwangen verwüsteten, 1425 Göppingen, 1718 Dornhan auf der Hochebene über den Tälern von Neckar und Glatt. Hinter solchen Überlieferungen stehen freilich immer Fragezeichen: Hat womöglich der Verweis auf die höhere Gewalt der Blitze im einen oder anderen Fall denen als Schlupfloch gedient, die nach einem Stadtbrand ihr eigenes schuldhaftes Handeln – und damit den wahren Grund der Katastrophe – kaschieren wollten?

Gleichwohl war Gewitterangst vor Einführung des Blitzableiters eine durchweg begründete Phobie, siehe Heidelberg, April 1537: Einschlag in den Pulverturm, Explosion von zweihundert Tonnen Sprengstoff, mehrere Tote, erhebliche Schäden, zersprungene Fenster in der Stadt und ihren Kirchen; „ist auch ein solche forcht unther die leut kommen, wenn ein wetter sich nur mercken lest, lauffen sie alle zusamen und schreyen, Gott woell uns allen genedig sein". Bei einem einzigen Gewitter, das zeigt eine Zählung aus Württemberg für das Jahr 1850, gingen an insgesamt sieben verschiedenen Orten Blitze nieder und zerstörten mehrere Gebäude. Die Schwäbische Alb verzeichnet bis heute jährlich mit die meisten Einschläge in Deutschland. Die in ihnen vermutete Gefahr war also völlig real, auch wenn Wissenschaftler im 18. Jahrhundert die Rechnung aufmachten, es sterben weniger Menschen im Gewitter als an Erkältungen, übertriebenem Tanzen, verschluckten Knochen oder herabfallenden Dachziegeln.

Wie kaum etwas anderes entschied die aktuelle Wetterlage über das Schicksal der betroffenen Stadt. Hatte es seit langem nicht geregnet, dann war alles ausgedörrt, das trockene Holz leicht entzündlich, der für Löschzwecke bestimmte Teich leer. Reichlich Nahrung fand das Feuer und konnte sich rasch über einen ganzen Straßenzug hin ausbreiten. Besonders krass machte sich das Problem in den Höhenlagen bemerkbar. Bei niederschlagsfreier Witterung trat in Städten wie Freudenstadt und dem kleinen Binsdorf auf einer Hochfläche vor der Schwäbischen Alb regelmäßig empfindlicher Wassermangel ein. In einem extrem heißen Sommer wie jenem des Jahres 1483 entzündeten sich im Schwarzwald die Bäume, bis Tübingen hin wurde ihre Asche vom Wind getragen.

Der war auch die nächste entscheidende Größe. Viel hing im Brandfall davon ab, wie er blies, als Sturmbö oder leichte Brise. Bestenfalls gar nicht, denn das bedeutete immerhin die Hoffnung, das Feuer bliebe begrenzt auf einige wenige Häuser. „Es war ein großes Glück für uns, dass es windstill war", befanden die

Bürger von Biberach Ende des 18. Jahrhunderts, und der Pfarrer von Tiefenbach im Kraichgau ließ seine Gläubigen wissen, genau wie Blitz und Feuer sei der Wind ebenfalls ein Werkzeug in der Hand Gottes zur Ahndung der Sünden. Mit den Flammen habe ihnen der Herr zwar die Zuchtrute gezeigt, doch in der Windstille zugleich seine Gnade erwiesen. „Stand nicht unser halbes Dorf in Gefahr eingeäschert zu werden? Hätten die Winde gestern so, wie einige Tage vorher, getobet – wer hätte der wüthenden Gewalt des Feuers Einhalt thun können?"

Gerade diese Erfahrung aber war häufig: Einem Brand ließ sich, kam Wind aus ungünstiger Richtung hinzu, kaum etwas entgegensetzen. Stürmische Böen trieben die Flammen wie einen Feuerregen durch die Gassen und gegen die Häuser. Lodernde Schindeln und Strohfetzen stiegen erst hoch in die Luft und gingen dann auf anderen Dächern nieder. Beliebig lang ist über die Jahrhunderte hin die Liste der Städte und Dörfer, in denen ein ungestümer Wind die Glut zum Großbrand anfachte: Elzach 1583, Vaihingen 1617, Triberg 1694, Reutlingen 1726, Nürtingen 1750, Murrhardt 1765, Baiersbronn 1791, Gaildorf 1868, Donaueschingen 1908. Glimpflich kam Konstanz 1444 davon, obschon der Wind in einer Heftigkeit blies, „als er in 50 jar nit geweyet [geweht] hat". Kaum erträglich war die Furcht, „all welt schray und jomert", die ganz große Katastrophe aber blieb in diesem Fall aus.

Mancher Großbrand wäre zu verhindern gewesen, hätten nur seine Verursacher oder ersten Augenzeugen nicht vergebliche Anstrengungen unternommen, des Verhängnisses ohne fremde Hilfe Herr zu werden. Das Feuer im Kloster Salem 1697, ausgelöst durch einen überhitzten und dann geplatzten Ofen in der Nachtwächterstube, glaubten die Wärter selbst in den Griff zu bekommen und mühten sich so lange mit eigenen Löschversuchen, bis es schließlich zu spät war und die Flammen übersprangen. Von judenfeindlichen Vorurteilen entstellt mag eine andere Geschichte sein, überliefert aus dem niedergebrannten Konstanz des 14. Jahrhunderts: Das verheerende Großfeuer sei an einem Samstag vom Haus eines Israeliten ausgegangen; der jedoch, da Sabbat war, habe nicht löschen wollen.

Häufig wurden überführte Schuldige verfolgt, geächtet, eingesperrt oder aus der Stadt verbannt. Noch geradezu nachsichtig der Umgang mit dem Verantwortlichen für den Murrhardter Stadtbrand von 1765, dem der Magistrat zur Strafe jeglichen Ausgleich für seinen im Feuer eingebüßten Besitz verweigerte. Was aber unter dem Strich einer Ausweisung nahekam, denn in Murrhardt selbst war dem Mann damit jede wirtschaftliche Grundlage entzogen.

Wie rasch der Wiederaufbau einer brandgeschädigten Stadt vonstatten ging, das hing wesentlich damit zusammen, wie es um den Bevölkerungsdruck in der jeweiligen Zeit stand. War er gering, so in Esslingen nach dem Feuer von 1701, dann konnte schon einmal ein halbes Jahrhundert vergehen und immer noch ein Drittel der Brandstätten unbebaut sein. War er stark, wie im zerstörten Göppingen 1782, brauchte es kaum bis Ende des Folgejahres, und schon waren wieder alle Häuser neu errichtet oder befanden sich im Bau. Manchmal kam es im Zuge dessen zu sozialer Differenzierung und zur Umverteilung: Von oben nach unten, wenn das Bedürfnisprinzip angewandt wurde und die Armen mehr Unterstützung erhielten als die vorher Reichen; oder auch von unten nach oben, wenn – wie in der Schweiz des 18. Jahrhunderts nachgewiesen – wohlhabende und einflussreiche Bürger auf Kosten anderer weiteren Immobilienbesitz an sich bringen konnten.

Um Großbränden vorzubeugen, ergriffen städtische Behörden schon früh, meist als Reaktion auf konkrete Schadensfälle, entsprechende Maßnahmen. Feuer- und Löschordnungen gehören zu den ersten ausgearbeiteten Bestimmungen für den Kampf gegen Naturgewalten überhaupt. Einige gehen auf das hohe und späte Mittelalter zurück; Ulm erließ 1476 solche Vorschriften, Stuttgart 1492. Ihnen ähnlich verfügten viele kommunale Obrigkeiten Instruktionen in baulicher oder personeller Hinsicht. Das konnte – wie in Bern um die Mitte des 13. Jahrhunderts – der Stadtbach sein, der kanalisiert und durch die Hauptgassen geleitet wurde, um im Ernstfall genügend Löschwasser zu haben. Es konnte sich – so in St. Gallen nach dem großen Brand von 1314 – um die Einführung einer Windwacht als Bürgerpflicht handeln, damit bei stürmischer Witterung der Ausbruch eines Feuers zumindest nicht unbemerkt blieb. Oder der Stadtrat erließ – entsprechende Beschlüsse fasste Schaffhausen im 14. Jahrhundert – strenge Vorschriften, die zum Hausbau vorwiegend mit Stein verpflichteten und die Schindelbedeckung der Dächer einschränkten.

Denn eines war klar: Gegen Feuer konnte man sich, wenigstens bis zu einem gewissen Grad, schützen oder verteidigen. Es ließ sich wenn schon nicht beherrschen, so doch bekämpfen. Dass es womöglich von Gott kam, dass der Allmächtige sich seiner als flammendes Werkzeug höchsten Zorns bediente, hielt offenbar keine Obrigkeit davon ab, es (auch) als weltliches Unglück zu deuten und eindämmen zu wollen. Denn wer sich die Entstehungsgründe vieler Stadtbrände ansah – die unachtsamen Mägde und Knechte, die spielenden Kinder, die leichtsinnigen Hausleute –, dem konnte es schon schwerfallen, eindeutig zwischen göttlichem Zorn und menschlicher Dummheit als Auslöser zu unterscheiden. Zumindest gegen letztere, als gewissermaßen natürliche Ursache, hieß es sich durch Feuerordnungen und entsprechende Bauvorschriften zu wappnen.

Der Meteorit von Ensisheim

Wenn – aus europäischer Sicht – die Entdeckung Amerikas im Oktober 1492 als ein Schlussstein mittelalterlicher Geschichte erachtet und zugleich dem Morgendämmern der Frühneuzeit zugerechnet wird, dann ist an dieser historischen Epochenschwelle auch ein Naturereignis einzuordnen, das nicht nur im eigentlichen Moment des Geschehens für Aufsehen sorgte, sondern noch Jahrhunderte später die Phantasie der Menschen bewegte.

Von zahlreichen Augenzeugen beobachtet, zog im selben Jahr, um die Mittagszeit des 7. November, einen knappen Monat nach Columbus' Landung auf den Bahamas, ein Meteor mit leuchtendem Schweif über den Himmel am Oberrhein. „Ein grawsam donnerschlag" ertönte, in einem Umkreis von 150 Kilometern, im Elsass, dem Breisgau und in Teilen der Schweiz, soll der Knall zu hören gewesen sein – „die leuth meinten, es weren heusser umgefallen", notiert ein späterer Chronist. Unweit des elsässischen Städtchens Ensisheim bohrte sich der Meteorit, nur von einem Jungen beobachtet, in einen Weizenacker. Um diesen großen und dunklen Stein herum versammelte sich eine ratlose Menge. Was hier Außergewöhnliches geschehen war, das gehörte einfach nicht zum Erfahrungshorizont dieser Menschen, das forderte ein Stück weit ihr Weltbild und ihren Glauben heraus. Schon begannen einige, Splitter des Steinbrockens als Glücksbringer abzuschlagen, ehe der Ensisheimer Stadtrat gegen das Treiben einschritt.

Der Meteoritenfall dieses 7. November 1492 zählt zu den frühesten historisch verbürgten Ereignissen dieser Art überhaupt. Was jedoch nicht heißt, dass eine solche Erscheinung an sich selten wäre. Zwanzigtausend Meteore, schwerer als 200 Gramm, dringen Jahr um Jahr in die Atmosphäre ein, verglühen aber meist zu Sternschnuppen und Feuerbällen. Wie damals in Ensisheim, so hat Mitte März 2015 ein lauter Knall viele Menschen aufgeschreckt; gleißend zeichnete sich am dunklen Abendhimmel über Süddeutschland und der Schweiz ein gelbgrünliches Leuchten ab. Die Erdoberfläche erreichen nur wenige dieser Himmelskörper, fünfhundert vielleicht, und der bei weitem größte Teil von ihnen geht, ohne sichtbare Spuren zu hinterlassen, über dem Meer nieder. (Übrigens werden sie im korrekten Sprachgebrauch erst mit ihrem eigentlichen Aufschlag zu Meteoriten). Unter denen, die sich bisher in den Boden bohrten, zählt das Ensisheimer Exemplar zu den kapitaleren: Der nichtverglühte Teil brachte ein Gewicht von fast drei Zentnern auf die Waage.

Für einen erlangte dieser Steinmeteorit eine ganz besondere Bedeutung. König Maximilian I. musste sich zur Zeit des Einschlags politische Gedanken machen über ein hartes Vorgehen gegen Frankreich, und so erörterte der deutsche Herrscher dieses offenkundige Zeichen, dieses göttliche Wunder, mit seinen Ratgebern. Gut oder schlecht für das bevorstehende Unternehmen? Gut, so wurde entschieden, dieser Himmelsbote verheiße Maximilian Kriegsglück, und der bekannte Dichter Sebastian Brant stimmte in seinem Flugblatt *Von dem donnerstein gefallen im 1492 jar: vor Ensisheim* ebenfalls mit ein in den Chor der zuversichtlichen Interpreten. Ende November, auf seinem Zug gegen Westen, begutachtete der König persönlich den Meteoriten und ließ ihn „zuo einer ewigen gedaechtniss" in der Ensisheimer Stadtkirche an Ketten aufhängen – wohl auch um finstere Kräfte zu bannen, die dem Teufelsstein innewohnen mochten. Tatsächlich verlief des Königs Sache in Frankreich erfolgreich, was der Berühmtheit des Meteoriten noch einmal zuträglich war.

Ein Meteorit mit Leibwache

Albrecht Dürer – er hielt sich im November 1492 in Basel auf – malte Jahre später einen Feuerball, wie er die Wolken durchstößt. 1528 nahm Paracelsus den Ensisheimer Himmelskörper in Augenschein, 1771 Goethe, 1982 der amerikanische Astronaut Charles Duke, Pilot der Mondlandefähre von Apollo 16. Von seiner Substanz hat er zwischenzeitlich jedoch einiges eingebüßt, denn etliche Bruchstücke wurden an Museen und Sammlungen verteilt. Die noch am Schauplatz des Einschlages verbliebenen rund 55 Kilogramm sind heute zu besichtigen im Museum des ehemaligen Regentenpalastes, einem feudalen Renaissancegebäude aus dem 16. Jahrhundert, bewacht von der St.-Georgs-Bruderschaft des Meteoriten von Ensisheim. Es wird weltweit wohl nicht viele Himmelskörper geben, die über eine eigene Leibwache verfügen.

Kleine Eiszeit, große Krise:
Die unterkühlte Frühmoderne

Der unvermittelte Kälteeinbruch zu Beginn des 14. Jahrhunderts, der dem Großen Hunger und auf längere Sicht auch dem Pesttod die Pforten geöffnet hat, setzte der behaglichen hochmittelalterlichen Warmzeit ein recht abruptes Ende. Im Nachhinein entpuppten sich die feuchtkühlen Jahre ab etwa 1310 als erste Vorboten eines noch weit einschnidenderen Temperaturrückgangs – Folge verminderter Sonnenaktivität und damit geringerer Wärmeabstrahlung in Richtung Erde. Mit einigen ausgeprägten Gipfelpunkten sollte sich diese Klimakrise als „Kleine Eiszeit" bis zum Ende des 19. Jahrhunderts erstrecken. Spürbar veränderten sich die Menschen und ihr Denken während der widerwärtig nasskalten Periode zwischen etwa 1570 und 1630; deren äußersten Tiefpunkt wiederum markierte, durch den lichtabschirmenden Auswurf tropischer Vulkanausbrüche zusätzlich verschlimmert, das sonnenarme Jahrzehnt ohne Sommer von 1585 bis 1597. Nicht zuletzt bereitete all dies der erbarmungslosesten Welle des europäischen Hexenwahns den Boden.

Von einem Extrem ins andere

Dennoch darf dieser kategorisch klingende Ausdruck „Eiszeit" keine überzogenen Vorstellungen wecken von durchgängigem Dauerfrost oder vom Schneeschippen im August. Die Jahre blieben nicht einfach nur fortwährend kalt. Typisch für die folgenschwere Klimaverschlechterung vor allem seit Mitte des 16. Jahrhunderts war stattdessen gerade das Untypische, war die Bandbreite der Schwankungen und die Häufigkeit der Anomalien zwischen Frostwetter und Hitze, zwischen Dürre und Hochwasser. Raumgreifend holten die Pendel aus und schwangen in ungleichmäßigem Takt weit über die Ränder des ansonsten Gewohnten hinaus.

Freilich: Zunächst sanken, hauptsächlich verursacht durch die reduzierte Sonneneinstrahlung, ganz generell die Temperaturen. Um mehr als ein Grad gingen sie in fast allen Jahreszeiten zurück, den Herbst ausgenommen. Die Winter zeigten sich frostiger und schneereicher, Kältewellen arktischer Luftmassen ließen Mitteleuropa erstarren und brachten den Verkehr auf den Landstraßen zum Erliegen. Wochenlang waren Bodensee und Rhein von Eisdecken überzogen – was in früheren Jahrhunderten eher die Ausnahme gewesen war und Chronisten noch zum Staunen gebracht hatte, wiederholte sich nun ziemlich regelmäßig. Hungrige Wölfe suchten ihr Heil außerhalb der völlig zugeschneiten Wälder und fielen im Rheintal beim schweizerischen Chur sogar Menschen an. Die Stadtgräben froren zu und büßten so über Winter ihren Schutzzweck ein. Während der spät einsetzenden Frühjahre kam es zu Kälterückfällen, Hagel und Hochwasser wurden zu ständigen Begleitern, trüb und verregnet zeigten sich

Im extrem kalten Winter von 1570 auf 1571 fallen Wölfe im Rheintal bei Chur Menschen an. In der Sammlung von Einblattdrucken und illustrierten Flugblättern des Zürcher Bürgers Johann Jakob Wick sind die Folgen der Klimakapriolen während der „Kleinen Eiszeit" eindrücklich in Bildern dargestellt.

die Sommermonate. Die Not hielt Einzug, von einer mehrjährigen „grausamen Teuerung" ist die Rede, angeblich wurden Verhungerte gefunden, die sich in ihrem Elend mit letzter Kraft noch Grasbüschel in den Mund geschoben hatten. Besonders dicht war die Folge von Überschwemmungen in der zweiten Hälfte der sechziger Jahre, allein dreimal – im Januar, von April bis Juni, dann nochmals Mitte Juli – stieg der Rhein im Unglücksjahr 1566 über seine Ufer. Von der Sintflut war die Rede, und nach massiven Regenfällen trieb der Alpenrhein 1570 die Leichen ertrunkener Menschen an Chur vorbei.

Aber das veränderte Klima kannte nicht nur den Schrecken. Bis zu einem gewissen Grad hatte die Kälte auch nützliche, ja ergötzliche Seiten, sorgte zuweilen für ein „spectakel". Waren große Seen und Flüsse im Winter überfroren, verlagerte sich ein Teil des alltäglichen Lebens auf das Eis. Man sei „von Bregenz, Fussach, Roschach, Arbon, Co[n]stanz, Überlingen, Buchorn" – gemeint ist Buchhorn, das seit 1811 den Namen Friedrichshafen trägt – „allenthalben auff dem Eiß geloffen, geritten, geschlitten und gefharen", heißt es vom Bodensee des Jahres 1573. Kinder vergnügten sich auf der glatten Fläche mit Bällen und Kegeln, 1740 buk man mitten auf dem Neckar bei Heidelberg vor vielen Zuschauern einen ganzen Tag lang Brot im heißen Ofen. In Mannheim nutzte die Küferzunft den dicken Frostpanzer, der das Wasser bedeckte, und fertigte darauf ein Fass. Manchmal wurde sogar die Fastnacht auf dem Eis gefeiert. Wieder andere haben die Gelegenheit für Zweckmäßiges genutzt und ermittelten exakte Entfernungen zwischen einzelnen Orten durch Begehungen zu Fuß. Über die Wochen der größten Kälte hin war der gefrorene Fluss oder See selbst eigentlich keine Gefahr; wohl aber in dem Moment, wenn die Wärme kam und das Eis zu tauen, zu brechen anfing. Mit den Geschichten vom winterlichen Treiben auf den erstarrten Wasserflächen untrennbar verbunden sind immer auch die Schicksale der menschlichen Opfer, die es forderte.

Durchschnittlich alle sieben Jahre hatte es im 15. und frühen 16. Jahrhundert einen milden Winter und ebenso oft einen heißen Sommer gegeben; besonders ausgeprägt der von 1540 mit einer elfmonatigen Megadürre, verdursteten Tieren, einem halb ausgetrockneten Rhein und Laubfall der Bäume im August. Bei den Wintern verdoppelte sich jetzt die Zeitspanne, für die anderthalb Jahrhunderte bis um 1700 vermerken die Wetterchroniken nur noch zehn milde Winter, also einen auf fünfzehn Jahre. Noch ausgeprägter die Veränderung bei den Sommermonaten, von denen zwischen 1559 und 1615 kein einziger als wirklich heiß bezeichnet wird. Dann jedoch, 1616, kommt nach so langer Zeit nicht einfach nur wieder ein schwülwarmer Sommer, sondern völlig unvermittelt einer der tropischsten in den vergangenen Jahrhunderten mit fünfzig Tagen größter

Auf dem Eis über den Bodensee

Langfristig folgenreich waren die beiden ersten Monate des Jahres 1573: Im Januar ritt ein Postvogt mit seinem Pferd über den zugefrorenen Bodensee nach Überlingen, was mehr als 250 Jahre später den Dichter Gustav Schwab zu einer bekannten Ballade inspirierte und bis heute weiterlebt in der Redensart vom „Ritt über den Bodensee". Die bezeichnet einen kühnen Coup, dessen Risiken dem Vollbringer der Tat im Nachhinein zu Bewusstsein kommen.

Einige Wochen waren seit dem Husarenstück des Vogtes vergangen, da wurde Mitte Februar erstmals eine Büste des heiligen Johannes von Münsterlingen im schweizerischen Thurgau über das tragende Eis zum gegenüberliegenden Hagnau gebracht und im dortigen Rathaus aufgestellt.

Feierliche Eisprozessionen zwischen beiden Orten sind später bei den Seegfrörnen des Bodensees zur Tradition geworden, letztmalig war, in einem Zug Tausender von Menschen, die Überquerung 1963 möglich. Seither steht die Apostelbüste im Gotteshaus des ehemaligen Münsterlinger Benediktinerklosters – eine Kopie im Kirchenraum, das historische Original im Tresor. In Hagnau erinnern Details an einer modernen Bildsäule, Ausstellungsstücke im Museum sowie Gedenksteine im Hafengebiet an den Brauch. Und ein leerer Sockel in der Pfarrkirche.

Der Immenstaader Bürger Johann Gere überquert mit seinen beiden Kindern am 10. Februar 1695 während einer Seegfrörne den eisbedeckten Bodensee und erreicht bei Münsterlingen das Schweizer Ufer. Das Ölgemälde nach einer älteren Vorlage entstand Anfang des 19. Jahrhunderts.

Gluthitze und Trockenheit. Der Luzerner Stadtschreiber Renward Cysat brachte das Charakteristische seiner Zeit mit einer Bemerkung auf den Punkt, die zwar speziell dem Jahr 1609 galt, doch für die Epoche verallgemeinert werden kann – die Witterung sei „gar seltzam und wunderbarlich de extremo ad extremum", sie kippe vom einen Äußersten ins andere.

Die Folgen der rauen Temperaturen nach 1570 hat der Schweizer Historiker Christian Pfister, mit seinen Studien über die gesellschaftlichen Auswirkungen von Klimaveränderungen ein Pionier auf diesem Gebiet, detailliert beschrieben. Fast alle Bereiche der Landwirtschaft, besonders aber die wenig krisenfesten kleinbäuerlichen Betriebe, gerieten durch diese späten Frühjahre, diese regnerischen Sommer voller Hagel und Unwetter, diese nicht enden wollenden kalten Winter in eine Notlage.

Getreide- und Weinernten fielen ganz aus oder brachten nur magere Mengen, auf den Speicherböden faulte die nass eingefahrene Frucht, das Futtergras erwies sich als nährstoffarm. Bei geringerem Heuertrag musste man das Vieh länger im Stall halten, weshalb die Bestände schrumpften und weniger Milchprodukte hergestellt werden konnten. Bauern ließen Teile ihrer Äcker brachfallen, weil es an Zugochsen und Mist als natürlichem Dung fehlte. Je andauernder und kälter die Wintermonate, desto stärker der Zugriff auf die Wälder und die langsamer wachsenden Bäume; der Holzbedarf für das Beheizen der Häuser stieg. Vermehrte Rodungen legten den fruchtbaren Oberboden frei, der viele Regen schwemmte ihn ab. Die mangelernährten Menschen, die gerade bei den niedrigen Außentemperaturen eigentlich einen erhöhten Kalorienbedarf gehabt hätten, erreichten nicht mehr die Körpergrößen der besseren Epochen, sondern nur noch die der Elendszeiten des frühen 14. Jahrhunderts; unter Epidemien und Infektionen leidend, fielen etliche aus den ärmeren Schichten direkt oder indirekt der Not zum Opfer. Eine weltweite Pandemie der Grippe löschte 1580 viele Leben aus, die der gebrechlichen Alten vor allem und der abwehrgeschwächten Kinder.

Aber nicht nur in rein körperlicher Hinsicht wurden die Menschen durch Kälte und Entbehrung gezeichnet. Auch die Mentalitätsgeschichte registriert nach Mitte des 16. Jahrhunderts einen starken Bruch. Sensibel nahmen die Zeitgenossen all die harten Wechselfälle des Klimas wahr, zumal gerade diese Generation noch das bessere Früher, die „gute alte Zeit" sozusagen, miterlebt hatte. Den Umschwung empfand sie daher desto bewusster. Entsprechend deutlich mehren sich um 1570 die überlieferten Berichte, die von Naturkatastrophen künden. Das war einerseits der tatsächlichen Häufung geschuldet, andererseits einer vorsätzlichen, absichtsvollen Beobachtung und Aufzeichnung – und dem

Buchdruck. Der machte bevorzugt unerfreuliche Ereignisse schneller weithin bekannt und trug so mit zu dem subjektiven Eindruck bei, es häuften sich die Katastrophen und mit ihnen die Zeichen der Endzeit.

Mancher Verleger, Hans Moser in Augsburg war so einer, entwickelte daraus ein regelrechtes Geschäftsmodell. 1561 druckte Moser den Bericht von einer „erschröcklichen und wunderbarlichen" Himmelserscheinung im Sächsischen, später dann Nachrichten über Erdbeben in Italien, die katastrophale Allerheiligenflut um Antwerpen 1570 und weitere rätselhafte Luftspiegelungen bei Marburg, alle veranschaulicht mit möglichst drastischen Bildbeigaben. Für die Vermarktung waren diese eindrücklichen Darstellungen und die Sensationslust, die sie bedienten, viel wichtiger als die schlichten oder moralisierenden Kurztexte zum eigentlichen Thema. So ließen sich die Krisen und Ängste der Zeit

Einen Vulkanausbruch nebst entsetzt händeringendem Augenzeugen scheint dieser Holzschnitt aus der Augsburger Druckerei von Hans Moser darzustellen, der die Schilderungen des Pfarrers Abraham Wag aus Ballrechten über einen Bergsturz am Blauen im Breisgau 1562 illustriert.

zu Geld machen. Oder wie sonst soll jener Einblattdruck aus Mosers Offizin zu
verstehen sein, dessen reißerischer und farbig ausgeführter Holzschnitt einen
Vulkanausbruch (!) im Breisgau am 9. März 1562 zu illustrieren scheint. Flammen schlagen aus dem steil aufragenden Berg, die ganze Flanke ist aufgerissen,
Steine werden herausgeschleudert; im Vordergrund händeringend zwei Beobachter. Die Schilderung darunter, zwei Dutzend Zeilen stark, stammt aus der
Feder von Abraham Wag, Pfarrer des Markgräfler Dorfes Ballrechten.

Wag schildert die Vorfälle als Augenzeuge, der – aus einiger Entfernung –
das tatsächliche Geschehen am Blauen oberhalb von Lipburg bei Badenweiler
„mit meinen Augen gesehen" hat, „unnd mit mir ob Tawsendt Personen". Und
nicht nur gesehen, nein, auch gehört: „Ain gethön und grawsam klopffen" sei
vom Berg her erklungen, gleichzeitig eine mächtige Rauchsäule aufgestiegen.
Seine Schilderung kommt sprachlich zwar etwas umständlich daher, wirkt aber
objektiv. Denn einen Vulkanausbruch beschreibt Wag keineswegs, sondern genau das, was sich da 1562 wirklich ereignet hat: Ein gewaltiger Bergrutsch, dessen dreihundert Meter breite Abrisswand bis heute in der Landschaft zu erkennen ist. Die aufsteigenden Schwaden waren Staubwolken, die niedergehenden
Felsen aus keinem Vulkanschlund herauskatapultiert, stattdessen losgebrochene
Gesteinsbrocken. Bäume glitten auf gewaltigen Bodenschollen „frey auffrecht"
stehend zu Tal, die Erdmassen machten aus fruchtbarem ebenem Feld eine zer-
furchte Wildnis und Öde, „da niemandts wandlen kan / weder Vihe noch Leüt".
Im Dorf Lipburg trug man aus Vorsicht schon Häuser und Scheunen ab, um
wenigstens das Baumaterial vor dem Verschüttgehen zu retten.

Übertrieben hat Wag nicht und sonderlich theologisiert auch nicht. Niemand
wisse, was Gott damit zu verstehen geben wolle; er möge den Betroffenen seinen
Schutz verleihen. Das alles ist nicht im Übermaß marktschreierisch. Von der dargestellten Eruption eines feuerspeienden Berges – eine bildliche Zutat aus dem
Umfeld Mosers, die als endzeitliches Motiv taugt – ist nirgends die Rede.

Aber wer liest den Text, wer richtet nicht seinen Blick vor allem auf das grau-
sige Bild? Wer glaubt sich nicht in eine Zeit und Welt des Schreckens geworfen, wenn er auf effekthascherischen Flugblättern immer mehr solcher Bilder
vorgesetzt bekommt, wenn laufend „newe Zeyttungen" von weiterem Unglück
berichten und „warhaffte anzeigung" eingetretener Verhängnisse erstatten? Dies
und die bittere Realität jener unwirtlichen Jahrzehnte ging vielen ans Gemüt,
lange Winter und regenreiche Sommer beförderten psychische Niedergeschla-
genheit bis hin zu Depression und Selbstmord. Die Menschen verloren Orientierung und Halt, Existenzangst und Verzweiflung griffen um sich, die Melancholie wurde zur symptomatischen Seelenkrankheit der Epoche. Lebenshaltung

und Sexualmoral der Bevölkerung erfuhren grundlegende Veränderungen. Im konfessionellen Streit zwischen Katholiken, Lutheranern und Calvinisten machten sich Fürsten wie Theologen diese starke emotionale Erregung zunutze, um ihre politischen und religiösen Ziele durchzusetzen.

Reformator Martin Luther selbst hat – und solches Denken griff bald auf führende Kreise seiner Zeit über – das pessimistische Bild einer verderbten Natur im Verfall gezeichnet, in der menschliches Verschulden immer neues Unglück heraufbeschwor und die Apokalypse nicht mehr lange auf sich würde warten lassen. Was diese Generation an Schlechtem und Schlimmem erlebte, so empfanden es viele, das war nicht mehr zu überbieten, das übertraf alles, was Menschen bisher hatten durchmachen müssen, war aber wiederum nur ein Spiegel der eigenen Sünden: Im selben Maße wie diese sich häuften, wuchsen auch Zahl und Umfang der Katastrophen in der gegenwärtigen unheilvollen Schwellenzeit. Da mag sich, wie es der lutherische Theologe Caspar Goltwurm tat, manch einer gewünscht haben, dass Gott „mit dieser baufelligen welt wölle ein mal ein end machen". Was zuletzt über die Antike hat gesagt werden können, das galt für das Europa der Reformation ebenso: Es herrschte eine ständige mentale Katastrophenbereitschaft.

Mit solchen Gedanken ging die radikale Abwendung von einer Daseinsfreude einher, wie die Renaissance sie noch gekannt hatte. Ein rigider und jenseitsgerichteter Dogmatismus hielt stattdessen Einzug. Düstere straftheologische Vorstellungen gewannen an Boden, die schlechtes Wetter und ungewöhnliche Extremereignisse als Warnungen Gottes verstanden und damit zugleich den frevelhaften Menschen selbst für sein Leid verantwortlich machten. Von sämtlichen Konfessionen und religiösen Gruppen, hauptsächlich aber den protestantischen, wurden solche Auffassungen geäußert und in weiten Teilen der Bevölkerung akzeptiert, gerade auch von der Oberschicht. In zunehmender Zahl entstanden christliche Wetterlieder, barocke Kirchendichter wie Paul Gerhardt und Simon Dach besangen gießende Wolken, schufen Reime ob dieser kalten Zeiten. Eines jedoch erwies sich als besonders fatal: An unmittelbar Schuldigen und Sündenböcken bestand nun ebenfalls ein erheblicher Mehrbedarf.

Hexenjagden

In den Pestzeiten des 14. Jahrhunderts war es die jüdische Bevölkerungsminderheit gewesen, die einem rachsüchtigen Mob als erste Zielscheibe gedient hatte. Während der dann folgenden hundert Jahre aber wandelte sich das Feindbild.

An die Stelle der Judenverfolgung trat die Hexenjagd, gründend in dem Glauben, weibliche und männliche Unholde könnten dank dunkler Dämonie direkten Einfluss nehmen auf die Witterung und auf das Wohlergehen von Mensch und Tier. Wenn Melancholie die Gemütskrankheit der Kleinen Eiszeit gewesen ist, so hat es ein Historiker treffend formuliert, dann war Hexerei ihr Verbrechen. Die Hatz auf angeblich wettermachende Magierinnen und Zauberer erlebte während dieser Periode voller eigentümlicher Extreme ihren Höhepunkt. Vermutlich bis zu 50000 Menschen fielen dem Hexenwahn in Europa zum Opfer, Hunderte von Scheiterhaufen brannten – vor allem in den klimatisch verheerenden Jahren zwischen etwa 1570 und 1630 – auch im nahezu gesamten süddeutschen Raum.

Welche Rolle spielten dabei Kirche und Konfession? Oder besser: Kirchen und Konfessionen, beides in Pluralform, denn Hexenverfolgungen gab es unabhängig vom jeweiligen Glaubensbekenntnis in katholischen, lutherischen und calvinistischen Ländern. Prediger jeglicher Observanz hetzten von Kanzeln und Altären gegen das vermeintliche Dämonentreiben und forderten die erbarmungslose Vernichtung der Feinde Gottes. Gestützt auf das mosaische Wort, man solle die Zauberinnen nicht am Leben lassen, befürwortete Martin Luther Folter und Feuertod für Hexen. Von *der* einen Kirche oder kirchlichen Position kann also keine Rede sein. Päpstliche Inquisitoren und sadistische Ketzerrichter spuken zwar mächtig durch jede Menge Historienschinken, ob im Roman oder im Fernsehfilm, doch mit der geschichtlichen Wahrheit und Wirklichkeit haben derart simple Bilder allenfalls am Rande etwas zu tun.

Soweit es die katholische Kirche betrifft, befand sie sich seit dem frühen Mittelalter auf Schlingerkurs. Viele ihrer Anhänger, bekehrte und getaufte Christen, hielten ursprünglich die Existenz von Dämonen und Hexen für möglich, ja für wahrscheinlich. Hinter Unwetterkatastrophen und Missernten mussten zwingend irgendwelche Zauberer stecken, die das Unglück durch Magie heraufbeschworen hatten. Zunächst setzte die Kirche solchen Vorstellungen einigen Widerstand entgegen und verbot sie. Seit dem hochmittelalterlichen 12. Jahrhundert jedoch verschoben sich die Vorzeichen. Jetzt begannen Kleriker selbst kräftig mit der abergläubischen Restglut zu zündeln. Der Chimäre von Zauberei und finsteren Mächten als Verursacher allerhand Leids gewährten sie nun breiteren Raum, hauptsächlich wohl mit dem Ziel, die so verängstigten Menschen enger an ihren Gott heranzuführen und an die *sanctam matrem ecclesiam*, an die heilige Mutter Kirche zu binden.

Nochmals verstärkt in der ersten Hälfte des 15. Jahrhunderts streuten einzelne maßgebliche Theologen und klerikale Gruppen, eigentlich im Gegensatz zu den christlichen Fundamenten der Gesellschaft, dieses magische Denken innerhalb der Kirche bewusst und mit Erfolg aus. Jenseits der traditionellen mittelalterlichen Dämonenbilder entstand so, in nicht minder abergläubischem Morast gründend, ein aktualisiertes und vermeintlich akademisch unterfüttertes System der Hexenlehre. Auf ihm sollten die späteren Verfolgungen fußen.

Was nun an dunklem Mystizismus aus den Gelehrtenstuben herauskroch, drang vor in den ländlichen Raum und wurde von weniger feingeistigen Schichten dankbar aufgenommen. Das für schwarzkünstlerische Beweisführungen empfängliche Bauernvolk griff – die Witterungen waren unbeständiger geworden, die verdüsterten Jahreszeiten im Durchschnitt kühler – nur allzu gerne die Behauptung auf, schlechte Ernten, Getreideteuerungen und Hungersnöte seien dem Treiben von Hexen zuzuschreiben. Auch hier tat der zeitgleiche Siegeszug der Druckerpresse ein Übriges: Reißerisch bebilderte Flugschriften liefen um, verkauften sich gut, erreichten eine breite Leserschaft und untermauerten derartige Auffassungen nach Kräften. Voll von Teufelsdienern sei die Welt, sie verderben „die liebe frucht auf dem feldt, die uns der Herr durch seinen segen wachsen lasset, mit ungewöhnlichen Donnern, Blitz, Schwar [finstere Regen- und Gewitterwolken], Hagel, Sturmwinden, Reiffen, Wassersnöthen, Meüsen, Gewürm und was andere sachen mehr sein". So formuliert es 1590 ein süddeutscher Pamphletist, und ein Schreiber in Trier merkt zur selben Zeit an, das ganze von Misswuchs und Hunger geplagte Land habe sich zur Ausrottung der Hexen erhoben.

Ausrottung. So abscheulich, so unmenschlich der Begriff, gehört er doch in diesen Zusammenhang. Die sprachliche Nähe zum Zertreten von Ungeziefer und Schädlingen ist kein Zufall. Angesichts der immensen Verluste durch vermeintlichen Wetterzauber mussten mitleidlose Gegenmaßnahmen in den Augen der Betroffenen völlig gerechtfertigt wirken. Im Jahre 1445 tobten Stürme in Süddeutschland, heftige Hagelschläge gingen nieder, und wie so oft zuvor schon bedeutete dies für ärmere Schichten eine existenzielle Bedrohung. Sofort lief das Gerücht von Hexerei als einleuchtende Sinndeutung durch die Gassen. Für gesellschaftliche Randgruppen wurden solche Vorstellungen immer gefährlicher. Mit einer Totgeburt, im Kessel gesotten, hätten sie ein Ungewitter zusammengebraut, so klagten die Verfolger 1478 im elsässischen Schlettstadt zwei Hebammen an, um sie anschließend auf den Scheiterhaufen zu schicken. Drei Jahre später wurden im Raum Metz nach mehreren verheerenden Wolkenbrüchen 17 Frauen und vier Männer verbrannt, wie auch in Basler Hexenprozessen die zauberische Wettermacherei zur selben Zeit eine ebenfalls zentrale Rolle spielte.

De laniis ⁊ phitonicis mu
licribus ad illuſtriſſimum principem dominū Sigiſmundum
archiducem auſtrie tractatus pulcherrimus .

Hexen kochen gräuliche Zutaten in einem Hageltopf und führen so einen verderblichen Eisregen herbei. Titelholzschnitt von Ulrich Molitors Hexentraktat *De laniis et phitonicis mulieribus* aus dem späten 15. Jahrhundert.

Was aber waren das für Vorstellungen, dieser Wetterzauber, dieses Hagelkochen? Hexen hatten als Handlanger eines entfesselten Teufels – so dachte, wer daran glaubte – den ausdrücklichen Auftrag, allen Menschen wo immer möglich Leid zuzufügen. Das konnte durch Anhängen einer körperlichen Krankheit sein, durch seelische Beschwernisse, Viehseuchen, Stadtbrände oder eben durch Vernichten der Ernteerträge. Einmal mit dem Beelzebub im Bunde, schreckten Hexen aus höllischem Hass und rein um des Zerstörens willen vor keinerlei Schadenzauber zurück. Diabolische Zutaten verwendeten sie und extrahierten aus ihnen schwere Stürme nebst Hagelschlag und Wolkenbruch, die das Reifen des Korns auf den Feldern verhinderten, Wiesen im Schlamm ertränkten und Weinstöcke in den Rebhängen zusammendroschen. Historiker haben herausgearbeitet, dass die Intensität des Hexenglaubens und der Verfolgungen genau deshalb auch mit ansteigenden Höhenmetern einhergeht – stark ausgeprägt war beides in etlichen Bergregionen, denn kaum irgendwo beeinträchtigten Nässe und vermehrte Kälte die ohnehin anfällige Landwirtschaft früher und stärker als in diesen labilen Gebirgslagen. Und was in weiten Teilen des besonders unwettergefährdeten deutschen Südwestens die Anklage des Hagelmachens, das war im Alpenraum die Neigung, Hexen für den Abgang zerstörerischer Lawinen zur Verantwortung zu ziehen.

Folgerichtig hat sich die Klimakrise am ehesten und fühlbarsten überall dort ausgewirkt, wo Äcker bestellt und Weinberge bewirtschaftet wurden, wo aber auch der schmale Grat zwischen Ernteglück und Misswuchs Jahr um Jahr zur materiellen wie psychischen Belastungsprobe geriet. Hier in den Dörfern schlug die Not sich zuerst nieder, und vorrangig hier wollte Abhilfe geschaffen sein. Zwar lieferten einflussreiche theologische Kreise einen Gutteil der Argumente und schufen das ideologische Gerüst für den Kampf gegen Hexen, doch der eigentliche Verfolgungsdruck kam nicht unbedingt von oben, kam nicht so sehr von Landesherren und führenden Kirchenmännern, sondern im Gegenteil von unten. Es waren die Bauern, gelegentlich angestachelt vom niederen örtlichen Klerus, die das Treiben von Zauberinnen und Unholden als Ursache extremer Witterungen und wirtschaftlicher Krisen ansahen – und brennende Scheiterhaufen als zweckmäßiges Heilmittel betrachteten. Gemeinden drohten mit Steuerverweigerung und Selbsthilfe bis hin zu offenem Aufruhr, wenn die Obrigkeit nicht in ihrem Sinne gegen die Hexen vorging. Einige kritische südwestdeutsche Theologen warnten Behörden und Richter, sich vorzusehen, „das sie nicht leichtlich eim jeden geschrey / so under dem leichtfertigen wanckelmütigen Pöbel umbgehet / glauben". Niemand dürfe schon auf bloßes Hörensagen hin als Hexe oder Unhold bezichtigt werden, denn das sei Teufel mit Teufel ausgetrieben. (Ein bemerkenswerter Gedanke: Waren womöglich die Hexenverfolger – so sehr sie sich als gute Christen und Speerspitze im Kampf gegen das Böse gebärden mochten – selbst vom rechten Glauben abgefallen?) Besser jedenfalls sei es, das Unkraut um des Weizens willen zu verschonen und eher tausend Schuldige laufen zu lassen, als einen Unschuldigen hinzurichten.

Tatsächlich aber gaben weltliche Obrigkeiten wie auch einflussreiche Kleriker zunehmend dem Druck der Straße nach, wenn in ihren Dörfern das Hexengeschrei aufkam und nach dem Feuertod für die Verdächtigen gebrüllt wurde. Vielleicht begriffen die herrschenden Eliten, und sei es nur unbewusst, solche Raserei zutreffend als Symptom einer ausgeprägten Furcht in Momenten des Umbruchs und der sozialen Verhärtung. Durchlitten sie hinter den Mauern ihrer Schlösser und Bürgerhäuser nicht dieselben Ängste, fürchteten sie ob ihres „süntlichen läbens" nicht ebenso den Zorn des Höchsten, und standen sie nicht vor den gleichen Fragen, die in den Bauerndörfern dem irrationalen Hirngespinst des Hexenglaubens auf so rüde Weise Vorschub leisteten?

Der Wandel der Mentalitäten, oben wie unten, in Residenzen wie Häuslerhütten, macht begreiflich, warum unterschiedlichste Kreise der frühneuzeitlichen Gesellschaft auf einmal, da es um die Verfolgung der Unholde ging, ein so gleichgerichtetes Interesse an den Tag legten. Erst dieses Nachgeben und Mittun der Oberschichten ermöglichte später die schlimmsten Auswüchse des Hexenwahns.

Im letzten Drittel des 16. Jahrhunderts wurde mit dem Höhepunkt der Kleinen Eiszeit aus dem Gewoge eine Flut. Je rauer die Witterung, je schneereicher die Winter und feuchtkühler die Sommer, desto mitleidloser, gereizter, aggressiver offenkundig wurden auch die Menschen. Was bisher noch vereinzelte Hexenverfolgungen gewesen waren, das potenzierte sich nun zu regelrechten Jagden, begonnen mit Denunziationen und ersten Verhaftungen, gefolgt von erpressten Geständnissen nebst weiteren Namen angeblicher Unholde. Vielleicht besserte sich ja – zufällig – wirklich vorübergehend das Wetter, kaum dass wieder einmal ein Scheiterhaufen heruntergebrannt war; die Häscher mochten das als Erfolg feiern. Wenn aber Nässe und Kälte fortdauerten? Dann hatte man es im Vorgehen gegen die dämonischen Mächte wohl noch an der erforderlichen Härte fehlen lassen, hatte die böse Brut bislang nicht mit Stumpf und Stiel ausgerottet. Derartige Auffassungen mündeten mancherorts in einen vollständigen sozialen Dammbruch, in eine verblüffende „Gleichheit" vor der Justiz. Menschen aller Stände sahen sich unter die entsetzliche Anklage der Hexerei gestellt. Im Gebiet des Fürstbischofs von Würzburg war anfangs des 17. Jahrhunderts jeder fünfte Hingerichtete ein Ordensangehöriger oder Priester, die Feuer der Scheiterhaufen verschlangen Adlige, Bürgermeister und Ratsherren.

Und immer wieder diese augenfälligen Verflechtungen mit den Wetterkapriolen und widrigen Naturereignissen; sie erklären, warum das Hexenjagen seine dunklen Blüten während mancher Jahre in besonderer Fülle trieb und, ganz unabhängig voneinander, in weit entfernten Regionen zeitgleich um sich griff. Vor allem mehrere extreme Witterungsperioden direkt aufeinanderfolgend schufen die mentalen Rahmenbedingungen, derer es bedurfte, solche Nachstellungen auszulösen. Einem verheerenden Hagelschlag über Teilen von Württemberg am Morgen des 3. August 1562 folgten zuerst schwere Überschwemmungen und dann postwendend die Gerüchte, in Stuttgart habe man eine Horde von Hexen auf Pfählen und Reisig durch die Luft reiten sehen; einige alte Frauen starben durch den Henker. Wenige Kilometer entfernt, in Esslingen, zündelte nach demselben Ereignis der Dichter und evangelische Theologe Thomas Naogeorg, streute den Hexenglauben unter das Volk und nötigte dem zunächst eher zögerlichen Stadtrat harte Maßnahmen ab. Im bayerischen Freising brachte 1589 ein Bergsturz drei Frauen auf den Scheiterhaufen, zu Thann im Elsass begann während des eiskalten Winters 1572/73 mit dem Feuertod von vier angeblichen Zauberinnen eine Verfolgungswelle, die in den kommenden knapp fünfzig Jahren mehr als 150 Justizopfer das Leben kostete. 65 Hingerichtete binnen kaum fünf Jahren, dies die Bilanz einer Hatz, der zwei schwere Hagelunwetter um Schwäbisch Gmünd im Juni und Juli 1613 vorausgingen.

Weitere Massenverfolgungen, von denen Hunderte Menschen betroffen waren, begannen in den Bistümern Mainz, Trier, Würzburg und Köln im Jahre 1626 – und damit gewiss nicht von ungefähr nach einem so extremen Kälteeinbruch, wie man ihn seit langem nicht mehr erlebt hatte. Eisige Winde gegen Ende Mai ließen selbst größere Wasserflächen überfrieren, richteten die blühenden Obstbäume zugrunde, die Weinstöcke und die Feldfrüchte. Das Fett von Kindern, so wurde den als Unholdinnen angeklagten Frauen in den folgenden Verhandlungen vorgeworfen, hätten sie in der fraglichen Nacht auf die Gewächse tropfen lassen, um diese zu vertilgen.

Im einen oder anderen Hexenprozess nutzten die Ankläger offenkundig die sich bietende Gelegenheit, dämonische Erklärungen für möglichst viele verschiedene Unglücksfälle und Schadensereignisse der zurückliegenden Jahre zu liefern. Ein für die Landwirte verderblicher Raureif in Eutingen im Gäu, westlich von Tübingen, gab Ende Mai 1587 den Anstoß zu Untersuchungen gegen sechs vermeintliche Hexen, die im Zuge des Verfahrens noch weitere Untaten gestehen mussten: Schon drei Jahre zuvor hätten sie schwere Verwüstungen und Überschwemmungen bei einem Unwetter über Horb herbeigezaubert. Ihr Ritual: In ein Behältnis die Notdurft verrichten und sie dann zu der Richtung hin vergießen, aus der das Gewitter aufziehen sollte. Alle sechs angeklagten Frauen endeten in Horb auf der Richtstatt.

Mitten im Dreißigjährigen Krieg, dessen Ausbruch und Verlauf durch die Klimakrise ebenfalls mit beeinflusst worden sein mag, markiert das kühle und regnerische „Jahr ohne Sommer" 1628 den schreckensvollen Scheitelpunkt der Hexenprozesse in Deutschland. Auch das sicher keine Zufälligkeit. Nach diesem blutigen Gipfel allerdings ist die Hochkonjunktur brennender Scheiterhaufen vorbei, das Wetter bessert sich, wohl bleibt es kühl, wird aber längst nicht mehr so nass. Die Folge sind weniger Anklagen und seltenere Hinrichtungen. Noch einmal kommt es in den kalten Sommern des späten 17. Jahrhunderts zu vermehrten Verfolgungen im Alpenraum, insgesamt jedoch setzen nachlassende Witterungsextreme und eine gewandelte Weltsicht im beginnenden Zeitalter der Aufklärung dem Hexenwahn zusehends engere Grenzen.

Der Teufel, nur ein gebundener Kettenhund

Erregter und nachdrücklicher denn je stritten Theologen und Juristen vor dem Hintergrund der Hexenverfolgungen über passende Antworten auf Fragen, die seit Jahrhunderten immer wieder nach Katastrophen und verheerenden Unglücken hochkochten: Warum eigentlich straft Gott, und welcher Mittel bedient er sich dabei? Wie geht das zusammen, ein fürsorglich zugewandter Vater im Himmel, der so viel Elend über seine Kinder auf Erden hereinbrechen lässt? Ist es tatsächlich ein „lieber" Gott, der da zürnt? Oder hat der Teufel etwa die Möglichkeit, allein aus eigener Kraft Böses zu wirken? Wenn aber ja, wie verträgt sich das dann mit der Allmacht des Höchsten?

Schwierige, kritische, herausfordernde Fragen. Nicht einmal mehr zutiefst fromme Christen konnten mit bloßen Verweisen auf den sündenstrafenden Schöpfer wirklich zufriedengestellt werden. Nach einem Hagel im Raum Tübingen kam es 1562 um solcher Zweifel willen zu einer regelrechten Glaubenskrise. Die Rede ging, Gott sei gestorben und Hilfe nirgendwo mehr zu erwarten, im Himmel nicht und nicht auf Erden. Andere fragten sich, ob womöglich der württembergische Bekenntniswechsel zur lutherischen Lehre den Zorn des Herrn erregt habe – also auch der konfessionelle Konflikt tritt zutage, wo es um Ursachenforschung und Schuldzuweisung bei Naturkatastrophen geht. Und dann verbreitete sich offenbar in vielen Schichten des Volkes (wohl mehr noch unter Katholiken als bei den Protestanten) die populäre Meinung, der Hagel, dieses entfesselte „Teuffelswetter", rühre keineswegs vom strafenden Gott selbst her, sondern werde unmittelbar heraufbeschworen vom autonom wirkenden Satan. Der rebelliere jetzt, lehne sich auf wider die Grenzen, die ihm der Allmächtige ziehe. Ein dämonisches Heer habe er angeworben, bestehend aus Hexen und Unholden, und die solle man tunlichst auf den Scheiterhaufen schicken.

Theologen versuchten in Einklang mit der Heiligen Schrift dagegenzuhalten: Nur der ewige allmächtige Gott ist die erste, oberste und alleinige Instanz, von ihm rührt – „ursprünglich / urheblich / fürnemlich" – aller Segen her und aller Fluch, alles Heil und jede Plage, das gedeihliche Ernteglück wie das verheerende Erdbeben. Er und niemand sonst gebietet über das Naturgeschehen, die Unwetter sind seine „Real-Predigten", durch sie straft er die Menschen für ihre Verfehlungen und sucht sie zu bekehren. Bevorzugt des Hagels bedient sich der Herr, weil er so die Übeltäter dort trifft, wo es am meisten weh tut: Nimmt nicht das Saufen bei den Rebstöcken, das Fressen bei den Getreideähren seinen Anfang? Beides schlugen die eisigen Schloßen zu Boden. „Wir sündigen mit Wein und Korn", lehrte 1565 der württembergische Reformator Johannes Brenz, „darumb müssen wir auch an Wein und Korn gestrafft werden."

Ausnahmslos alles kommt nach dieser Deutung direkt vom Allmächtigen. Deshalb hat Gott den Teufel „als ein gebundenen Kettenhundt in seim gewalt / das er on [ohne] sein verhengnuß nichts vermag". Es liege doch auf der Hand, bemerkte der Tübinger Stadtpfarrer Johann Georg Sigwart 1613, dass dieser

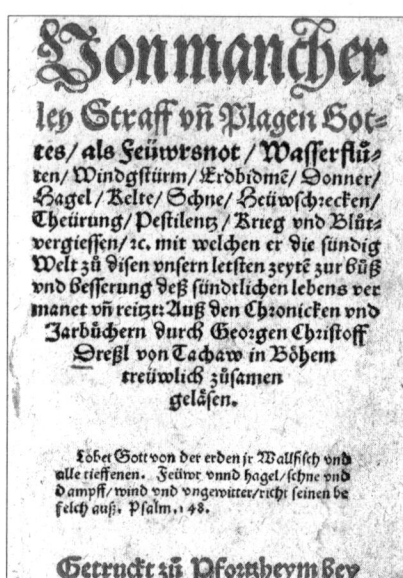

Im Pforzheim des Jahres 1559 erschien aus der Feder von Georg Christoph Dreßl die Betrachtung *Von mancherley Straff vnd Plagen Gottes* über verschiedenste Formen von Extremereignissen, geschrieben mit dem erklärten Ziel, „zu warnen alle die sich warnen wöllen lassen".

ohnmächtige Geist „dem Menschen kein Härlin krümmen / unnd auff dem Feld kein Gräslein verderben kan / es sey dann / daß es jhme Gott der HERR erlaube". Wenn aber der Satan selbst ohne Gott nichts ausrichten kann, wie viel weniger dann noch „seine Botten und Diener", die Zauberer, die Unholde, die Hexen, die ihm „das Schindmesser nachtragen"? Solche Diskussionen, entstanden aus der Klimakrise der Kleinen Eiszeit heraus, haben in ihrer Folge das europäische Denken erheblich beeinflusst und verändert.

Es war die sogenannte Tübinger Schule, eine Gruppe württembergischer lutherischer Universitätstheologen, die sich vor allem in der zweiten Hälfte des 16. Jahrhunderts kritisch gegen volkstümliche Hexenvorstellungen wandte – wobei etliche von ihnen, Bibelverse zitierend, weniger an der Existenz von Hexen zweifelten als an der Wirksamkeit ihrer irdischen Einflussversuche. Denn wenn der Schöpfergott allmächtig ist (und wer wollte das leugnen?), dann hat er es in der Hand, in welchem Maße der Satan samt seinem Gefolge überhaupt Schaden verursachen kann. Er allein lässt Strafe und Leid zu, um die Sünder zu geißeln, gerechte Christen aber auf die Festigkeit ihres Bekenntnisses hin zu prüfen und ihren Glauben wie Gold im Feuer zu läutern. Es ist Gott, der dem

Teufel als seinem Schergen und Vollstrecker eingibt, einen Hagel über dem Land niedergehen zu lassen, und ebenso ist es Gott, der den geduldeten und gewollten Grad der Strafe festlegt. Dem Satan kommt bei alledem eine bloß dienende Rolle zu, im Auftrag des Herrn stachelt er seine ihm ergebenen „Gliedmaßen" an, das Unwetter in ihren „Hagelhäfelin" anzurühren. Diesen verblendeten Hexen und Zauberern, diesen „blossen nichtigen unnd unmächtigen Creaturen" gaukelt Luzifer vor, sie selbst könnten durch Schadenzauber und Wettermacherei ein Unheil anrichten. Dabei ist er schlau, gewitzt regelrecht, wie Sigwart zu berichten weiß: „Dann wann der Sathan / als ein scharpffsinniger und geschwinder Naturkündiger vermerckt / daß es der Natur nach ein Wetter geben möchte / zeigt ers seinen Hexen und Unholden (jhrer eignen Außsag nach) an / und befilcht jhnen / jhr Zauberey anzurichten."

Auf seine Fähigkeit, die menschlichen Sinne derart zu übertölpeln, beschränkt sich denn auch Beelzebubs tatsächliche Macht; kommt wirklich ein Hagel, dann glauben seine Handlanger, sie hätten ihn verursacht. Alles das aber sind „Phantasmata", Blendereien, Fälle bloßen Selbstbetrugs. Kein Wesen könne einem anderen Schaden zufügen oder irgendeine Wirkung nach außen hin erzeugen, es sei denn durch den Willen Gottes: So hatten es, noch auf dem Boden der alten Kirche, sinngemäß schon der Konstanzer Jurist Ulrich Molitor 1489 in seinem skeptischen *Hexenbüchlein* und 1507 der Tübinger Theologe Martin Plantsch formuliert. Sechs Jahrzehnte und eine Glaubensspaltung später wurde diese Vorstellung von der *permissio dei*, der Zulassung Gottes, bekräftigt durch Männer wie Johannes Brenz („Wenn denn nun der Hagel kompt / so kompt er nicht darumb / daß jn die Unholden gekocht haben / sonder daß jn Gott der Herr dem Satan verhenget hat") und den Tübinger Prediger Jakob Heerbrand („Die arme tröpffinen / und Alte Weiber / könden weder für sich selber / noch auch durch mitwirckung des leidigen Sathans / Wetter machen").

Aber wofür sollte und konnte man dann die Unholde und Hexen überhaupt bestrafen, wenn sie selbst bloß *glaubten*, Böses gewirkt zu haben? Solche Vorstellungen erschwerten es durchaus, an vermeintlichen Schwarzmagiern Justiz zu üben, waren sie doch offenkundig „von dem Teuffel betrogen und beredet / als ob sie es gethan hetten / daß doch allein auß verwaltung Gottes geschehen ist". Sie für real angerichtete Schäden verantwortlich machen zu wollen war demnach unsinnig. Egal welche Zahl von Menschen man als Satansjünger verurteilte: Wenn Hagel und Kälte in letzter Instanz von Gottes Willen herrührten, dann geboten noch so viele brennende Scheiterhaufen der extremen Witterung keinen Einhalt.

Allenfalls konnte man ahnden, dass Hexen und Unholde sich in böser, subversiver Absicht von Gott losgesagt und dem Teufel als Werkzeug angedient hatten. An harten Vergeltungsmaßnahmen, sogar an Hinrichtungen hielten viele Theologen deshalb zunächst noch fest; denn selbst unter diesen veränderten Vorzeichen waren die Zauberer zu Recht als Teufelsbündler, als Feinde Gottes und der Menschen zu strafen, „gleich wie man einen Verräter unnd Brenner [Brandstifter] strafft", also an Leib und Leben. Nicht erst die ausgeführte Tat, schon der bloße ernstliche Wille konnte ein todeswürdiges geistliches Verbrechen darstellen, und das Paktieren mit dem Leibhaftigen war genau das – auch ohne Schadenzauber.

Auf lange Sicht aber drehte der Wind, das neue Denken wirkte abmildernd auf die Härte der Verfahren und die Strenge der Gerichtsurteile. Manche Theologen erwogen gar bereits psychologischen Beistand und medizinische Betreuung für die vom Teufel betrogenen und missbrauchten Frauen.

Gottes Rute, Gottes Liebe

Die Reformatoren, Luther voran, haben das biblische Wort erneuert, es auf seine Ursprünge zurückgeführt; so ihr Selbstverständnis und das vieler Protestanten bis heute. Unbestritten, da wurde manch dogmatischer Ballast der Papstkirche über Bord geworfen. Aber ging mit dem Wirken der Neuerer wirklich eine freudenreiche seelische Aufrichtung der Christenheit einher? Auch die Menschen in lutherischen und reformierten Staaten erlebten Religion nicht (nur) als Weg zur Erlösung, sondern im Gegenteil als restriktives System von Angst und permanenter Prüfung. Das zeigt sich gerade an dem Umgang mit Naturkatastrophen und Extremereignissen.

Was zumeist dem vermeintlich finsteren Mittelalter zugeschrieben wird, ein ständiges Entsetzen ob der nahenden Endzeit und der allenthalben dräuenden Knute des Herrn, ist vor allem ein Produkt von Spätrenaissance und Barock. Natürlich kommen Strafen oder Prüfungen Gottes auch in Texten des 13. und 14. Jahrhunderts zur Sprache, wirklich von solchen Vorstellungen beherrscht aber wurde das Denken zumindest gebildeter Schichten keineswegs. Das Mittelalter war in manchem rationaler als die Zeit danach.

Den Damm gebrochen haben in Wahrheit erst die Humanisten, als sie im 15. und 16. Jahrhundert antraten, mit ihrer hell strahlenden neuplatonischen Philosophie den angeblich dunklen Zeitaltern zur Hinterpforte hinauszuleuchten. Tatsächlich aber trugen ihre magiegeschwängerten, wundergläubigen Lehren dazu bei, übersteigerte Bilder von der Gottesstrafe im Europa der konfessionellen Epoche zu verbreiten. Die Wurzel der Bewegung lag in Florenz, von der volksfrommen katholischen Apenninhalbinsel her drang ihr Einfluss nach Norden vor. Auf dem Feld des Aberglaubens, wie Alexander Sperl es formuliert, bildete das humanistische Italien die Vorhut; auf besonders fruchtbare Flure indes fiel der Samen, paradox genug, vor allem im fortschreitend protestantisch bekennenden Deutschland der Kleinen Eiszeit. Denn hier verlangten viele Menschen mit wachsender Verzweiflung nach einer Erklärung für das anhaltende Ungemach und meinten sie im Übernatürlichen zu finden. Mehr als alles andere entschied fortan die Konfessionszugehörigkeit über Wahrnehmung und Deutung von Naturgewalten. Wie Hagel und Überschwemmungen, Stürme und Erdbeben von jedem Einzelnen aufgefasst wurden, das lief ebenso durch den Filter des religiösen Bekenntnisses wie das Herangehen an Maßnahmen zur Rettung von Leib und Seele.

So gab es denn auch genügend Fälle, in denen Extremereignisse für den wahren Glauben regelrecht instrumentalisiert wurden, im Großen wie im Kleinen, von Staats wegen wie im zwischenmenschlichen Verhältnis. Man sehe die schriftliche Warnung des Ulmer Stadtarztes Wolfgang Rychard an seinen Sohn Zeno vom Februar 1524, er möge sich doch tunlichst von Freiburg fernhalten, denn ein gewaltiges Erdbeben habe den Breisgau dermaßen erschüttert, „daß die ganze Stadt von einer Seite zur andern schwankte". Blitz und Donner, ein heftiges Gewitter und Sturm taten ein Übriges, gezittert habe das gesamte Umland, und man könne noch von Glück sagen, dass das Wackeln des Bodens nur so lange angehalten habe, wie es brauche, ein Vaterunser zu beten. „Hätte es nämlich länger gedauert, so wären alle Gebäude der ganzen Gegend ohne Zweifel dem Erdboden gleich gemacht worden."

Der wohlmeinende Rat eines besorgten Vaters an seinen Filius? Auch, aber nicht nur. Hinter dieser weit übersteigerten Warnung steckten andere Interessen als die vermeintliche Furcht, der Sohn könne im Breisgau von einer entfesselten Naturgewalt dahingerafft werden. Rychard wollte erreichen, dass Zeno nicht, wie er beabsichtigte, nach Freiburg ging, sondern dort blieb, wo er derzeit war, nämlich in Heidelberg. Denn der Junior war ein eher saumseliger Bummelstudent, und während Zeno in der Neckarstadt wenigstens unter Kontrolle eines väterlichen Freundes stand, hätte er sich in Freiburg unbeaufsichtigt dem Luderleben hingeben können. Außerdem – und das schmeckte dem überzeugten Lutheranhänger Rychard am allerwenigsten – war Freiburg durchweg katholisch, ein Hort der Papisten, an dem die evangelische Lehre keinerlei Wirkung hatte entfalten können. Wie gut, dass sich mit den Erdbeben um Oberrheingra-

ben und Schwarzwald eine so schauerliche Drohkulisse errichten ließ. Dem erhobenen Zeigefinger des Vaters gehorchend blieb Zeno Rychard in Heidelberg.
Der Protestantismus verlieh den furchteinflößenden Vorstellungen von
Gottes Zorn neue Sprengkraft. Weit häufiger in evangelischen als in katholischen Ländern wurden Überschwemmungen jetzt mit der Sintflut verglichen,
ebenso rief das Phänomen des sogenannten Blutregens bei Lutheranern und
Reformierten besonders starke Gemütsbewegungen hervor. Gar nicht so sel-
ten – Teile von Bayern haben es 2004 und 2014 erlebt – gehen über Mittel-
europa rotbraune Wassertropfen vom Himmel nieder; fast zweihundert solcher
Ereignisse sind für das 16. und 17. Jahrhundert belegt. Längst ist die häufigste
Ursache bekannt: Rötlicher Wüstensand der Sahara wird durch ein mächtiges
Tiefdruckgebiet aufgesogen, in den hohen Schichten der Atmosphäre Richtung
Norden gewirbelt und mit dem Regen ausgewaschen.

Selbstverständlich hat schon das mittelalterliche und frühneuzeitliche Europa vor der Reformation dieses eigenartige Naturphänomen als einen möglichen
Fingerzeig von oben angesehen. Zumal dann, wenn die Tropfen auf Kleidungsstücke fielen und sich entlang des Gewebemusters zur Kreuzesform ausbildeten.
Hysterie verursachte es jedoch nicht zwingend: Wunderzeichen ja, himmlische
Warnung vor Unheil auch, aber weshalb sollte deshalb gleich das Ende der Welt
unausweichlich nahe sein? Bloß in außergewöhnlichen Fällen schenkte man
dem Blutregen eine gewisse Aufmerksamkeit; schriftlich überliefert wurden solche Ereignisse nur gelegentlich. Ein Naturkundler des 14. Jahrhunderts machte
sich sogar Gedanken über Luftverschmutzung durch viele qualmende Herdfeuer und erklärte, der Wahrheit zumindest auf der Spur, das Mirakel damit,
„daz vil verprunnens erdisches rauch gemischet ist zuo dem wäzrigen dunst,
davon verbt sich daz regenwazzer rot".

Zweihundert Jahre später indes hatte Luthers Bild von der verderbten Natur
und der bevorstehenden Apokalypse ebenso seine Wirkung getan wie die Vorstellung, ausnahmslos jegliches Geschehen auf Erden komme direkt von Gott.
Und für sein Los, Glück oder Unglück, sei somit jeder Einzelne selbst verantwortlich. Die Theologen der Reformation machten ängstliche Gemüter, denen
sie zuvor die heiligen Nothelfer weggenommen hatten, empfänglich für gewisse
eschatologische Strohhalme, an die man sich gut klammern konnte. Jetzt wurde
der Blutregen – allein schon seine rote Farbe: Man sehe die gedankliche Verknüpfung! – wahlweise als vorausdeutendes Wunderzeichen oder als Ausdruck
des allväterlichen Zorns über die Sündhaftigkeit der Menschen interpretiert.
In kaum einem deutschen Land, nur das protestantische Sachsen übertraf den
Südwesten noch deutlich, haben Augenzeugen im 16. und 17. Jahrhundert mehr

Erscheinungen von Blutregen wahrgenommen und überliefert als in Württemberg, sechzehn an der Zahl. Das ganze evangelische Schwaben wähnte nach Vorfällen bei Nürtingen, Stuttgart, Cannstatt und Vaihingen zwischen Sommer 1642 und Februar 1643 das Jüngste Gericht nahe. Wie der Hexenwahn, so fanden schließlich auch diese straftheologischen Auffassungen in mannigfacher Schattierung über die Glaubensgrenzen hinweg weite Verbreitung. Prediger aller Konfessionen wussten Trauriges oder Tröstliches zu vermelden über die arge Zeit und das Drohen dunkler Menetekel. Unterschiedlich waren eher die Reaktionen und die Strategien, Gottes Zorn zu begegnen und der Sünden Sühne doch noch zu entrinnen. Protestanten wie Katholiken entnahmen ihre Maßnahmen dem rituellen Repertoire des jeweiligen Bekenntnisses. Nach einem Hagelwetter bei Biberach an der Riß im Jahre 1688 wird aus der konfessionell gemischten Reichsstadt berichtet: „So stelten nicht allein die Catholische alhir eine aigne Procession deßwegen an, sondern es wurde auch evangelischerseits unserm Herren Pfarrer anbefohlen, eine eigne Buß- und Vermahnungspredigt sambt einem aignen eifrigen Busgebet deßwegen abzulegen."

Hier also die verinnerlichten Protestanten, die in ihrem Gotteshaus eine Predigt hören und zur lokalen Erinnerung an das Unglück einen dauerhaften Buß-, Bet- und Fasttag einführen, wie es die Giengener nach dem Brand von 1634 und die Reutlinger nach dem Großfeuer von 1726 getan haben. Dort die Katholiken, mit äußerlichem Gepränge, mit Monstranz und Statuen ihrer Heiligen, in einer Bittprozession durch die Feldflur ziehend; ihr Pfarrer spendet den Segen, das Ganze begleitet vom Geläut der geweihten Kirchenglocken, die, so meinen sie, dank göttlichen Zulassens das Wetter direkt beeinflussen. Äußerst kritisch beäugt werden sie bei diesem Tun wiederum von den evangelischen Theologen, die den Papstchristen vorwerfen, mit ihren Gebeten zu den Nothelfern an die falsche Tür zu klopfen. „Narrenwerck" sei das und „stracks wider Gottes Wort", schalten die Kritiker, denn der Allmächtige allein sei der Meister und Jesus der Fürsprecher, „die verstorbne Heiligen seind der Sach zu schwach / können nicht helffen". Schon Luther hatte heftige Kritik an den Prozessionen geübt und sie vehement abgelehnt, „da sie" – ein Argument durchaus von dieser Welt – „ja doch nur in ein großes Saufen ausarten".

Handfester lassen sich die charakteristischen Wesensmerkmale, bezeichnend für die andersgearteten Versuche der Krisenbewältigung in beiden Konfessionen, kaum beschreiben. Selbst auf die historische Überlieferung haben diese Unterschiede sich bleibend ausgewirkt: Weil Prozessionen und Ritualen in der katholischen Kirche größere Bedeutung beigemessen wurde als dem bloßen Wort der geistlichen Rede, liegen in gedruckter Form weit mehr Wetterpredigten evangelischer Theologen vor. Die nämlich ließen ihre Texte veröffentlichen, zumeist um mit dem Verkaufserlös betroffene Unglücksopfer zu unterstützen.

Doch auch hier: Vorsicht vor schlichten Vereinfachungen, denn die reine Lehre ist stets eine seltene Frucht. Der Brauch des Wetterläutens etwa hielt sich nach der Reformation „nicht nur bey den Papisten", sondern ebenso in manchen evangelischen Gebieten. Mochten protestantische Pfarrer die Bräuche ihrer katholischen Amtsbrüder als herausgekehrten und gänzlich unwirksamen Aberglauben verdammen – sie ahnten zumindest, wie sehr genau diese Rituale und pompösen Äußerlichkeiten viele Menschen ansprachen. Sie selbst hingegen hatten nur das Wort und die Predigt und die Kanzel. Dies und die bloße Tröstung, nach der Katastrophe werde Gott schon die wahren Gläubigen für das jenseitige Leben retten, war manch einem in ihrer Gemeinde denn doch zu wenig. Der legte stattdessen lieber, sehr ähnlich der überkommenen katholischen Heiligenverehrung, zum Schutz vor Unwettern eine dieser gedruckten Wetterpredigten auf den heimischen Hausaltar nieder oder trug, sobald er seine Bleibe verließ, eine Seite daraus im Amulett um den Hals bei sich.

Wenn deshalb evangelische Theologen ihre Kanzelreden bewusst als „die rechte geweihte Wetterglocke" bezeichneten, dann formten sie mit diesem Titel die althergebrachten Vorstellungen um und setzten Predigtworte absichtlich dem hagelabweisenden Kirchengeläut der Katholiken gleich. Aus demselben Grund wurden auch die gemeinschaftlichen Hausgebete und Wetterlieder gläubiger Protestanten während Gewittern mit der Zeit immer lauter, regelrecht hinausgebrüllt hat man sie im 17. Jahrhundert; sie sollten ähnlich den Glocken mit ihrem Schall die dunklen Wolken abwehren und zerteilen.

Dieses wahrhaft himmelschreiende Gebaren – Ausdruck der Angst, Trostversuch und religiöse Schutzmaßnahme in einem – drang Theologen wie dem Memminger Superintendenten Johann Georg Schelhorn äußerst kakophonisch ans Gehör. Es komme einem ja so vor, „als wenn das Geschrey der Beter, und Singer, den Knall des Donners übermannen, und aus unsern Ohren verdrängen solle! Einige beten, andre singen, daß es in der ganzen Straße ertönet."

Eine solche Gebetspraxis musste der evangelischen Amtskirche Stein des Anstoßes sein. Um ihr die Grundlagen zu entziehen, argumentierten ihre Pfarrer mit sehr diesseitiger Logik: Wer sich zu heftig gebärde, der gerate in Schweiß und ziehe umso mehr den Blitz an.

Eine der schlimmsten und letzten unter allen möglichen Strafen

Die Menschen haben gelitten, waren verzweifelt wegen des düsteren Wetters, der langen kalten Winter, des immer wiederkehrenden Hagels, überhaupt wegen dieser ganzen Häufung extremer Naturereignisse im späten 16. Jahrhundert. Tektonisch besonders aktiv war zu dieser Zeit der Rheingraben, entsprechend hoch lag die Zahl der Beben. Ein Dutzend Erdstöße wurden am Oberrhein und im Basler Raum von 1574 bis 1585 gezählt. Und wie die Masse der Ereignisse sich verdichtete, so auch die Neigung, sie schriftlich zu überliefern und zugleich in höheren Zusammenhang zu stellen. Denn für sich allein genommen konnten doch solche Begebnisse nicht betrachtet werden, sie mussten Teil einer elementaren Bestimmung sein. An das Wort Jesajas, am Ende der Zeiten würden die Toten wie Kehricht auf den Gassen liegen, fühlten sich daher die Bewohner von Horb nach einem Unwetter des Jahres 1578 erinnert: Die Leiche einer unlängst begrabenen Frau war durch das Wasser vom Friedhof wieder in die Stadt geschwemmt worden, für die evangelische Bürgerschaft ein Menetekel des Weltuntergangs.

Erregung und Schrecken verursachte Mitte Juni 1588 ein Erdrutsch am Hohentwiel im Hegau, der angeblich die Landschaft tiefgreifend veränderte – „also daß wa vorhinn ein berg geweßen, da ist itzundt ein thall oder ebne, unnd wo vorhin ein thall geweßen, da ist itzundt an statt desselbigen ein berg oder höhe". Nun war zwar die Rutschung in Wahrheit wohl verhältnismäßig unspektakulär; die ersten Berichte darüber, die Herzog Ludwig von Württemberg erreichten, waren es indes nicht. Man nannte den damals 34-jährigen Herrscher nicht ohne Grund „den Frommen", ein eifriger Lutheraner war er und durchaus bewandert in theologischen Fragen. Mit seinem Hofprediger und früheren Lehrer Lukas Osiander diskutierte Ludwig den Hohentwieler Erdrutsch, denn schien er nicht Glied einer auffallenden Kette zu sein? Vor kurzem erst hatte in den Pulverturm von Tübingen der Blitz eingeschlagen – zum Glück ohne Folgen –, aus einem Brunnen zu Beilstein am Fuß der Löwensteiner Berge war acht Tage lang rotes Wasser geflossen, das als Blut gedeutet wurde (und doch wohl nur von Algen herrührte), andernorts ereignete sich eine Überschwemmung, dann schließlich der Vorfall am Hohentwiel. Das Beunruhigendste aber: Am Himmel über Tübingen wollten Augenzeugen ein Hirschgeweih gesehen haben, das Wappenbild des Hauses Württemberg, und daneben eine Rute. Zeigte Gott in diesem Sinnbild und der ungewöhnlichen Häufung von Zeichen womöglich seinen Unmut, seine Androhung von Strafe?

Osiander war es auch, der dreizehn Jahre später – als einer unter mehreren evangelischen Theologen, die sich in Predigten und Betrachtungen des Vorfalls annahmen – nach einem sehr spürbaren Erdbeben von der Kanzel der Esslinger Pfarrkirche herab den Sinndeutungsversuchen eine evangelische Richtung gab. Zwei Stunden nach Mitternacht am frühen Morgen des 18. September 1601 hatte der Boden gezittert und „mäniglichen im gantzen Lande plötzlich erweckt und auffgemundert". Renward Cysat, der Luzerner Stadtschreiber, nahm die Erschütterungen wahr als „ein wild gethümmel und wäsen mitt rumplen und boldern nitt anderst dann alls ob ein halb dotzet [Dutzend] starcker männern uff- und aneinandren mit streichen, schlägen, ringen und fechten gewachsen wärent und allso durch das gemach hin und wider mitt einandern umbher wutschtend". Ausgehend vom Epizentrum in Unterwalden umfasste das hauptbetroffene Schüttergebiet neben der Schweiz ganz Süddeutschland sowie Teile von West- und Mitteldeutschland, „vil vil meyl wegs", wie Pfarrer Balthasar

---

Ein Bergsturz zerstört Teile der verlassenen Küssaburg im Klettgau: Das Ereignis vom 25. November 1664, festgehalten durch den Kupferstecher Conrad Meyer, ähnelt in Ablauf und Wirkung dem Erdrutsch am Hohentwiel, der 1588 Herzog Ludwig von Württemberg in religiöse Unruhe versetzt.

Elenheinz in Deckenpfronn bei Böblingen im Taufbuch seiner Gemeinde vermerkte, fast das gesamte Land eigentlich, *fere totam Germaniam*.

Voll Entsetzen rannten die zunächst noch schlaftrunkenen Menschen bei Dunkelheit hinaus auf die Straßen, es schwankten die hohen Türme, Kirchenglocken stießen an, in der Eidgenossenschaft kam es zu mehreren starken Felsstürzen. Durch den Vierwaldstättersee lief als Folge der Rutschungen eine bis zu vier Meter hohe Flutwelle, die an den Ufern mehrere Todesopfer forderte. Größere Schäden entstanden trotzdem nicht, in Württemberg hat der Erdstoß nur vereinzelt Ziegel von den Dächern gerüttelt. Heiß diskutiert wurde der nächtliche Vorfall gleichwohl.

Wenige Wochen danach also trat Osiander auf die Kanzel. An Predigten wie dieser bestand ein ausgesprochener Bedarf, ebenso an allgemeinen Betstunden; trotz ihrer straftheologischen Strenge boten sie doch auch Trost, religiöse Vergewisserung und die erforderliche Orientierung. „In höchster Forcht und Schreckhen" verlangten die Leute regelrecht danach, sie wollten eine Perspektive haben; die Amtskirche brauchte ihnen diese Andachten keineswegs aufzudrängen. In seinen Esslinger Mahnworten gab Osiander nun Leitlinien der Auslegung vor, die sich später in den Texten anderer Prediger wiederfanden. Mit Wissenschaft allein sei der Sache nicht beizukommen. Mochten sich Philosophen und Physiker auch um natürliche Begründungen für die Erschütterungen bemühen, die sie ausgelöst wähnten durch verdichtete Dünste oder Winde beim Entweichen aus dem Erdinneren: Für rechte Christen sei eine solche bloß naturwissenschaftliche Herangehensweise nicht hinreichend. Sie hätten vielmehr zu fragen, welch tieferer Sinn sich hinter allem verberge. Denn die wahren Ursachen der Beben seien die schweren Sünden der Menschen: Das Erdreich will die gottlosen Kreaturen ebenso von sich werfen wie ein malträtiertes Pferd seinen Reiter, der es mit Sporen quält, und ähnlich einem alten Haus kurz vor dem Zusammenbrechen bewege sich der Boden und krache. Schon frühere Beben hätten kurz darauf eintretende Kriege und Unglücke angekündigt, und dieses jetzige nun verheiße das letzte Gericht, die Nacht ohne Morgen. Aber dies sei zugleich ein Anlass zur Freude, denn in der neuen seligen Welt werde es keine Trauer und kein Unrecht mehr geben, nur Beglückung und Herrlichkeit.

Mit seiner endzeitlichen Deutung blieb Lukas Osiander nicht allein. Ähnliches verkündigte nach dem Beben von 1601 sein Sohn Andreas als evangelischer Abt der Klosterschule Adelberg, Ähnliches Johann Michael Beuther in Straßburg, Ähnliches in Tübingen Stadtpfarrer Johann Georg Sigwart, der sich als Theologe besonders intensiv mit solchen Themen befasste. In seinen Predigten war er geradezu auf die Deutung klimatischer und tektonischer

Extremereignisse spezialisiert. Gott, verkündete Sigwart, brauche die Naturgesetze nicht, Erdbeben könne er jederzeit auslösen, und mittels ihrer schicke der Allmächtige dem Menschen seinen Büttel ins Haus, ihn vor Gericht zu laden. Die Stöße seien Manifestationen des göttlichen Zorns „uber das erfüllte grosse Maß unserer Sünden und Missethat", seien „greiffliche vorbotten" und „Bußprediger" des anstehenden Jüngsten Tages. Die Plötzlichkeit des Bebens zur Nachtzeit, die Gefahr, im tiefsten Schlaf unvorbereitet ums Leben zu kommen, erweise deutlich: Wir müssen Buße tun und uns „täglich und stündtlich also verhalten / damit wir gerüst seyen". Im Übrigen strafe Gott die Menschen ja nicht ohne Vorwarnung, sondern setze immer wieder Zeichen, um sie zur Abkehr vom sündhaften Leben zu bewegen.

Gerade deshalb jedoch müsse man die Erdbeben besonders ernst nehmen: Die seien nämlich keine Verhängnisse wie andere auch, vielmehr gehörten sie schon zu den schlimmsten unter den möglichen Strafen. Solche spare Gott sich auf bis zuletzt, wenn nachsichtigere Denkzettel zuvor nicht gefruchtet hätten, sie seien gewissermaßen die äußerste Stufe der Eskalation. „Dann wie ein Vatter zum ersten die Ruthe säuberlich gebraucht: Wann es aber nichts helffen will / alßdann mit derselben harter anhält / daß es Streimen gibt: Unnd da es noch nichts verfangen will / ein Stecken nimpt und zuschlächt / daß es blawe Mähler gibt / unnd Beulen." Allerlei, predigte Sigwart, habe Gott bereits versucht, beim größeren Teil der Menschen bislang ohne Erfolg; daher ziele er nun mit der Axt auf die Wurzel.

Harsch widersprach der Tübinger Prediger umlaufenden positiven Auslegungen des Bebens, von dem der Volksmund wissen wollte, es kündige fruchtbare und wohlfeile Jahre an. Solche verfehlten Gedanken gebe der Teufel ein, warnte Sigwart, und was könne es Gottloseres geben, als die Absichten des Allmächtigen ins schiere Gegenteil umzudeuten? Stattdessen solle jedermann sich vom Sündenleben abkehren, solle Unzucht unterlassen und äußerliche Pracht meiden. Politisch wurde dieser durchaus traditionelle Ratschlag schon kurz nach dem Beben vom Magistrat der Stadt Luzern insoweit umgesetzt, als er ein Verbot weltlicher Belustigungen verhängte. Galt es doch, den Zorn Gottes zu besänftigen, der sich im Erdbeben kundgetan habe.

Noch einmal das ganze Repertoire theologischer Strafargumente führte 1655 der württembergische Prediger Georg Nuber, Lutheraner wie fast alle im Land, seinen Lesern als „christliche Erinnerung" und Reaktion auf einen neuerlichen Erdstoß vor Augen. Wie waren die schrecklichen Erschütterungen zu verstehen? Nuber weiß um eine ganze Reihe von Funktionen: Als *signa irae divinae*, Zorneszeichen Gottes; als *signa calamitatis futurae*, Vorboten von

Unheil, Jammer, Not; als *signa poenitentiae*, rechte Bußglocken; schließlich als *signa extremi diei*, Zeichen des Jüngsten Tages. So wie dem Übeltäter, auf den schon der Henker wartet, vor der Hinrichtung noch die Blutglocke geläutet werde, so lasse Gott im Erdbeben sein großes Gerichtsgeläut erklingen. Vor die Schranken seines Tribunals zitiert, werde dort einem jeden sein Urteil verlesen, „und auch also bald die Execution darauff erfolgen".

Mehr Angst vor den Sternen als vor Gott

Luthers Lehre von der Gottesstrafe und dem nahenden Gerichtstag verlieh auch anderen Naturphänomenen eine neue ideologische Wucht, die sie im Zeitalter zunehmender astronomischer Erkenntnisse eigentlich längst nicht mehr hätten zu haben brauchen. 1540, zum Auftakt subtropischer Monate einer unsäglichen Dürre, als Quellen versiegten, die Erde vor Trockenheit tief aufriss und Wälder wie Städte in Flammen standen, erschien am Himmel ein Komet, im April verdunkelte eine Sonnenfinsternis das Land. Einmal mehr war der Reformator angesichts dieser auffälligen Häufung von Zeichen überzeugt, Gott kommuniziere mit den sündigen Menschen in der Sprache der Natur, Endzeit und Weltuntergang stünden unmittelbar bevor. Auch dass gerade die extrem zuckerreichen Trauben dieses Jahrtausendsommers zu einem der besten Weine seit langem vergoren, passte ihm ins Bild: den edelsten Tropfen zuletzt, zum Abschied von dieser Welt.

Als Unglücksboten mit Symbolcharakter – gewissermaßen als Naturkatastrophen durch die Hintertür – galten Kometen, Sonnen- und Mondfinsternisse sowie besondere Konstellationen von Himmelskörpern bekanntlich seit ältester Zeit. Böses Omen, Vorzeichen kommender Kriege, Verhängnisse und Seuchen, sorgten sie für verbreiteten Schrecken; die Annalen von Zwiefalten ließen einer *eclipsis solis* im Jahre 1093 eine *magna hominum mortalitas* folgen, ein großes Sterben unter den Menschen. Insgesamt wurden zwischen 868 und 1316 zehn Hungersnöte mit vorausgegangenen Kometensichtungen in Verbindung gebracht, und selbstredend verknüpften Zeitgenossen eine Sonnenfinsternis im Jahre 1348 mit dem Friauler und Kärntener Erdbeben, der verheerenden Pestepidemie sowie gleichzeitigen Unwettern.

Aber all dieses Unheildräuen war eben noch nicht der große Weltuntergang selbst. Der rückte erst im Zeitalter der konfessionellen Wirren verstärkt in den Blick, bestürzend am Vorabend des Dreißigjährigen Krieges, 1618, als gleich mehrere Himmelskörper nacheinander beobachtet wurden. Zeichen göttlichen

Zorns oder natürliche Erscheinung? Im Ulmer Kometenstreit trugen, mit un-
entschieden versöhnlichem Ende, fünf Gelehrte den wissenschaftlichen Disput
über diese Frage aus. Besonders schlimme Prophezeiungen, Furcht und Schrecken knüpften sich auch an den Termin der seit langem angekündigten Sonnenfinsternis vom August 1654. Warum gerade an ihn? Weil protestantische
Theologen errechnet haben wollten, die biblische Sintflut sei über die Menschen
genau 1656 Jahre nach Erschaffung der Welt hereingebrochen. Mit der barocken
Liebe zur Symmetrie betrachtet hieß das: 1656 nach Christi Geburt stand unausweichlich der Untergang zu erwarten, die episodische Herrschaft des Anti-
christen, das große Finale, mit der Sonnenfinsternis von 1654 als Ouvertüre.

Panik verbreitete sich, fast eine Massenhysterie, und dies aller eigentlich beru-
higenden Erkenntnis über das völlig natürliche Entstehen der Finsternis zum Trotz
(und obwohl die Eklipse im Land sogar nur partiell war). Furchtsame Scharen von
Bußfertigen fanden sich bei den Pfarrern ein, beichteten am Vorabend der vermeintlich ewigen Dunkelheit ihre Sünden und empfingen das heilige Abendmahl.

Obgleich von Theologen selbst ersonnen, stieß die Ankündigung des
Weltenendes bei anderen Geistlichen und erst recht unter Naturwissenschaft-
lern auf heftigen Widerstand. Die versuchten mit Druckschriften den Diskurs
zu versachlichen und das Volk zu beruhigen. Waren denn solche apokalypti-
schen Botschaften wirklich etwas Neues? Hatten nicht welche den Jüngsten Tag
auch schon für die Sonnenfinsternisse von 1588 und 1633 angekündigt und sich
dann, kaum war das Licht zurück, für ihre Irrtümer zutiefst geschämt, ja darüber fast zu Tode gegrämt?

Einer der so argumentierenden Kritiker war der damals 35-jährige Memminger Arzt, Dichter und Astrologe Christoph Schorer, der feststellen musste: „Vor der Finsternus ist eine schier unbeschreibliche Forcht." Es verwunde-
re – nein: es schmerze ihn regelrecht, dass gelehrte Köpfe sich maßgeblich an
dieser ganzen Unglücksdeuterei beteiligten und die Menschen verunsicherten,
wozu überhaupt kein Anlass bestehe. Eine ganz gewöhnliche Angelegenheit sei
diese Sonnenfinsternis, und wirklich niemand kenne den Tag oder die Stunde
des Weltenendes, niemand könne Pest, Krieg oder Teuerung vorhersagen. Was
für ein Widersinn: Die Finsternis mache das Volk viel nachdenklicher als alle
Predigten der Geistlichen, die Angst vor den Sternen sei mithin größer als die
vor Gott. Schorer gab sich wütend: „Der Grauß gehet mir auff wann ich daran
gedencke." Schlimmer sei das alles als bei den Naturreligionen in heidnischen
Landen, wo sie die Gestirne für Götter hielten und davor zitterten. „Wir wissen
daß das Gestirn ein Geschöpff / und nicht ein Gott seye / doch förchten wirs
mehr als Gott."

Auch nach der Finsternis von 1654 kam rasch die Sonne wieder. Bange Auslegungen solcher Naturphänomene aber behielten ebenso ihren Einfluss wie die Deutung von Himmelskörpern als Ansage künftigen Unheils, als Gottes drohende Gerte, die er zum Zeichen seines Zorns einer unbußfertigen Menschheit vorhält. Als im Dezember 1680 ein großer, außerordentlich heller Komet mit auffällig golden schimmerndem Schweif für das bloße Auge erkennbar über Europa erschien, war schnell die Furcht zurück und mit ihr das Gerede von Gottesstrafe und Weltenende – und dies, obwohl schon hundert Jahre vergangen waren, seit der Astronom Tycho Brahe den Ursprung und Lauf der Kometen weit draußen im Weltall zu durchschauen begonnen hatte. Wieder füllten sich die Kirchen zu Bußandachten, in Rottweil beantragte ein Pfarrer, um das Unheil noch abzuwenden, für die kommende Fastnacht ein sofortiges Verbot von Musik, Maskeraden und Tanz. Wie einst die oberrheinischen Städte nach dem Basler Beben von 1356 und der Stadtrat von Luzern als Reaktion auf die Erschütterung von 1601, so kam auch der Rottweiler Magistrat diesem Ansinnen schleunigst nach und bedrohte Zuwiderhandelnde mit hoher Strafe.

Himmelskörper galten von jeher als schicksalhafte Vorzeichen. Gleich mehrere Kometen wurden zu Beginn des Dreißigjährigen Krieges beobachtet. Matthäus Merians Stich von Heidelberg zeigt einen von ihnen am Himmel über der Neckarstadt, vermutlich an einem Novembermorgen des Jahres 1618.

Und so fort. Die Sonnenfinsternisse vom 12. Mai 1706 und vom 3. Mai 1715, sie gingen beide nicht vorüber, ohne dass die Furchtsamen wegen des Weltenendes und die Aufgeklärten wegen der Furchtsamen ächzten. Es sei kaum zu beschreiben, stichelte ein Augenzeuge von 1706, was für ein Schrecken und welches Entsetzen im Vorfeld der Eklipse geherrscht habe. „Viele lieffen auß Angst / und in gröster Confusion / auß ihren Häusern / hinauß auf die Strassen / und sahen also versammlet / diesem ungemeinen Spectacul, dergleichen sie ihr Lebtag nicht gesehen / mit gröster Bestürtzung zu. Viele schlugen die Hände über dem Kopff zusammen / und lamentirten über die massen sehr / weilen sie villeicht meineten / daß dieses der letzte Tag / und es nun an dem seye / daß das allgemeine Gericht würde gehalten werden. Man hat mich berichtet / daß an einigen Orten unserer Nachbarschafft / absonderlich auf dem Land / die Römisch Catholische in ihrer Andacht gar eyfrig / mit den Rosenkräntzen überauß geschäfftig / auch so gar öffentliche Processionen anzustellen / eben im Begriff gewesen."

Neun Jahre später blickte der Ulmer Prediger David Algöwer zurück auf diese Panikmache und prophezeite für die nun bevorstehende Sonnenfinsternis vom Frühjahr 1715, es werde jetzt wieder, wie damals, „an dergleichen hefftigen Gemüths=Bewegungen nicht fehlen". Er wisse nicht wieso, aber es könne kaum geleugnet werden, dass die Leute „viel lieber forchtsam seyn, und sich immer nur das ärgste einbilden, als ihre Häupter getrost empor heben, und die Wunderwercke des Höchsten mit heiligem und freudigen Muth anschauen wollen".

„By keinsz menschen dencken nie ersechen"

In seiner Esslinger Predigt über das Beben vom September 1601 hat Lukas Osiander einen eher beiläufigen Satz gesprochen, der gleichwohl einiges über die menschliche Wahrnehmung von Naturgewalten und Katastrophen aussagt. Ein Erdstoß wie dieser sei selten im Lande, erklärte der Theologe seinen Zuhörern, und man finde kaum jemanden, der sich noch an einen solchen erinnern könne.

So nebenbei der Gedanke formuliert sein mochte: Er ist sehr wichtig. Denn über die Frage, was als Katastrophe und womöglich Menetekel der bevorstehenden Endzeit zu begreifen sei, entschied doch vor allem der eigene Erfahrungshorizont mit. Wie vertraut war ein derartiges Ereignis den Menschen, wie häufig kam es in einer bestimmten Landschaft vor? Dasselbe Hochwasser, das entlang kleinerer Flüsse wie der Enz oder der Kinzig schon gleich apokalyptische Deutungen herausgefordert hätte, nötigte den Bewohnern des niedrig gelegenen Städtchens Wertheim allenfalls ein entnervtes Achselzucken ab. Denn

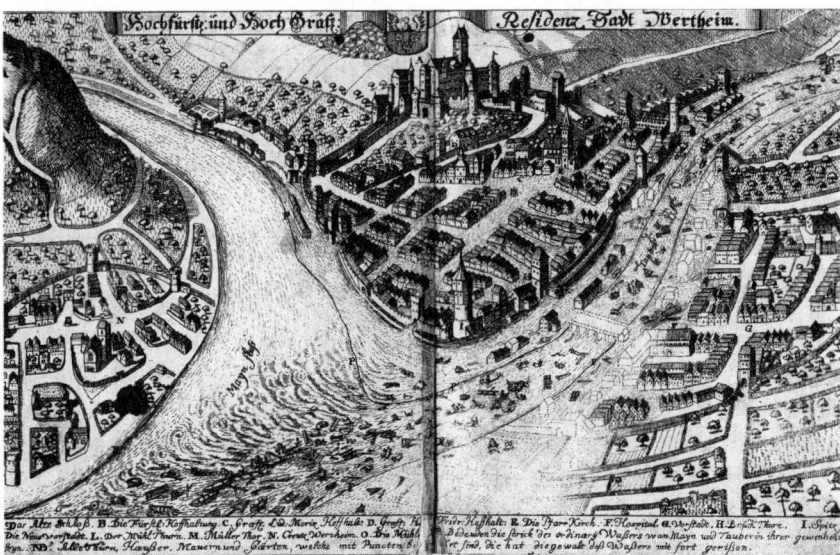

Wer in Wertheim lebt, muss mit dem Hochwasser leben. Selten jedoch besitzt es die zerstörerische Stärke der Michaelisflut vom September 1732. Die auf dem Stich entlang der von
rechts zufließenden Tauber nur noch schemenhaft in Punkten dargestellten Bauwerke „hat
die gewalt des Waßers mit fort gerißen".

an der Einmündung der Tauber in den Main ist man flutvertraut. Wohl verursachen Überschwemmungen ökonomische Rückschläge, wohl wirken sie als
wiederkehrendes lästiges Ärgernis und geraten heute mit Scharen neugieriger
Wochenendausflügler zum staunenswerten Schaustück. Über alles das hinaus
aber sind sie nicht viel mehr, hier in der „Hochwasserhauptstadt Deutschlands"
(das Wort stammt von der Flut im Januar 2003), wo die Flüsse regelmäßig über
ihre Ufer treten – und einst wie jetzt gilt, wer in Wertheim lebe, der müsse auch
mit den Überschwemmungen leben.

Erfahrungen im Umgang mit Extremereignissen und die Erinnerungen an
sie entscheiden mithin darüber, wie Erlebtes oder Gesehenes begriffen und ein-
geordnet wird. Das Jahr ihres Eintretens, verknüpft mit einem in Latein oder
Deutsch formulierten Sinnspruch, ließ sich qua Inschrift an Gebäuden, Brücken oder Grabsteinen überliefern. Aus den römischen Zahlenwertbuchstaben
jener Chronogramme, meist optisch hervorgehoben – das M für tausend, das D
für fünfhundert und so fort, das U zu lesen als V für die lateinische Fünf –, war
in Summe der Zeitpunkt des schrecklichen Geschehens herauszudeuten. Ein
Wildwasser, gefolgt von einem Erdrutsch im Nachbardorf Gingen an der Fils,
bewog den Pfarrer von Süßen bei Göppingen zu einem moralisierenden Eintrag

in sein Totenbuch: „Gengensis aD agros Vt IbI Mons CorrVIt Ingens, / Fortiter orate, est o prope indicum." Ein ungeheurer Berg, meint das übersetzt, sei bei den Äckern der Gingener herabgestürzt, tapfer sollten sie beten, nahe schon sei das letzte Gericht – die Zahlenwerte zusammengenommen, MDCVVIIII, ergeben als Jahr 1614. Das Ganze funktionierte auch mit deutschen Versen. Eine verheerende Unwetterkatastrophe verwüstete in der Nacht vom 29. auf 30. September 1732 die Region zwischen Bergstraße und Franken, auf dieses Michaelishochwasser hin entstand in Erbach der Sinnspruch mit mehr als zwanzig Buchstabenwerten: „ACh nIe erhörte FLVth, AVf MIChaeLIs=SCheIn, / In ErpaCh reIsset HäVßer, SCheVren, BrVCken eIn." Indem dergestalt ein Datum fixiert und tradiert wurde, haftete es in der Erinnerung; für manche Gemeinde begann gewissermaßen eine neue Zeitrechnung, soundso viele Jahre nach dem großen Brand, der Jahrhundertflut, dem fürchterlichen Bergrutsch.

So blieb das Geschehen überliefert, das Schreckensjahr festgeschrieben. Viel ausgesagt über die tatsächliche Gewalt und Zerstörungskraft eines Extremereignisses war damit aber meist noch nicht. Immer wieder zogen Betroffene daher die Rückschau betagter Zeitzeugen als Vergleichsmaßstab heran und bauten Chronisten entsprechende rhetorische Floskeln in ihre Darstellungen ein, um die Außergewöhnlichkeit des Ereignisses zu unterstreichen. Sein Ausnahmecharakter galt als erwiesen, wenn niemand sich an Ähnliches erinnern oder davon berichten konnte. Schwere Sommerregenfälle, im Donauraum nach dem christlichen Marienfeiertag im August „Himmelfahrtsgieß" genannt, verursachten 1501 großflächige Überschwemmungen; selbst eine Frau von angeblich stolzen 107 Lebensjahren wusste sich nicht eines derartigen Unheils zu entsinnen. Der Hochstand des Oberrheins im Jahre 1343 wurde ebenso als einzigartig beschrieben („daz nieman do zemol lebete, der üt gedohte oder ie hette gehoret sagen, daz er ie so groß würde") wie die Jahrhundertdürre von 1540 („deszglich sumer ist by keinsz menschen dencken nie ersechen worden"), der eisig kalte Winter von 1569/70 („deßgleichen nirgend gelesen wird"), das Beben von 1601 („bey Mansgedenckhen nit erhört") und schließlich 1688 „ein solch grausames Hagelwetter, dergleichen kein Mensch, wie alt er auch war, alhir gedencket". Im Mai 1746 ging zwischen Karlsruhe und Heidelberg ein Starkregen nieder, „dergleichen wohl kein Mann in hiesigen Gegenden wird erlebt haben", und noch bis ins 19. und 20. Jahrhundert bleiben die Formulierungen gleich; ein Unwetter traf am 1. Juli 1897 Nordbaden und das württembergische Unterland, „wie sich dessen die ältesten Leute nicht erinnern können".

Etwas von seiner Außerordentlichkeit hingegen verliert ein Extremereignis, wenn es mit anderen gleichgesetzt werden kann; es bleibt dann wohl noch immer

gravierend, ist aber nicht völlig einmalig. „Ältere Leute wissen nur einen einzigen Vorgang ähnlicher Art in unserem Ort", heißt es 1889 nach einem Hochwasser im Waldachtal unweit von Nagold, und den mächtigen Wintersturm in
der Nordschweiz vom Januar 1739 setzt Stadtschreiber Isaak Vetter aus Stein am
Rhein mit entsprechenden Verheerungen im Jahre 1645 gleich. Beide Male mähten Winde mit ungeheuren Geschwindigkeiten Wälder nieder und rissen Kirchtürme um, wirbelten die Trümmer von Wohnhäusern und Sennhütten durch die
Lüfte. Fast hundert Jahre trennen die zwei Unwetter, lebende Zeitzeugen kann
es kaum mehr gegeben haben. Trotzdem hatte der Sturm von 1645 offenkundig
dank Erzählungen und schriftlichem Überliefern seinen Platz in der Erinnerung.

Aus möglichen Vergleichen resultiert auch ein geschärftes Gefahrenbewusstsein. Als 1511 der Rhein bei Basel, ausgelöst durch eine sehr späte Schneeschmelze, enormes Hochwasser führte, machte sich in der Stadt die Sorge breit,
„es wurde geschehen, wie 31 jar darvor". Damals, im August 1480, hatte eine
Jahrhundertflut zuerst Teile der Rheinbrücke zerstört, dann dazu geführt, „dass
zwischen Basel und Strassburg keine müle [Mühle] uf dem wasser blibe, und uf
dem landt ertruncken vil lüt". Für das kleine Dorf Kitzen, nahe Göppingen und
Schwäbisch Gmünd gelegen, wird der nur anderthalb Kilometer lange Kitzbach
höchstens einmal in vielen Jahrzehnten zum Verhängnis. Die seltene und doch
vorhersehbare Bedrohung hat noch im 20. Jahrhundert die von Generation zu
Generation überlieferte, ahnungsvolle Redensart entstehen lassen: „Ja, wenn
der Kitzbach kommt."

Wie aber ist eine halbwegs objektive Überlieferung möglich? Bloßes Hervorholen von Ereignissen aus dem Gedächtnis genügt nicht, denn die Erinnerung verblasst, vor allem indes: sie variiert. Die Bilder eines Lebens verwandeln sich, zumal im höheren Alter, wann immer das Gehirn sie abruft – jedes
Mal werden sie dann umgeschrieben und angereichert durch Elemente, die
ursprünglich gar nicht dazugehört haben. Nach und nach entfernt sich daher die Rückschau von der Wirklichkeit, am meisten offenbar bei Dingen, die
zwischen dem 15. und dem 25. Lebensjahr geschehen sind, einer von besonders starken Emotionen geprägten Phase. Gerade das Andenken an diese Zeit
vermag der betagte Mensch kaum noch infrage zu stellen oder als Selbsttäuschung zu entlarven. Zudem ist Erinnerung nicht nur selektiv, sondern wird
gerne an sozial erwünschte Antworten angepasst. Mithin beschreibt es insgesamt zwar den Ausnahmecharakter eines Extremereignisses, darf aber – auch
jenseits der literarischen Rhetorik – im Wortsinn nicht bedenkenlos für bare
Münze genommen werden, wenn Vergleichbares „selbst den ältesten Leuten
nicht gedenkt".

Objektiver, doch keineswegs frei von Irrtümern und Manipulationen, sind Erinnerungszeichen wie die Hochwassermarken, seit dem ausgehenden Mittelalter nach besonders schweren Überschwemmungen an Stadtmauern und Häusern angebracht – dem Vergessen entgegenwirkend, zugleich auch mahnend, die Naturgefahren nicht zu unterschätzen. Aus Württemberg sind für den Zeitraum zwischen 1633 und 1951 rund 3200 derartige Zeichen bekannt, im damaligen Großherzogtum Baden wurden 1911 insgesamt fast 2600 Marken katalogisiert, die meisten entlang des Oberrheins und seiner nördlichen Zuflüsse. Beinahe in jeder dritten Gemarkung des Landes Baden fand sich wenigstens ein solcher Hinweis auf Hochwasser, dies ebenfalls ein Fingerzeig auf die weite Verbreitung der Überschwemmungsgefahren. Die Stadtmauer von Wertheim ist geradezu übersät mit solchen Ritzungen, ähnlich die Karl-Theodor-Brücke in Heidelberg und eine Häuserecke in der Eberbacher Rosengasse; eine steinerne Tafel in Lindau dokumentiert die Höhe der größten Bodenseefluten vom 16. bis zum 18. Jahrhundert. Solche Bezugspunkte machen eine Katastrophe vergleichbar und helfen Überschwemmungsfolgen zu bewältigen, vor allem wenn sich an den Marken ablesen lässt, dass die Pegel früher offenkundig sogar schlimmere Höchststände erreicht haben und man insoweit noch glimpflich davongekommen ist.

Freilich half auch das nicht immer, wie der Würzburger Geograf Horst Hagedorn während einer Tagung 1999 aus eigenem Erleben zu berichten wusste: Er habe unlängst bei einem Hochwasser im unterfränkischen Eibelstadt am Main die klagenden Einwohner, die alle Verwüstungen dem Ausbau des Flusses zuschreiben wollten, auf die deutlich weiter oben angebrachten Markierungen verheerender Fluten in vergangenen Jahrhunderten aufmerksam gemacht; da sei doch das Wasser offensichtlich viel höher geklettert. Die Antwort der Eibelstädter: „Das mag ja sein, aber so schrecklich wie heuer war es bestimmt nie!"

Vielleicht hatten sie damit sogar im ein oder anderen Fall recht: Manche historische Marke könnte zu hoch angebracht sein, weil kapillare Saugeffekte dafür sorgen, dass das Wasser im Stein noch über die Pegelspitze hinaus ansteigt. So weit oben also, wie die Hauswände nass waren, muss die Flut gar nicht gestanden haben. Auch darf man die Volumen älterer Hochwasser zumindest dort nicht überschätzen, wo die Flüsse – etwa der Rhein – sich im Laufe der Zeit stark in ihr Bett eingegraben haben. Aber Jahr um Jahr kann es geschehen, dass die historischen Markierungen um moderne Hinzufügungen ergänzt werden müssen. Ein endgültiges „Nie mehr!" wird es, wie ein Beobachter nach Überschwemmungen entlang des Alpenrheins im September 1927 zu Recht urteilte, wohl kaum jemals geben.

Bußgebete und Blitzableiter:
Die ungleichzeitige Aufklärung

Das 18. Jahrhundert und mit ihm die Epoche der Aufklärung verändern von Grund auf alles. Wo vorher schrille religiöse Hysterie und verbreitete Vorzeichenfurcht das Feld beherrscht haben, nehmen nun Rationalität und naturwissenschaftliche Urteilskraft das Heft fest in die Hand. Die Menschen, indem sie den Blitz und das Erdbeben als natürliche Erscheinungen zu begreifen lernen, überwinden ihre Ängste und blicken auf die Welt fortan mit den Augen der wahren Vernunft. Jeder weiß jetzt, dass Naturkatastrophen – gerade sie erregen das Interesse der Forschung in besonderem Maße – verstandesmäßig zu erklären und nicht als Ruf vor Gottes Strafgericht zu missverstehen sind. In direkter Linie mündet diese neue Weltsicht in ein lichtes Zeitalter von Fortschritt und Wohlstand.

So und ähnlich stand es früher in den Geschichtsbüchern, als sei tatsächlich ganzen Generationen vom einen Tag auf den anderen der Schleier finstersten Aberglaubens vom Gesicht gerissen worden. Wie immer kennt die Wirklichkeit jedoch bedeutend mehr Schattierungen als solch ein bloßes Hell oder Dunkel.

Ein Triumph der Vernunft über die Vorzeichen?

Über Stellung und Erfolg der Aufklärung angemessen urteilen heißt, sich die Gleichzeitigkeit des Ungleichzeitigen bewusst machen. Zuerst hat der Philosoph Ernst Bloch diesen entscheidenden Gedanken formuliert: „Nicht alle sind im selben Jetzt da." Sie sind es nur rein äußerlich, weil sie als Menschen eben zur gleichen Zeit auf dieser Welt leben, indes befindet sich längst nicht jeder auch auf demselben Wissens- und Kenntnisstand. Viele tragen stattdessen „Früheres" mit sich herum, und das nimmt erheblichen Einfluss auf ihr Bewusstsein. „Früheres" – religiöse Deutungsmodelle, mystische Vorstellungen, und daraus folgend entsprechend irrationale Verhaltensweisen – trugen im

18. und 19. Jahrhundert haufenweise Leute noch im Ranzen, „Menschen, die ihr ganzes Leben hindurch wie giftige Krötten in der Kloake der Dummheit, des Vorurtheils und des Aberglaubens sich wälzen", wie ein wenig diplomatischer Zeitgenosse 1825 im *Baierischen Volksfreund* lästerte. Zu meinen, so schrieb ein anderer im selben Sinne, Katastrophen seien Gottesstrafen, könne nur als „elendes Vorurtheil" begriffen werden, stecke aber „noch jetzo einem großen Theil von Menschen in dem Kopf".

Dagegen mussten sich die Aufklärer und ihr Rationalismus erst einmal durchsetzen. Es brauchte eine Weile, bis die neuen wissenschaftlichen Ideen von oben, von den intellektuellen Eliten her bis in breitere Volksschichten diffundiert waren. „Der weitaus größte Teil der Bevölkerung hat mit den Spitzfindigkeiten der Theologen und den Beteuerungen sogenannter aufgeklärter Kreise nichts gemein", schreibt dazu der Schweizer Historiker François Walter. Traditionelle Denkmuster wurden also nicht einfach mit einem Schlag abgelöst, denn ein übergangsloses Hintereinanderweg der Bekenntnisse und Mentalitäten gibt es fast nie. Die Wirklichkeit ist doch stets eher eine weit aufgefächerte Mischform aus den Anschauungen verschiedener sozialer Gruppen, ein vertracktes Neben- und Gegeneinander zur selben Zeit in derselben Gesellschaft.

Selbst wenn ein neues Denken sich oberflächlich bereits durchgesetzt hat, führen die im Grunde schon überwundenen älteren Weltbilder unterschwellig ihr zähes Eigenleben weiter: Volksfrömmigkeit neben Kirchenlehre, magischer Aberglaube neben säkularer Aufklärung, alles unverbunden und großenteils auch nicht zu verbinden. Entlang einer inneren Front durchlitten die Katholiken jahrzehntelange Grabenkämpfe – höherer Klerus auf der einen Seite, gottesfürchtiges Landvolk auf der anderen –, als Wetterglocken und überzählige Hagelfeiertage abgeschafft werden sollten; zu viel irrlichternder Mystizismus, zu viel Dämonenseherei drohte nach Meinung der Amtskirche die eigentlichen christlichen Glaubensinhalte zu überlagern.

Es dauerte also, ehe die Vorstellung allgemein akzeptiert war, Katastrophen und Extremereignisse seien Werke der Natur und nicht direkt des Schöpfers, seien ursprüngliche Grundelemente dieser Welt und keine „Tatpredigten Gottes", wie die Straftheologie sie noch immer gerne verstand. Nachdem im nordschweizerischen Rheintal zwischen Dezember 1795 und April 1796 – zur gleichen Zeit flogen Menschen schon in Heißluftballonen, experimentierten mit Elektrizität, führten erstmals Pockenimpfungen durch – mehrfach die Erde gebebt hatte, fasste ein anonymer Schreiber in einem Zeitungsbericht die Erklärungen des „gemeinen Mannes" zusammen: Für die einen war es natürlich ein Mahnruf Gottes, für andere mussten die militanten Franzosen schuld sein. Manche sahen die Erdstöße ängstlich als Vorzeichen von Krieg, Hunger und Seuche, ja des Weltuntergangs, optimistischere Zeitgenossen dagegen erwarteten frohgemut ertragreiche Erntejahre – mithin ein Spektrum zwischen Apokalypse und Schlaraffenland, übereinstimmend nur in der gemeinsamen Irrationalität all dieser Vorstellungen. Ähnlich im April 1804 in Sulz bei Lahr, als meterhohe Fontänen unvermittelt aus dem Boden schossen: Ein harmloses und von Gelehrten als „Wasserhammer" mühelos erklärbares Druckstoßphänomen, für die aufgewühlten Dorfbewohner freilich Auslöser schlimmster Zukunftsängste. Der Großbrand von Balingen, 30. Juni 1809, verursacht durch Blitzschlag in die mit frischem Stroh vollgestopften Scheunen – auch er für viele eine augenfällige Strafe Gottes. Die Ernte, wollte mancher wissen, sei frevelhafterweise tags zuvor eingefahren worden, am unlängst erst abgeschafften Fest der Apostel Petrus und Paulus. Sogar weitere sieben Jahrzehnte später, zwischenzeitlich wurden bereits U-Bahnen gebaut, Telefone entwickelt und Nervenzellen farblich sichtbar gemacht, erläuterte der evangelische Pastor des schwäbischen Dorfes Hößlinswart zwischen Winnenden und Schorndorf im Juli 1875 seiner Pfarrgemeinde einige schwere Hagelschläge als augenfällige Glieder in jener Kette, „deren Anfang das Gericht der Sündflut und deren Schluß das allgemeine Endgericht bildet".

Selbst noch zu dieser Zeit, gegen Ende des 19. Jahrhunderts, befand sich der Geistliche durchaus in Einklang mit den Auffassungen seiner dörflich geprägten Kirchgänger. Zwar verlor der Glaube an den unmittelbar bevorstehenden Jüngsten Tag und an seine erkennbaren Vorzeichen auch in der Landbevölkerung merklich an Bildkraft, nicht jedoch die religiöse Weltdeutung an sich. Bußgebete behielten ihre Geltung, denn die vermeintlich widerspruchsfreiesten Erklärungen gerade für Unglück und Leid fanden viele Menschen weiterhin in den Lehren der Kirchen. Anders als jede nüchterne akademische Theorie konnte die Theologie noch dem Sinnlosesten eine höhere Bedeutung verleihen und in Reue und frommem Verhalten persönliche Auswege weisen.

Zudem gelang es der sogenannten Physikotheologie, einer philosophischen Strömung seit der Frühaufklärung, Konflikte zwischen Naturbeobachtung und gängigem Erfahrungswissen auf der einen Seite und religiösen Begründungen auf der anderen teilweise aufzulösen. Das war wichtig für die Kirchen, denn ignorieren konnten sie die wissenschaftliche Entwicklung nicht, und zunehmend flochten auch Pfarrer den aktuellen Erkenntnisfortschritt in ihre Kanzelpredigten mit ein. Gott und die Forschung ließen sich mit einem an sich schlüssigen Argument unter einen Hut bringen: Wer die Naturgesetze dechiffrierte, der durchschaute zugleich den dahinterstehenden Willen des Allmächtigen.

Noch eine andere Hintertür des Glaubens blieb weiterhin offen: Trennte man die *prima causa* – Gott selbst als „die allererste, und ursprüngliche Triebfeder" – von sämtlichen „nachgeordneten Ursachen", dann ließ sich vieles in der Welt physikalisch begründen, ohne deswegen am Status des Höchsten rütteln zu müssen. Demnach hat der Schöpfer, oberster Gesetzgeber und zugleich über dem Gesetz stehend, alle jetzt wirkenden Elemente und Naturkräfte anfänglich nach seinen Vorstellungen angelegt und ihr Zusammenspiel geordnet. Wollte er aber strafen, dann musste Gott sich an nichts davon zwingend halten. Er war keineswegs zum bloßen Zuschauer seiner eigenen Schöpfung degradiert, sondern konnte als Uhrmacher jederzeit aktiv in sein Uhrwerk eingreifen, konnte die von ihm hervorgebrachten Gewalten als Hilfsmittel und Waffen einsetzen, um eine Katastrophe auszulösen. Alle Zügel hielt Gott nach wie vor fest in der Hand, jegliches Geschehen „stehet unter dessen Aufsicht und Regierung", wie es in einer Hochwasserpredigt von 1784 heißt. Dass ohne sein Wissen und Zulassen kein Sperling vom Dach, kein Blatt von einem Baum, kein Tropfen Wasser und keine Flocke Schnee aus den Wolken falle, wurde zur beliebten rhetorischen Wendung in Predigttexten. Der Zürcher Arzt Jakob Ziegler war solchen Positionen schon 1674 in einer Abhandlung über die Ursachen der Erdbeben nahegekommen: „Natürlich seyn / und ein Schreckbott seyn / streitet nicht wider einandern." Egal also, ob er sich selbst noch direkt in das irdische Geschehen einmischte oder nicht: Auf das Wirken Gottes konnte im Kern alles zurückgeführt werden, letzte Ursache blieb immer er.

Außerdem begann man auch die positiven, um nicht zu sagen segensreichen Seiten extremer Naturereignisse zu würdigen. Mehr denn je wurden sie nun als gemäßer Teil einer guten und allgültigen Ordnung betrachtet, als eine „große Wohlthat Gottes für die Welt". Stürme vertrieben gesundheitsschädliche Dünste, Blitz und Donner bereinigten das schwüle, unverträgliche Klima, „die gedrückte Brust weitet sich wieder". Alles sei nach einem Gewitter wie neu belebt, die Natur prange in verjüngter Schönheit, schwärmte der Theologe Joseph Kraus im späten 18. Jahrhundert. Erdbeben lockerten jetzt angeblich die Ackerschollen auf und warfen fruchtbare Schichten nach oben, Schneemassen und Eiseskälte waren nützlich „wegen der Abkühlung, Befeuchtung und Wässerung des Erdbodens, weilen die Winter=Feuchte ein gutes Jahr macht", sinnierte ein schwäbischer Autor mit Blick auf die extremen Frostmonate von 1739/40. Was vorher Gottes schmerzhafte Rute und Strafinstrument gewesen war, wurde nun zum Ausdruck seiner väterlichen Liebe, Sühne zu Segen, Ingrimm zu Güte. Als eine „Positivierung des Negativen" haben Historiker diese Umkehrung charakterisiert.

Wie trostlos aber, im wahrsten Sinn des Wortes, mussten die kühlen Thesen wissenschaftlicher Forschung ohne einen lenkenden Schöpfer wirken. Statt dringend geforderter Sinngebung nur blinder Zufall, statt Gotteswille ein bloßes Ungefähr? Stürme und Stadtbrände ereigneten sich und töteten Menschen, Hochwasser traten ein und ertränkten sie, doch alles bar jeder höheren Bestimmung, bar aller Hoffnung. „Arme Menschheit", rief der Heilbronner Stadtpfarrer Felix Buttersack im März 1844 nach einer glücklich durchstandenen Feuergefahr von der Kanzel, „wenn das höchste Regiment über Dir das Regiment eines ewigen starren Natur-Gesetzes wäre, ein Regiment der Nothwendigkeit, ohne Bewußtseyn, ohne Einsicht, ohne Freiheit, ohne Zweck, ohne Herz, ohne Liebe!" Auf die Leerstelle, die das allmähliche Verblassen Gottes in der Welt hinterließ, sollte später jenes von Menschen geformte Götzenbild nachrücken: die Vorstellung unbedingter Machbarkeit und weitgehender technischer Naturbeherrschung in einem von unablässigem Fortschritt geprägten heilen Hier und Jetzt.

Dabei waren die Aufklärer keineswegs durchweg Atheisten, die dem christlichen Glauben das Wasser abgraben wollten, eher suchten viele nach Wegen der Harmonie zwischen ihm und den akademischen Lehren. Manch einer argumentierte selbst in religiösen Bildern, so der Kurpfälzer Physiker Johann Jakob Hemmer Ende des 18. Jahrhunderts im Kampf um die Durchsetzung der Blitzableiter. Wurde ihm entgegengehalten, neumodische Apparate wie dieser verstießen gegen Gottes Gesetz, dann konterte Hemmer: Wider den Herrn versündigt sich hauptsächlich, wer nur die Hände in den Schoß legt und alles dem Schicksal überlässt. „Der willen des schöpfers ist, das wir in solchen dingen diejenigen mittel, di uns di vernunft und erfarung an die hand geben, mit dem gebete verbinden." (Seiner aparten Rechtschreibung liegt übrigens Hemmers eigenhändig entworfene Sprachlehre von der getreuen Wiedergabe des Wortklanges in der Schrift zugrunde.)

Es gab aber Fälle, da schossen die Aufklärer über ihr selbstgestecktes Ziel hinaus. Da verstanden sie nicht genug zu unterscheiden zwischen wirklicher alter empirischer Kenntnis und bloßem Aberglauben, nicht zwischen echter Erfahrung – die ja eindeutig von wissenschaftlicher Bedeutung war – und mystizistischem Gemunkel, dessen Überwindung sie sich auf die Fahnen geschrieben hatten. Den Bauern trauten sie dahingehend wenig zu. Dass auch sie über wertvolle Einsichten verfügen konnten und nicht nur die Studierten aus der Stadt, das überstieg manchmal die Erwartung und mit ihr die Vorstellungskraft.

Siehe die Hangrutschungen auf und am Rand der Schwäbischen Alb: Ratshausen an der Schlichem 1787 und 1789, Hausen an der Fils 1805, noch einmal

Ratshausen 1851. Waldflächen, Äcker und Viehweiden wurden mitgerissen und verwüstet, der Fälle sind einige, insgesamt weit mehr als hundert Vorkommnisse in historischer Zeit haben Geologen im großen Gebiet des Albtraufs dokumentiert. Die Bauern besaßen darüber ein Stück lokales Erfahrungswissen, kannten die Tücke möglicher Rutschungen und hatten begriffen, dass man von bestimmten Formen der ackerbaulichen Nutzung, weil sie einfach riskant waren, in den betroffenen Gemarkungsteilen besser die Finger ließ. Genau solche Zurückhaltung verwarfen die Aufklärer in Bausch und Bogen. Modernisierer und Ertragssteigerer im Agrarbereich, die sie waren, traten sie den Bauern seit dem 18. Jahrhundert als Amtspersonen und Verwaltungsleute gegenüber und meinten durchweg puren Aberglauben, bestenfalls noch rückständiges Halbwissen zu erkennen. Darüber könne man doch getrost hinweggehen, irgendwelche Rücksichten auf örtliche Gegebenheiten seien im Zeitalter zielbewussten Fortschrittsstrebens nicht angebracht. Traditionelle bäuerliche Risikowahrnehmung – unaufgeklärt, gewiss, aber deshalb noch lange nicht unrichtig – ging so vor Ort allmählich verloren, nachdem vermeintliche „Besserwisser" deren Kern bewusst diffamiert, verneint und entwertet hatten.

Lissabon 1755, die scheinbare Gemeinsamkeit einer europäischen Erfahrung

Noch einmal mit ganzer Entschiedenheit ausgetragen wurde der Konflikt dieser ungleichzeitigen Weltbilder, das Duell zwischen traditioneller Theologie und nachdrängender Aufklärung über den Trümmern der portugiesischen Hauptstadt Lissabon. Am 1. November 1755 starben mindestens zehntausend Menschen – erste Schätzungen vermuteten gar ein Vielfaches – durch ein völlig unvermitteltes Starkbeben, gefolgt von tagelangen Bränden und einer über zehn Meter hohen Flutwelle, die am Kai des Tejo mehr Menschen tötete als zuvor die eigentlichen Erdstöße. Etliche der katholischen Opfer wurden an diesem Allerheiligentag während der Gottesdienste in den Kirchen unter Schutt begraben. Das warf neue alte Fragen auf: Wenn Gott gütig war und unendliche Macht besaß, wenn er selbst jederzeit eingreifen konnte in die Dinge auf Erden, warum ließ er solch schreckliches Leid zu, ja schlimmer noch: Warum verursachte er es? Was ist das für ein Vater, der seine Kinder umbringt? Nach der Tragödie von Lissabon vertiefte sich die Vorstellung von Gott als dem Schöpfer der zwar bestmöglichen, wiewohl aber einer keineswegs vollkommenen Welt.

In allen Teilen Europas, mit am meisten in Deutschland und der Schweiz, löste die Katastrophe enorme Betroffenheit aus. Das Wort Lissabon hätten im 18. Jahrhundert, schreibt die Philosophin Susan Neiman in einem gewagten Vergleich, viele Menschen ungefähr so verwendet wie heute den Begriff Auschwitz – als einen Ortsnamen mit Schockwirkung, darin der Zusammenbruch aller zivilisatorischen Fundamente zum Ausdruck komme. Bern sagte für die gesamte Dauer des Winters jede Feierlichkeit ab, Frankfurt bestimmte den 16. Januar 1756 zum außerordentlichen Buß- und Bettag. Denn zwar sei die Stadt für dieses Mal verschont geblieben, so ein Prediger mit straftheologischem Duktus, „wer weiß aber, Geliebte, ob nicht dieses Zorn-Gericht auch unsere Grenzen bald ergreifen wird?" In Donaueschingen rang sich die Regierung des Fürsten zu Fürstenberg zwar nicht dazu durch, die bevorstehende Fastnacht komplett abzusagen, begrenzte sie jedoch auf insgesamt drei ausgelassene Tage. Musik und Tanz sollten nur erlaubt sein, wenn „hierinnen nicht zu weit gegangen" werde.

Die Lissabonner Ereignisse riefen unter anderem deshalb fast auf dem gesamten Kontinent Anteilnahme und Fassungslosigkeit hervor, weil auch die Erdstöße selbst in weiten Teilen Europas wahrnehmbar gewesen waren, und sei es bloß durch kleine Schwankungen der Wasserstände in den Dorfbrunnen. In Cannstatt bei Stuttgart vermerkt die Chronik ausdrücklich, neun Tage nach dem Beben sei die Giebelseite von Rathaus und Schulhaus abgesackt und umgestürzt – ein Zusammenhang? Wer aber solches beobachtet oder sogar nur durch Hörensagen davon erfahren hatte, der maß sich hernach, wenn die Rede auf dieses epochale Ereignis kam, die Rolle eines Zeitzeugen bei. In vielen kleinen örtlichen Erzählungen wurde die Erinnerung an das Beben überliefert, das Wort „Lissabon" blieb als Synonym der Katastrophe von 1755 präsent und stand fortan für eine „imaginierte Gemeinsamkeit der Erfahrung" der Menschen in Europa, wie es die Historikerin Christiane Eifert formuliert hat.

Emotional besonders stark wurde die Bevölkerung der Schweiz vom Schicksalsschlag im fernen Portugal erschüttert. Der Grund: Einen Monat nach dem dortigen Desaster zitterte die Erde in der Eidgenossenschaft ebenfalls. „Um so vill desto grösser" sei darum der Schrecken über das weithin spürbare, wenn auch nicht verheerende Beben im Wallis am 9. Dezember 1755 gewesen, notierte ein Chronist in Winterthur. Druckschriften verbreiteten die beunruhigende Nachricht, die Erdstöße wurden angesichts des iberischen Dramas überhöht, ihre Folgen überzeichnet; eine Vorahnung möglicher Auswüchse des Medienrummels in Zeiten der Fernsehbilder.

Die Moral- und Straftheologen auf der einen Seite, sachverständige, rational argumentierende Aufklärer und Philosophen auf der anderen: Das Beben von Lissabon hat nicht zum Zerfall bestimmter Deutungsmuster geführt, sondern zu deren weiterer Mehrung. Wissenschaftler wandten sich intensiver der Ursachenforschung zu, versuchten die Erschütterungen nüchtern zu erklären. Die moderne Seismologie erhielt durch die Katastrophe von 1755 kräftige Impulse.

Dem Schöpfer ins Handwerk zu pfuschen

Ähnliches gilt für die Erforschung der Gewitter, deren gleißende Lichtbögen am Himmel zur Mitte des 18. Jahrhunderts als das begriffen wurden, was sie tatsächlich sind: Abbau elektrischer Hochspannung. Überwunden war damit die ältere, noch auf das Gedankengut der griechischen Philosophen zurückgreifende Vorstellung, ein Blitz sei die Entzündung brennbarer Stoffe in der Erdatmosphäre, Donner der zugehörige Explosionsknall.

Während sich im fernen Boston der Erfinder und spätere Staatsmann Benjamin Franklin seit etwa 1745 mit Stromflüssen, Entladungen und entsprechenden Phänomenen bei Blitzschlägen befasst, um schließlich seinen berühmten Drachen steigen zu lassen, macht ein anonymer Gewährsmann in der fürstbischöflich-speyerischen Residenzstadt Bruchsal am Oberrhein ganz ähnliche, freilich noch viel direktere Erfahrungen mit dieser Naturgewalt. Im oberen Stock eines Gasthauses am Fenster stehend – einer der gefährlicheren Orte, an dem man sich bei Gewitter aufhalten kann – wird er in der Nacht des 25. Juli 1748 von der elektrischen Wucht eines Blitzstrahls getroffen. Wie von einem Pistolenschuss fühlt er sich niedergestreckt, „darvon mir Pulver, Schweffel, Bley, fast durch den gantzen Leib geloffen". Als der herbeigerufene fürstbischöfliche Leibarzt den Verletzten untersucht, findet er Versengungen, Brandflecken und rote Striemen auf seiner Haut sowie Risse in einigen Kleidungsstücken. Und der Mann hat Glück, gehört er doch zu jener Hälfte aller Betroffenen, für die ihre Tuchfühlung mit dem Blitz nicht tödlich endet. Er wird, wieder gesundet, mit seiner außergewöhnlichen Geschichte rasch zum Tagesgespräch, ein Besuch am Ort des Geschehens zum Ereignis. „O was vor [für] eine Menge Volcks war in und vor dem Hauß zu sehen", reimt das Unglücksopfer später in einem Erinnerungsgedicht, „wo dieser schwehre Wetterschlag mit solchem Donner=Knall geschehen!"

Bei näherem Betrachten stellt der offenkundig naturinteressierte Glückspilz etwas Interessantes fest: Der Blitz musste einen dünnen Metalldraht unter dem Verputz des Gasthauses entlanggelaufen sein und hatte diesen „verzehrt, ver-

brandt und insgesammt mit seinem Feuer weggenommen" – aber ohne andere
anliegende Teile des Gebälks und Mau-
erwerks zu beschädigen. Das technische
Prinzip des Blitzableiters, das Franklin
zur selben Zeit ausarbeitet und das 1760
auf einem Hausdach seine Bewährungsprobe besteht, wird durch diese Bruch-
saler Beobachtung flankiert, wenn nicht
sogar ein Stück weit vorweggenommen.

Überhaupt war der deutsche Süden
einer der Schauplätze in Europa, wo
der Feuerschutz durch Blitzableiter besonders früh und flächendeckend sich
durchsetzen konnte – oder richtiger:
durchgesetzt wurde. Die Pfalz und Bayern, Württemberg, Baden sowie das kleine Fürstentum Ansbach gehörten mit zu
den ersten, die dem innovativen Fabri-
kat in größerem Stil eine Chance gaben.
Wegbereiter seiner Einführung war der
schon erwähnte, 1733 im südwestpfälzi-
schen Horbach geborene Johann Jakob
Hemmer, Leiter des physikalischen Ka-
binetts der Kurpfälzischen Akademie
der Wissenschaften und treibende Kraft
hinter der Pfälzischen Meteorologischen

Der Blitz als permanente Lebensgefahr:
Joseph Kraus' 1794 in Augsburg erschie-
nener *Gewitterkatechismus oder Unterricht
über Blitz und Donner* mahnt mit rationaler
Beweisführung zur Vorsicht und wirbt zugleich für den Blitzableiter als sichersten
Schutz vor dieser Bedrohung.

Gesellschaft. Deren internationales Netzwerk von Wetterstationen erstreckte
sich zeitweilig von Nordamerika über Grönland bis zum Ural. Dass Hemmer für
einige seiner Veröffentlichungen das Pseudonym Jakob Domitor gewählt hat, zu
übersetzen mit „der Erzwinger", lässt sein Sendungsbewusstsein erahnen.

Im selben Jahr 1769, als um die Anbringung des ersten deutschen „Wetter-
leiters" – so der damalige Ausdruck – auf dem Turm der Hamburger Sankt-
Jacobi-Kirche eine heftige, kontrovers geführte Debatte entbrannte, schlug ein
Blitz in den Schwetzinger Marstall ein. Hemmer begann sich mit dem Thema zu
befassen. Belege für die Gefährlichkeit von Gewittern ließen sich zuhauf finden:
Da war die Erinnerung an den Schweizer Feuersommer 1731, als es nächtelang
grollte und zahlreiche Brände durch Blitzschlag ausbrachen; da war die Ge-

schichte jenes Mannes, im Juli 1754 nahe Meßstetten auf der Schwäbischen Alb beim Mähen niedergestreckt und zunächst für tot gehalten, der bereits acht Tage später wieder seiner Arbeit nachging – im behördlichen Protokoll als Zeugnis göttlicher Güte, Gnade und Vorsehung vermerkt. Von der Beschäftigung mit solchen Fällen sollte Hemmer, der 56-jährig im Mai 1790 in Mannheim starb, zeitlebens nicht mehr ablassen, er sammelte und verzeichnete sie, suchte nach Ursachen und Zusammenhängen, analysierte die Schicksale von Gewitteropfern 1776 bei Brühl, 1778 nächst Mundenheim, 1787 unweit Neckarau.

Vor allem aber konstruierte er einen Blitzableiter mit fünf Zinken, den erfolgreichen „Hemmerschen Fünfspitz". Der löste eine europaweite Nachfrage aus. Auf dem Schloss des Freiherrn von Hacke in Trippstadt wurde am 17. April 1776 der erste Wetterleiter der Pfalz errichtet, Kurfürst Karl Theodor ordnete an, sämtliche Schlösser und namentlich die Pulvertürme des Landes damit auszustatten. Mehr als 150 Gebäude in Süd- und Westdeutschland bekamen Hemmers Patent auf das Dach gesetzt, fast dreißig allein in Mannheim, zwölf in Kaiserslautern, acht in Oggersheim. Im benachbarten Württemberg zog Herzog Karl Eugen 1783 für seine Schlösser und öffentlichen Bauten nach; Jahrs zuvor hatte ein Blitzschlag das verheerende Göppinger Großfeuer verursacht. Als einen „sig der weltweisheit" – Hemmer schrieb ja, wie er sprach – feierte der Erfinder selbst sein Werk: „Wir haben nun das sichere mittel in der hand, unsere wonungen und übrigen gebäude, samt allem, was darin ist, vor der zerstörenden wut des himmlischen feüers in sicherheit zu sezen."

Ganz so anstandslos brach sich dieser Sieg der Weltweisheit indes nicht Bahn – jedenfalls nicht überall in gleichem Maße. Während die Wirkung des Blitzableiters von Wissenschaftlern nie ernsthaft bezweifelt wurde, verhielt sich die Landbevölkerung zögerlich bis ablehnend. Das konnte mit kirchenfrommen Erwägungen „schwacher ängstlicher Seelen" zu tun haben oder mit begreifbaren technischen Bedenken: Zogen diese Stangen nicht Gewitter und Blitze womöglich erst an und lenkten sie auf Siedlungen oder Gebäude, an denen sie sonst schadlos vorübergegangen wären? Ganz sicher aber hing es mit den immensen Kosten zusammen. Noch Mitte des 19. Jahrhunderts beschränkte sich daher die Verbreitung des Blitzableiters auf öffentliche Bauwerke in den Städten sowie auf die Wohnhäuser bürgerlicher und adeliger Schichten. Auf dem Lande hingegen war er nach wie vor so gut wie unbekannt, umso zäher hielt sich dort die oft von Generation zu Generation weitergegebene und bisweilen ins Panische ausufernde Gewitterfurcht.

Die religiös motivierten Skeptiker – darunter nicht nur Bauern, sondern auch mancher höher gebildete Städter – waren überzeugt, es werde sich schon

„Um Andere zu warnen"

Als bleibende Zeugnisse der von Blitzen ausgehenden Lebensbedrohung halten mancherorts Gedenksteine eine ferne Erinnerung an
die beklagenswerten Opfer wach. Zwei davon, nicht weit entfernt voneinander, finden
sich im nordbadischen Raum Mosbach. Den
Tod eines 15-jährigen Jungen Ende Juni 1860
betrauert ein Mahnmal in Oberscheffenz;
zehn Kilometer westlich, zwischen Zwingenberg und Neckargerach, warnt ein Stein vor
den Gewittergefahren im Freien. Als am 13.
September 1821 ein Unwetter einsetzte, flohen sieben reisende Musiker an dieser Stelle nahe der Landesstraße unter das dichte
Blattwerk eines großen Birnbaums. Der Blitz
schlug ein, den Jüngsten der Gruppe traf es
tödlich. Das Denkmal von Zwingenberg, errichtet 1848 am Ort des Vorfalls, sollte weniger zur Erinnerung an die Unglücksopfer
dienen, „als vielmehr, um Andere zu warnen,
sich nicht einer ähnlichen Gefahr auszusetzen
und bei einem Ungewitter unter Bäumen Zuflucht zu suchen".

„Augenblicklich getötet"
wurde der junge Johann
Dehner, als er mit seinen
Begleitern am 13. September
1821 unter einem Birnbaum
bei Zwingenberg im Oden-
wald Schutz suchte. Ein Gedenkstein erinnert an diesen
„schauderhaften Vorfall".

rächen, dermaßen in die göttliche Ordnung einzugreifen. Wie konnten verwe-
gene Erdenbewohner sich unterstehen, dem Schöpfer die Waffe seines Zorns
aus der Hand zu schlagen, wenn er Menschenwerk durch einen Blitzstrahl zer-
trümmern wollte?

Mit solchen Argumenten und mit dem Gerede vom „unabänderlichen
Schicksal" durfte man Hemmer und anderen Verfechtern der neuen Technik,
für die Gewitter zuerst und vor allem Naturereignisse waren, indes nicht kommen. Als hätte der Mensch nicht schon zu jeder Zeit versucht, die Natur zu begreifen und zu beherrschen! Dies leugnen hieß dann wohl, künftig auf Dämme
zu verzichten gegen Hochwasser und auf Dächer gegen Regen. Tabu wären Arz-
neien gegen Krankheiten und warme Kleidung gegen Kälte. Ach ja, und Brän-

de, ausgelöst von Blitzen, durften keinesfalls mehr gelöscht werden; wenn sie eine Strafe von oben waren, was brauchte es dann Feuerschutzordnungen und präventive Maßnahmen, um sie zu verhindern? Mit welchem Recht unternahmen städtische Obrigkeiten seit dem Mittelalter Anstrengungen, Brandgefahren möglichst zu verringern? „Man müste allso den wütenden flammen ruhig zusehen, um den göttlichen gerichten nicht zu nahe zu treten", folgerte Hemmer und fügte schnippisch hinzu: „Welcher mensch ist diser meinung?"

So und ähnlich haben es zur selben Zeit noch andere formuliert. Gewitterschäden müssten endlich als das begriffen werden, was sie in Wahrheit seien: nämlich keine Sündenstrafe, sondern bloß ein Mangel an der nötigen Vorsicht. Dass der lebensrettende Blitzableiter überhaupt hatte erfunden werden können, sei der Güte und Gnade Gottes zu danken; das Einwirken des Menschen auf seine Umwelt und das Beherrschen der Natur entsprächen also durchaus dem Willen des Schöpfers. Jeder stehe selber in der Verantwortung, den äußeren Gefahren das Mögliche und Machbare entgegenzusetzen. Der Allmächtige habe dem Menschen mit der Vernunft auch den richtigen Gebrauch der erforderlichen Mittel in die Hände gelegt. Unglück sei deshalb nur eine Folge eigenen Versagens, eigener Trägheit, eigenen Unverstandes und so in gewissem Sinne eben doch – wie einst die Alten predigten – eine verdiente Sündenstrafe: nämlich für die Sünde der Unvernunft.

Auch Kleriker, evangelische vor allem, folgten dieser Sichtweise und betonten die Pflicht des Menschen gegen sich selbst. Die Physikotheologen des späten 18. Jahrhunderts rieten zur Aufgeschlossenheit gegenüber wissenschaftlichen Erkenntnissen und zum Einsatz von Blitzableitern. Denn wer auf die Hilfe des Höchsten hoffe, der solle nicht nur beten, sondern sein Gehirn bemühen und für die eigene Sicherheit sorgen. Alles andere sei so, als spränge einer vom Turm herunter und bitte während des Fallens Gott um Schutz und Beistand.

Können Versicherungen Sünde sein?

Dem Schöpfer keinen Widerstand entgegenzusetzen, wurde noch ein weiteres Mal zum Argument hartnäckiger Traditionalisten, als es darum ging, Häuser gegen Feuer und bäuerliche Betriebe gegen den existenzgefährdenden Hagel zu versichern. Wer oder was hatte den Betroffenen im Mittelalter und in der frühen Neuzeit bei der Überwindung solchen Unglücks eigentlich geholfen? Öffentliche Anteilnahme, mildtätige Almosen und Liebessteuersammlungen, häufig als amtliche Kollekten mit ausdrücklicher Genehmigung von Staats wegen: Nach

Feuersbrünsten durften Städte ihre Spendensammler in alle Himmelsrichtungen entsenden, um Gelder für den Wiederaufbau zu erbitten. Mancher Pfarrer ließ seine Brand-, Hochwasser- oder Hagelpredigt drucken und verkaufen, der Erlös daraus ging an die Geschädigten.

Alles aber fußte letztlich auf bloßer Freiwilligkeit, gezwungen zur wohltätigen Gabe war niemand, und längst nicht jeder sprang für jeden ein. Wer wem was gab, das war auch stark konfessionell geprägt. Katholiken halfen Katholiken, Protestanten unterstützten Protestanten. Selbst noch beim großen Rheinhochwasser im Dezember 1882 und Januar 1883 eiferte sich ein gewisser Sigl in der Münchner Zeitung *Bayerisches Vaterland*: „Wir überlassen es den liberalen, jüdischen und preußischen Blättern, für die Liberalen, ‚Altkatholiken‘, Protestanten usw. der überschwemmten Vorderpfalz zu sammeln und fahren fort, für unsere katholischen Stammesbrüder in Tyrol zu sammeln."

Weil sich, und das besonders in allgemein armen Zeiten, die Konfessionen nur jeweils selber halfen, kamen die städtischen Bittsteller im ungünstigen Fall mit halbleeren Händen nach Hause. Beeinflusst wurde ihr Erfolg zudem vom Ruf der geschädigten Stadt. Mit ihrem Salz, das bekamen die vielerorts glücklosen Sammler aus Schwäbisch Hall nach dem Feuer von 1728 zu hören, hätten sie doch wohl schon genug Profit gemacht und seien ohnedies reicher als die meisten anderen. Die zwei Jahre zuvor „abgebrannten" Reutlinger waren in Straßburg mit der Bemerkung fortgeschickt worden, „dass in Reutlingen wohl gottlose Leute seien, um deretwillen Gott die Stadt mit einem Feuer verdorben hat".

Trotzdem gelang gerade den Reutlingern mit ihrer sorgfältig geplanten, europaweiten Spendensammlung insgesamt ein guter Erfolg, denn sie wussten sich – modern gesprochen und im wahrsten Sinn des Wortes – medial recht wirkungsvoll in Szene zu setzen. Nach dem Brand hatte der reichsstädtische Magistrat bei dem Augsburger Kupferstecher Gabriel Bodenehr mehrere tausend Exemplare eines „Jammerbildes" in Auftrag gegeben, den ersten Entwurf aber postwendend reklamiert, weil den Ratsherren die Darstellung der Elendsdramen im Bildvordergrund als nicht mitleiderregend genug erschien. In der zweiten Fassung musste vor der Reutlinger Stadtmauer entsprechend ärgeres Wehklagen, Haareraufen und Händeringen herrschen.

An die Stelle dieses weitgehend unkalkulierbaren Prinzips freiwilliger Solidarität trat nun verstärkt ein methodisches Geschäftsmodell: Es sollte die Betroffenen von bloßer Barmherzigkeit unabhängig machen, indem die Gesamtheit der Versicherten dem einzelnen Mitglied im Schadensfall eine Kompensation gewährte. Dagegen jedoch wandten sich Mitte des 18. Jahrhunderts konservative Teile der schwäbischen Geistlichkeit und erklärten Feuerschutzpolicen zur Sünde. Gottes rächende Hand werde (die Argumente gegen den Blitzableiter ließen grüßen) in ihrer Macht und Möglichkeit behindert. Glaubt man der sicher parteiischen Darstellung des Aufklärers August Ludwig von Schlözer, so teilten die württembergischen Landstände dieses Denken; „denn wenn alles versichert sei, womit solle der liebe Gott dann strafen?" Noch 1842 beteuerte eine in Cannstatt erschienene Schrift, Gebet und fester Glaube seien für den Bauern die beste Hagelversicherung in dieser verweltlichten, gottlosen Zeit. Selbst bis ins frühe 20. Jahrhundert bekamen Versicherungsagenten in manchen Gegenden zu hören, der Hagelschlag sei als ein vom Himmel gesandtes Unglück eben hinzunehmen.

Nur: Die so redeten, lebten im Odenwald und im Schwarzwald, in eher hagelarmen Regionen also, und konnten sich leichthin derart einfältig über Dinge äußern, die sie kaum betrafen. Andernorts waren, wenn Schloßenwolken sich türmten, die Sorgen größer, rechnen doch Teile von Württemberg unter die am meisten gefährdeten Unwetterlandschaften Mitteleuropas: der Bodensee, Oberschwaben, der Neckarraum von Stuttgart aus nach Norden. In einem der schlimmeren Jahre, 1852, zählten die Schwaben insgesamt 28 verhagelte Tage. Ging das zerstörerische Wetter Jahr um Jahr über derselben Gemarkung nieder – Oberstetten auf der Mittelalb konnte zwischen 1808 und 1817 ein Lied davon singen –, so verarmten die Menschen des betroffenen Dorfes und rutschten in eine Schuldenkrise. Jedes aufziehende Sommergewitter bedeutete mithin eine starke psychische Belastung der Bauernfamilien und ernste wirtschaftliche Bedrohung, unter dem Diktat der Geld- und Kreditwirtschaft noch mehr als zu Zeiten der Naturalabgaben. Gerade kleinen Betrieben gelang es kaum, massive Hagelschäden zu kompensieren. Besonders verheerend sind die Auswirkungen der prasselnden Eiskörner auch deshalb, weil sie fast immer zwischen Mai und August niedergehen, also gleichzeitig mit Wachstum und Reife der Feldfrüchte. Die Preise für Kauf und Pacht von Grundstücken lagen daher in hagelreichen Gebieten zwangsläufig niedriger als in hagelarmen.

Wer nun regelmäßig von solchem Verhängnis betroffen war, dem musste eine wirksame Abwehr oder Begrenzung des drohenden Schadens – Gottes unergründliche Ratschlüsse hin oder her – sehr willkommen sein. Letztlich gescheitert sind viele Hagelversicherungen des 19. Jahrhunderts daher weniger an den Mahnungen orthodoxer Geistlicher und weniger am Aberglauben des Landvolks als vielmehr an hausgemachten Unzulänglichkeiten. Wo sie sich als Vereine auf Gegenseitigkeit organisierten, in Württemberg und im Freiburger Raum, waren sie meist unterfinanziert. Allen bäuerlichen Schichten, auch den ärmeren, wollten sie einen Beitritt ermöglichen und versuchten daher die Prämiensätze recht niedrig zu halten. Im tatsächlichen Schadensfall konnten sie dann aber mangels Masse bisweilen nur fünf oder zehn Prozent des eingebüßten Erntewertes erstatten, kaum mehr als einen Tropfen auf den heißen Stein für die Leidtragenden. Viele Landwirte dachten deshalb über die freiwillige Mitgliedschaft bei solchen Versicherungen erst gar nicht nach – nur einer unter fast zweihundert badischen Höfen hatte um 1880 eine entsprechende Police – oder gingen völlig verfehlt mit deren Angebot um: In hagelreichen Jahren traten sie bei, in hagelarmen aus. Weitgehend ungehört verhallte der dringende Rat an die Bauern, lieber zehn Jahre ohne Schadensfall einzuzahlen, als ein einziges Mal die unversicherten Felder ruiniert zu sehen.

Private Aktiengesellschaften wiederum, die seit der zweiten Hälfte des 19. Jahrhunderts auch Hagelversicherungen anboten, holten sich in den süddeutschen Unwettergebieten blutige Nasen. Entweder sie zogen sich nach großen finanziellen Verlusten ganz zurück, schlossen besonders hagelgefährdete Regionen wie den Bodenseeraum, wo man ihrer freilich am meisten bedurft hätte, von vornherein aus oder schraubten die Prämien dort in astronomische Höhen.

Doch selbst wer mit Blick auf solche schlechten Erfahrungen nach einer staatlichen (Zwangs-) Versicherung rief, hatte viele Widersacher gegen sich: Sollte das etwa gerecht sein, Bauern in weniger bedrohten Gegenden zum Beitritt und zur Beitragszahlung zu nötigen, um ein paar wenigen mit hohem Risiko im Schadensfall helfen zu können? Deshalb hörte die Diskussion über die richtige und angemessene Hagelversicherung erst auf, als die Landwirtschaft nach Mitte des 20. Jahrhunderts nicht mehr Hauptarbeitgeberin in Deutschland war. Aus purem Eigeninteresse hatten die jetzt weiterhin bestehenden bäuerlichen Großbetriebe sich privat um eine Police zu kümmern. Aber auch nur sie; von einer allgemeinen Versicherungspflicht der Bevölkerung konnte nicht mehr die Rede sein.

Eine neue Ordnung

Draußen auf dem Land haben die Aufklärer viel beigetragen zur Einführung verbesserter Schutzvorrichtungen, fortschrittlicher Anbaumethoden und Verarbeitungstechniken. Manche ihrer Ideen setzten sich über kurz oder lang mit Erfolg im bäuerlichen Alltag durch. Derweil erlebten etliche Städte im 18. und 19. Jahrhundert ebenfalls Phasen der Modernisierung und veränderten ihr Gesicht – manche dank der puren Baulust einer auf Repräsentation bedachten Obrigkeit, andere aus bitterer Erfordernis. Denn viele Maßnahmen städteplanerischer Neuordnung wurden durch die Auswirkungen der gefürchteten Großbrände veranlasst oder zumindest beschleunigt. Deren Zerstörungspotenzial sprengte alte Strukturen, der folgende Wiederaufbau begünstigte Innovationen in den unterschiedlichsten Bereichen, bei der Technik und dem Bauwesen angefangen über Politik und Verwaltung bis hin zur Sozialfürsorge.

Augenfällig wird diese Entwicklung in den umfänglichen Neufassungen städtischer und staatlicher Brandschutzordnungen, in der Reorganisation des Feuerlöschwesens, schließlich in den zahlreichen formalen Bauvorschriften, mit deren Erlass das Ausgreifen der Flammen künftig verhindert werden sollte. Denn was dabei herauskam, wenn einfach weitergewurstelt wurde wie bislang, dafür gab es beliebig viele Exempel. Siehe Schiltach im oberen Kinzigtal: 1533 niedergebrannt, bauten es seine Bewohner anschließend wieder genauso auf wie vorher, jedes Haus eng an das andere hin, ohne Brandmauern dazwischen, die Dächer gedeckt mit Schindeln, alles durchweg aus dem beliebig verfügbaren Schwarzwälder Holz, denn brauchbare Steine waren rar und teuer. 57 Jahre später, alte Leute hatten den ersten Brand noch selbst als Kinder miterlebt, stand

Reutlingen brennt: Dem fast vierzigstündigen Großfeuer im September 1726 fiel ein überwiegender Teil der Stadt zum Opfer. Die Radierung des Augsburger Kupferstechers Gabriel Bodenehr musste auf Wunsch des Magistrats besonders mitleiderregende Szenen zeigen.

die Stadt erneut in Flammen und die Bevölkerung hernach, August 1590, vor den rauchenden Trümmern ihrer abermals vernichteten Habe.

Das musste anders werden. Schließlich gab es auch positive Vorbilder und Beispiele für den wirksamen Effekt schwer oder gar nicht entflammbarer Materialien. In Vaihingen an der Enz hatte ein Ratsherr nach dem Stadtbrand von 1570 sein Haus komplett aus Stein errichten lassen und Ziegel für das Dach verwendet; nicht weiter als bis hierher, ließ er wissen, würden die Flammen beim nächsten Großfeuer kommen. Und so geschah es. Dem Stadtbrand von 1617, der das Viertel zwischen Heilbronner und Stuttgarter Straße einäscherte, geboten die festen steinernen Mauern Einhalt.

Überhaupt fungierte gerade Württemberg als Vorreiter in Sachen Brandschutz. Schon seit der spätmittelalterlichen Grafenzeit bestand für die Gemeinden eine Pflicht zum Anlegen von Löschteichen. Auf die barocken Herzöge des 18. Jahrhunderts gehen zahlreiche weitere Vorgaben zurück, künftige Brandkatastrophen zu verhindern. Feuergefährliches Gewerbe hatte aus der engen

---

Eingeäschert: Zwei Jahre nach Reutlingen brennt Schwäbisch Hall nieder, die Feuersbrunst vom August 1728 verwandelt das ummauerte Zentrum in ein Ruinenfeld. Gestalt und Raschheit des Wiederaufbaus einer Stadt hingen danach von unterschiedlichen Faktoren ab.

Bebauung zu verschwinden – in Binsdorf, nachdem es in Flammen gestanden hatte, wurden die innerstädtischen Backöfen durch neue Anlagen draußen vor der Umfassungsmauer ersetzt –, wichtige öffentliche Gebäude waren beim Wiederaufbau bewusst an weniger bedrohten Standorten zu platzieren.

Herzog Karl Eugen ordnete 1791 auf den Brand von Baiersbronn hin an, die Häuser fortan mit Ziegeln anstatt mit hölzernen „Dachbrettern" zu decken, vor allem aber bekamen eingeäscherte Städte großzügigere und lichtere Grundrisse, barock geometrisch statt mittelalterlich verwinkelt, mit schnurgeraden Straßen und brandsicheren Kaminen zum besseren Feuerschutz: Wildbad im Schwarzwald 1742, Göppingen 1782, Gültstein bei Herrenberg 1784, Tuttlingen 1803, Balingen 1809. Hier im Tal der Eyach entstand in den Folgejahren eine völlig andere Stadt als zuvor, Ergebnis klarer Gestaltungsprinzipien, in jetzt viereckiger Struktur mit klassizistischem Gepräge.

Als „Phönix aus der Asche", so wird es hundert Jahre später auch über das wiedererrichtete Donaueschingen heißen, sei die einst dörfliche Siedlung neu erwachsen, verwandelt nun zur noblen Stadt, aus verkohlten Ruinen hervorgegangen in geschlossener architektonischer Einheit.

Es gibt aber – und das sind dann sozialgeografisch meist recht spannende Fälle – ebenso den umgekehrten Weg, der vom Stattlichen in die Bescheidenheit führt. Ihn musste das kleine, bis auf wenige Häuser vernichtete Bergstädtchen Fürstenberg bei Hüfingen auf der Baarhochfläche am Ostrand des Südschwarzwaldes nach einem Großfeuer am 18. Juli 1841 beschreiten. Während die Flammen den Ort in einen Trümmerhaufen verwandelten – binnen einer halben Stunde brannte er an allen vier Ecken –, blies zu allem Unglück jener kräftige und heiße Wind aus Westen, wie er typisch ist an Sommertagen oben auf der Baar, und fachte sie noch weiter an. Löschwasser stand keines zur Verfügung; was die Menschen sonst zum Trinken benötigten, das schafften sie mit Mauleseln von den tiefergelegenen Quellen herauf in die Stadt.

Angesichts der verkohlten Ruinen fiel die Entscheidung, den bisherigen Siedlungsort auf dem Hochplateau aufzugeben, der einst im Mittelalter aus strategischer Überlegung und zu Wehrzwecken gewählt worden war. Derlei aber spielte längst keine Rolle mehr, und so wurde das neue Fürstenberg statt oben auf der Kuppe nun am Fuß des Berges hochgezogen. Das bauliche Antlitz einer Stadt konnte die verbliebene besitzschwache Bevölkerung dem Ort jedoch nicht mehr verleihen. Im Grunde erstand er, seiner tatsächlichen Sozialstruktur entsprechend, als ganz bäuerlich geprägtes Dorf wieder. Am einstigen Standort auf über neunhundert Metern Höhe erinnert wenig an die alte Stadt, nur die Tafeln eines historischen Lehrpfades geben Auskunft.

Herausforderungen für den Glauben

Zu allen Zeiten provozierten Katastrophen das religiöse Empfinden und Begreifen. Mehr denn je stellte sich in solchen Momenten die Frage nach dem Sinn des Leidens und nach der Güte Gottes. Die Ideen der Aufklärung, ihr Rütteln am Hergebrachten und ihre Kampfansage wider allen Wunderkram haben das Problem noch weiter verschärft. Über sämtliche theologische Erklärungsversuche und Auslegungsmuster hinaus bedeuteten Naturgewalten und die Schäden, die sie anrichteten, massive Herausforderungen für den Glauben.

Was, wenn der Blitz ausgerechnet die Kirche mit ihrem hoch aufragenden Glockenturm traf oder gar, so geschehen 1652 im rheinländischen Euskirchen und 1730 in Liebenzell, den Prediger während des Gottesdienstes von Kanzel und Altar warf, ihn dabei auch erheblich verletzte? Wenn eine Stadt – 1784 in Gültstein passiert – just beim Nachhauseweg der Kirchgänger von einer Bußpredigt zu brennen begann? Was, wenn ein Unglück unterschiedslos Gute und Böse heimsuchte, oder irritierender: wenn die als Sünder Verschrienen schadlos davonkamen, die Redlichen aber ihre Habe, ja Leib und Leben verloren? Wenn, wie es nach der Reformation in konfessionell gemischten Orten durchaus vorkommen konnte, hauptsächlich die Protestanten geschädigt wurden, die Katholiken jedoch nicht – oder umgekehrt? Wenn das eine Haus bis auf die Grundmauern niederbrannte und das andere völlig intakt stehen blieb?

Dramatisch ist die Schilderung des Tübinger Predigers Georg Konrad Pregitzer, dem sich mitsamt seiner Gemeinde manche dieser drängenden Fragen am Abend des 2. Juni 1720 gestellt haben müssen. Pregitzer, ein Mann von 45 Jahren, feiert Gottesdienst in seiner Kirche, da setzt Platzregen mit schwerem Hagel ein. In der Stadt und etlichen Gemarkungen des Amtsbezirks zerschlägt es die Reben, die Obstbäume, die Gartenfrüchte, die Dächer, die Glasscheiben auf der Wetterseite. „Ich wuste in so grosser Noth", erinnert der Pfarrer sich wenig später, „da bereits unßre Kirchen=Fenster / sonderlich gegen Mitternacht / durch die Hagelsteine durchlöchert worden / Anfangs nicht gleich / was zu thun? ob ich auff die Canzel gehen und predigen? oder die Gemeine zu Fortsetzung des Gesangs und Gebetts auffmuntern solle?" Er entscheidet sich für den kollektiven Gesang, stimmt mehrere Lieder an, in der Hoffnung vielleicht, der Hagel lasse nach. Doch das Prasseln dauert an. Dann beginnt Pregitzer zu predigen, bittet um Gnade, Gott möge seine Frommen nicht verderben lassen. Das Unwetter steigert sich noch, hinter der Kanzel tost es, die Hagelkörner haben die bleiverglasten Fenster völlig zerschmettert. Der Pfarrer hält seine Gemeinde zum Gebet auf den Knien an, predigt dann weiter – „Gott der Herr aber predigte und donnerte auch fort / die Hagel=Steine fielen immer häuffiger und vermehrten die Angst". Pregitzer lässt singen, diesmal das Lied *Wann wir in höchsten Nöthen seynd*. Kaum ist es verklungen, stürzt einer in die Kirche und ruft, es brenne in der Stadt, der Blitz müsse eingeschlagen haben. Eine Falschinformation, wie sich später herausstellen wird – nur eine alte Scheunenwand ist eingefallen und hat eine Wolke aus Staub aufgewirbelt, die fälschlicherweise für Rauch gehalten wird –, aber erst einmal läuft fast alles hinaus aus der Kirche, ein jeder heim zu dem Seinigen.

Wo war bei alledem ein höherer Sinn, wo die Gerechtigkeit? Es fiel gewiss nicht leicht, in diesem Gott jenen liebenden Vater zu sehen, als den ihn die zeitgenössische Theologie verstanden wissen wollte; der die Rute nur aus herzlicher Verbundenheit mit seinen ungehorsamen und aufmüpfigen Kindern erhob, denen er, indem er sie züchtigte, mittels seiner „Liebesheimsuchungen" den richtigen Weg wies. Innere Konflikte dieser Art gefährdeten nicht nur allgemein den Glauben an das göttliche Walten insgesamt, sondern womöglich auch – im engeren Sinne – die Lehrsätze der jeweiligen Konfession.

Einer solchen Herausforderung, wohl grundsätzlicher noch als Pregitzer in Tübingen, sieht sich Kirchenrat und Superintendent Johann Lorenz Hölzlein nach einem verheerenden Dorfbrand in Auggen im Markgräflerland am 18. Oktober 1727 gegenüber. Einem Kind fällt beim Feuermachen glühende Kohle in trockenen Hanf; binnen einer Stunde hat das Feuer

---

Seine Erfahrungen mit „einem erschrecklichen Ungewitter" im Juni 1720 verknüpfte der Tübinger Prediger Georg Konrad Pregitzer mit einer Betrachtung, „wie die Straffen und Plagen Gottes insgemein, sonderlich die schädliche Donner- und Hagel-Wetter anzusehen".

Das von GOtt zwar hart gestraffte und gezüchtigte / Aber mitten in einem erschrecklichen Ungewittter gnädig erhaltene und zu wahrer Buß erweckte **Tübingen,** Oder Gründlicher Unterricht / Wie die Straffen und Plagen GOttes insgemein / sonderlich die schädliche Donner- und Hagel-Wetter anzusehen / Aus Gelegenheit eines den 2. Jun. an dem ersten Sonntag nach dem Fest der Heil. Drey-Einigkeit in dem Jahr 1720. unter dem Abend-Gottesdienst allhier in Tübingen mit entsetzlichem Gewalt ausgebrochenen schädlichen **Hagel-Wetters /** An dem / den zweyten Sonntag nach dem Feste SS. Trinit. den 9. Jun. darauff gehaltenen Buß-und Bett-Tag in einer Predigt über die Worte Haggai II. v. 18. einer Christlichen Gemeinde daselbst vorgestellt und samt einem Vorbericht zum Druck übergeben von M. Georg Conrad Pregitzern / h. t. Profeß. Honor. Histor. Eccles. und Diacono in Tübingen. Verlegts Joh. Georg Cotta,

über hundert Gebäude und damit große Teile des unteren Dorfes erfasst. Kaum sind die Flammen gelöscht, laufen Gerüchte um. Die Menschen im evangelischen Ort reden: Zwar ist auch die Kirche selbst abgebrannt, der Altar aber völlig erhalten. Hat etwa der Beistand der Heiligen dies bewirkt? Mehr noch: Während des Brandes, heißt es, hätten Juden an etliche Türen mit Kreide einen Feuersegen geschrieben, und just diese Gebäude seien verschont geblieben. Das sei doch, munkelt man in Auggen, zumindest erstaunlich.

Für Hölzlein keine einfache Situation. Dem evangelischen Theologen bedeuten beide Ansichten, das Wirken der aus altgläubigem Kontext stammenden Heiligen wie die Nützlichkeit jüdischer Rituale, einen konfessionellen Affront. Als er daher die Gemeindemitglieder in der Kirche zu einer Brandpredigt zusammenruft, muss er genau auf diese Gerüchte reagieren. Dass Schutzsprüche der Juden irgendetwas geholfen hätten, verneint er schlichtweg, „allermassen ich sicher weiß, daß auch verschiedene Häuser, woran sie ebenfalls ihre Zeichen geschmieret, würckliche Stein=Hauffen worden". Nicht anders die Sache mit dem Altar: Niemand solle dahinter ein außergewöhnliches Wunder sehen, niemand die Erhaltung dem Schutz der Heiligen zuschreiben. Doch wem oder was dann? Hölzlein – seinen Predigttext lässt er noch im selben Jahr drucken unter dem wortspielerischen Titel *Weinende Augen in dem mit Feuer gestrafften Auggen* – bezieht eine ausgesprochen rationale Position. Er spricht von einer Reihe logischer Faktoren, die zur Rettung bestimmter Häuser beigetragen hätten, bei der Erhaltung des Kirchenaltars sei es gleichfalls „gantz natürlich zugegangen". Seine Abwehr konfessioneller Auslegungen, die das eigene evangelische Bekenntnis gefährden, führt den Geistlichen hin zu durchweg vernunftmäßigen Argumenten, in denen frühaufklärerische Positionen schon ihre deutlichen Spuren hinterlassen haben.

Doch auch die ganz klassischen Bußpredigten im Gefolge von Hagel, Stadtbrand oder Überschwemmung sind das gesamte 18. und 19. Jahrhundert hindurch weiterhin gehalten worden; für konservative Pfarrer blieben sie ein probates Mittel, um auf einen künftig gottgefälligeren Lebenswandel ihrer Gemeindemitglieder hinzuwirken. Sicher reicherten sie ihre Kanzelreden jeweils mit einigen zeitgemäßen Beweisführungen und Thesen an, im Kern indes waren diese vom selben erhobenen Zeigefinger bestimmt wie ehedem. Alle Not, lautete der sonore Tenor, rühre her von Bosheit und Sünde, Gott müsse strafen, um die verstockten Herzen der Menschen überhaupt noch zu erreichen. Der nun entstandene Schaden dürfe folglich niemanden verwundern, weil doch „über dich o Gotts-vergeßne Stadt / Gott gar viel, gar viel zu klagen hat!" (Spitalpfarrer Michael Fischer, Reutlingen 1726); „weil deine Bürger und Einwohner der Stimme Gottes nicht gehorchet, und eine Last von Sünden durch deine Thore aus und eingeschleppet haben" (Dekan Immanuel Gottlob Brastberger, Nürtingen 1756); weil „die Verachtung des göttlichen Worts eine Pest in der hiesigen Gemeinde sey" (Pastor Johann Gottlieb Faber, Tübingen 1766); „weil wir so bös waren" (ein Kind, Neckarbischofsheim 1859).

Noch geradewegs dem Mittelalter entsprungen wirkt jenes württembergische Gebet des 19. Jahrhunderts, in dem es heißt: „Unsre schwer begangnen Sünden / Pflegen Wetter anzuzünden / Und erfordern wahre Buß! / Wen die Wetter nicht bekehren, / Wem die Sünden nicht verwehren, / In der Hölle brennen muß." Ähnlich düster ein Zeuge der Überschwemmungen im badischen Stein bei Pforzheim mit zehn Toten, Mai 1827: „Gefährlich ist die Sicherheit; / Gott ist ein Gott der täglich dräut."

Aber allein mit der ewigen Verdammnis der Abtrünnigen oder dem wenig tröstlichen Bescheid, kein Mensch sei frei von Schuld und deshalb könne es halt jeden treffen, war dem zeitgemäßen Bedürfnis der Gläubigen nach Sinndeutung und Beistand in schwerer Stunde eben nicht (mehr) nachzukommen. Eine weitere Herausforderung für die Geistlichen ergab sich aus der Notwendigkeit, vor dem Hintergrund einer durchlittenen Katastrophe wenigstens irgendetwas Positives zu entwickeln, worin die Güte des Allmächtigen sich ausdrückte. Sei es, dass nur das halbe und nicht das ganze Dorf abgebrannt war (das Glück, verschont zu werden, komme ebenfalls vom Herrn, mahnte im August 1837 der Pfarrer von Enzweihingen), sei es, dass die Flammen des Großfeuers keinem Menschen das Leben gekostet hatten, sei es, dass über die Betroffenen eine Welle der Hilfsbereitschaft hereinbrach. Der Allmächtige strafte zwar, inspirierte jedoch auch die Nächstenliebe der Wohltäter. „Sollten wir" – ein Theologe fragte so nach einem schweren Hochwasser in Wangen 1789 – „in diesem allem die Hand unseres Gottes mißkennen?" So ließ dessen Züchtigung sich als Gnade begreifen. Zeitliche Not verhängte er gegen die Menschen, um sie zu prüfen und ihnen hernach zu ewiger Erlösung zu verhelfen. Hierher gehören zudem all die Geschichten von wundersamer Rettung und Bewahrung einzelner Katastrophenopfer: der verschüttete Mann, aus Qual binnen Stunden am Haupthaar ergraut, aber lebend aus den Trümmern befreit; die Frau, der Schlimmes schwante und der noch kurz vor dem verheerenden Felssturz die Flucht aus Haus und Dorf gelang; das Kind in Wiege oder Krippe, inmitten des tosenden Hochwassers unversehrt ans Ufer getrieben.

Und wenn doch Tote zu beklagen waren? Auch dann gab es Trost: Gewiss hatten die Opfer furchtbare Ängste ausstehen müssen, indes nur für einen ganz kurzen Moment, ehe sie auf immer „in unnennbare Wonne übergegangen" seien. Denn statt ihnen das allzu frühe irdische Ende zu ersparen, habe Gott sie in anderem, weit höherem Sinne gerettet. So verhieß ein Pfarrer der Trauergemeinde am Grab von sechzehn Menschen, die 1830 in Hölstein südöstlich von Basel bei einem Hochwasser gestorben waren: Der Herr holt vorweg die zu sich aus diesem Jammertal, mit denen er es besonders gut meint, der Lohn für ihre Demut ist ihnen im Jenseits gewiss.

Sorgen um die Seelen der Anständigen brauche niemand sich zu machen, betonte ebenso der katholische Priester Philipp Joseph Brunner im Kraichgaudorf Tiefenbach. Der musste im September 1787 einen Vater zu Grabe geleiten, ums Leben gekommen beim vergeblichen Versuch, sein Kind aus einem brennenden Haus zu retten. „Er starb ja in der ädelsten Beschäftigung!", betonte Brunner. „Er starb ja in dem Augenblick, als er seine Vaterpflicht erfüllen wollte! Er starb ja liebend, väterlich liebend! Er

Eine der verheerendsten Flutkatastrophen im Württemberg des 19. Jahrhunderts war das Hochwasser im Eyachtal 1895. Das Titelbild von Walter Degenfelds schmaler Broschüre illustriert die Schrecken der Hochwassernacht im Überschwemmungsgebiet zwischen Pfeffingen und Balingen.

stürzte sich ja aus Liebe für sein Kind in die Flammen! -- und so einen Martirer der Liebe sollte der Gott der Liebe verstossen können?"

Das Motiv der in Todesängsten, im Sterben sichtbar gewordenen Liebe, es findet sich auch in einer Trauerpredigt nach der schweren Flut im Eyachtal bei Balingen ausgangs des Frühjahrs 1895. Auf Tage heftiger Wolkenbrüche, das Erdreich längst vollgesogen mit Wasser, war die Eyach – ein schmales „Wässerlein" sonst, in manchem heißen Sommer ganz versiegt – während der Nacht des 5. Juni zum tosenden Wildwasser angeschwollen.

Die Zerstörungsgewalt ihrer Flutwelle versetzte Württemberg in einen regelrechten Schockzustand. Über vierzig Tote im Tal auf den zwanzig Kilometern zwischen Pfeffingen und Balingen, zehn davon allein im schwer heimgesuchten Dorf Frommern, Gebäude und Brücken dort vom Hochwasser mitgerissen, die

Landstraße überschwemmt auf einer Breite von hundert Metern. Unter den Opfern: Eine vierköpfige Familie, deren Haus während der Flut zusammenstürzte. Noch im Tode hielten sie sich, als man ihre Leichen ausgrub, umschlungen. Der Pfarrer trat an ihre Bahren: „Liebe Christen! So schrecklich das ist, ist es nicht doch noch ein liebliches Bild, wenn Vater und Mutter und Kinder so Alle miteinander vereint und umarmt aus dem Leben scheiden durften? Das gewährt uns einigen Trost."

Trost auch, weil es ja das Ende nicht war. Es gibt ein Wiedersehen, dereinst, drüben. Den zehn Toten der Überschwemmung in Stein 1827 gab ein Zeitgenosse diese frohe Gewissheit mit ins Grab: „Nun ruhet sanft im Schoos der Erden, / Wo euch kein Unglück mehr erschreckt; / Ihr sollt auf's Neu' vereinigt werden, / Wenn Jesu Ruf euch einst erweckt. / Dann werdet ihr am Throne stehn / Und eure Lieben wieder sehn."

In bestimmten Fällen waren jedoch selbst die Pfarrer überzeugt: Es hatte nicht den Falschen getroffen. „Aus gerechtem Gericht Gottes" habe dieser

Sünder schon bei seinem Ende „einen rechten Vorgeschmack des höllischen Feuers erfahren müssen", vermerkte ein Geistlicher nach dem Brand von Schwäbisch Hall 1728 unversöhnlich im Kirchenbuch. Mit diesen Worten charakterisierte er einen umgekommenen Bader, der wohl nicht sehr kirchenfromm gewesen war, und stellte einmal mehr die augenfällige Verbindung zur ewigen Verdammnis her: verzehrend ist Gottes Feuer des Zorns, vernichtend die Flamme seines Unwillens.

Die Frage aber, warum es ausgerechnet diese Frau oder jenen Mann getroffen hatte, konnte wohl nie wirk-

Seit dem Hochwasser im Eyachtal 1895 legt – nach dem Wunsch seiner Stifter – in Balingen ein Denkmal „in seiner einfachen aber würdigen Form" Zeugnis ab von der Nächstenliebe, die es ermöglicht hat, „die ungeheuren Schäden auszubessern und künftigen Schädigungen vorzubeugen".

lich befriedigend beantwortet werden. Dass sie sich in ihren Predigten immer wieder um entsprechende Antworten bemüht haben und bemühen mussten, lässt ahnen, wie sehr die Geistlichen selbst sich zu solchen Sinndeutungen gedrängt fühlten. Hatte, wer durch ein Unglück hart betroffen wurde, sich auch zuvor schon mehr als andere zuschulden kommen lassen? Oder waren umgekehrt die Geschonten wohlgefälliger vor dem Herrn? Doch sicher nicht; wer da hatte sterben müssen und wer bewahrt blieb, das durfte keinesfalls auf einzelne Familien und Personen bezogen werden, auf deren Sünden oder Verdienste. Dies zu begründen ließ sich das Jesuswort vom Turm zu Siloah ins Feld führen, überliefert im Lukasevangelium. Der Turm war zusammengestürzt und hatte achtzehn Menschen erschlagen – die aber seien, sagt Jesus, auch keine größeren Sünder gewesen als alle anderen. Über wie vielen Gräbern der Katastrophenopfer des 18. und 19. Jahrhunderts mag dieses Wort gepredigt worden sein?

Die Kraft der Glocken oder: Katholizismus und Vernunft

Zwischen rationalen Vernunftgründen hier und religiösen Mystizismen da gab es bald nur noch wenige Brücken. Schritt für Schritt schloss, betrachtete man die Ergebnisse der naturkundlichen Forschung, das eine am Ende das andere aus, und die dazwischenstanden – zumal die Geistlichen – mussten Stellung beziehen. Entweder sie fanden selbst Wege, praktisch Unvereinbares zu vereinbaren, oder sie bekannten sich deutlich zu einer von beiden Positionen. Ein konfliktträchtiges Terrain, auf dem so manche scharfe Klinge gekreuzt wurde.

Anlass zu einer solchen (auch literarisch ausgetragenen) Fehde boten 1794 die Lehrsätze einer Hagelpredigt, die ein katholischer Priester im Bodenseeraum seinen Pfarrkindern nach einem schweren Gewitter zumutete. Zumutete deshalb, weil er – selber ein Mann der Papstkirche – bewusst alle volkstümlichen Vorstellungen über religiöse Heil- und Hilfsmittel gegen das Unwetter radikal in Abrede stellte.

Hereingebrochen war der Sturm an einem schwülen Sommerabend, als sich gerade die Gemeinde zahlreich zum Gebet in der Kirche versammelt hatte. Binnen weniger Minuten wurde ein großer Teil der Ernte vernichtet. Eine mutlose, teils gereizte Stimmung machte sich unter den Leuten im Dorf bemerkbar. Wäre das Unglück nicht vermeidbar gewesen? Hätte man nicht die Kirchenglocken zur Abwehr des Hagelwetters läuten sollen, ja: müssen? Warum war dieses bewährte Remedium gegen Schloßen und Gewitter nicht angewandt worden?

Eine formale Antwort darauf lautete: Weil das Wetterläuten zu dieser Zeit in vielen Ländern – wenigstens auf dem Papier – bereits ausdrücklich verboten war. Erstmals in einem Flächenstaat untersagt wurde es 1783 in Bayern und der Pfalz durch Kurfürst Karl Theodor, einem Verfechter des Blitzableiters. Ihm folgten der aufgeklärte Kaiser Joseph II. in den österreichischen Erblanden und schließlich zahlreiche weitere deutsche Fürsten und Regierungen.

Denn das Ganze war schlicht lebensgefährlich. Wie oft schon hatten Blitze in Kirchtürme eingeschlagen und war ihre starke Elektrizität am Glockenseil herunter in Richtung Boden gefahren? Dort mussten diensteifrig läutende Mesner, Mönche und Nonnen qualvoll sterben, ein früher Fall ist bereits aus der Klosterkirche zu Ochsenhausen Ende Juni 1483 bekannt. Für die zweite Hälfte des 18. Jahrhunderts hat ein deutscher Physiker die Rechnung aufgemacht, im Lauf von 33 Jahren habe der Blitz alles in allem 386 Türme getroffen und dabei 103 Läuter getötet. Eine weitere Statistik wollte von allein dreißig Invaliden durch solche Einschläge in einem einzigen Ort wissen – und von einer Familie, deren Männer über mehrere Generationen hinweg beim Wetterläuten umgekommen seien. Nebenbei sorgte dieses Ritual manchmal sogar für erbitterte Feindschaft zwischen Nachbargemeinden, wenn die eine Bürgerschaft der anderen vorwarf, sie habe mit ihrem Gebimmel den Unwetterschaden zwar erfolgreich von der eigenen Gemarkung ferngehalten, dafür aber auf das Dorf nebenan gelenkt; gerade aus dem Hotzenwald sind solche Konflikte überliefert. Ebenfalls aus dem Südbadischen stammt Johann Peter Hebels ironisches Gewittergedicht aus dem Jahre 1806. Das Allerletzte, was man bei einem heranziehenden Unwetter noch brauche, sei das Getöse der Kirchenglocken: „Die Nachbarn läuten drauf und drauf / In Schliengen; dennoch hört's nicht auf. / Das fehlte noch: wenn's donnern soll, / So läuten sie die Ohren voll."

Und dann erwies sich diese riskante Praxis obendrein auch noch als sinnlos. Welche Wunder schrieb das abergläubische Volk der Schlagkraft solcher Glocken nicht alle zu: Die Hagelwolken würden durch ihre Schwingungen stark erschüttert und somit abgelenkt, zerteilt oder auseinandergetrieben, ihr Schall halte folglich das Gewitter fern. Tatsächlich? Vielleicht hatte das hier und da einmal funktioniert – wahrscheinlich bloße Zufälle, wenn Wolken sich beim Läuten verzogen –, und das hielten die Leute jetzt für den schlüssigen Beleg genereller Wirksamkeit. Wobei sie geflissentlich die vielen Fälle übergingen oder wegleugneten, in denen der Glockenklang eben zwecklos gewesen war und Hagelkörner trotz des Läutens die Frucht zerschlagen hatten.

Aufgeklärte Naturforscher, die den Fürsten bei ihren Verbotsbemühungen sekundierten, wollten das nun genauer wissen. Einer hängte dünne Papierstückchen in die Glockenstühle, drei bis vier Meter entfernt vom Geläut; in der Kurpfalz versuchte es Hemmer im besonders gewitterreichen Jahr 1783 auf Mannheimer Kirchtürmen mit kleinen leichten Holzbrettchen. Beide Male dasselbe Ergebnis: Da kamen überhaupt keine großen Luftmassen in Bewegung, selbst bei heftigstem Glockenläuten reichte der entstehende Luftzug nicht aus, Papier oder Hölzer auch nur zu bewegen. „Was werden si an den donnerwolken ausrichten?", fragte Hemmer rhetorisch nach dieser Beobachtung. Die Versuche hatten den Nachweis erbracht: Das ist, als wolle einer mit einem Brett einen reißenden Strom aufhalten. Dem Kurfürsten, der das Wetterläuten kurz darauf einstellen ließ, wird dieses Experiment erheblich zugearbeitet haben; im Wortlaut seines Edikts ist ausdrücklich die Rede vom „Beweis daß das Glockenläuten bei Gewittern mehr schädlich als nützlich" sei. (Ähnliche Versuche in Württemberg haben 1931 ergeben, wie völlig wirkungslos es ist, mit Mörsern oder Raketen in die Hagelwolken zu schießen.)

Derlei rationale Erwägungen freilich stießen bei den beharrlichen Teilen der Bevölkerung auf wenig Verständnis oder gar Gegenliebe. Dieses altbewährte, vielfach erprobte Mittel der Unwetterabwehr sollte fortan nicht mehr gestattet sein? Da es durchweg die Kirchenglocken waren, mit denen gegen Blitz und Donner angeläutet wurde, mussten notgedrungen auch die Pfarrer diese aufklärerische Kehrtwende mitmachen. Verteidigten sie die neue Linie und brachten in den Dörfern die Wetterglocken zum Schweigen, gerieten sie auf Konfrontation mit ihren halsstarrigen Gemeindemitgliedern. Verhinderten sie gar das Läuten im Ernstfall und der Hagel ruinierte die Ernte, war ihnen ihre künftige Rolle als missliebige Sündenböcke sicher.

Zurück also an den Bodensee des Sommers 1794 nach dem schweren Hagelschlag. Der Gemeindepfarrer hörte bei anschließenden Gesprächen in die Menschen des Dorfes hinein, schnappte Meinungen und Deutungsmuster auf, erfuhr, wie seine Kirchgänger sich das Unglück zu erklären versuchten. Das alles verarbeitete er einige Tage später zu einer fast zweistündigen *Belehrungs- und Trostrede* – und erging sich dabei in leidenschaftlicher Kritik.

Hagelabwehr durch Wetterläuten mit den Kirchenglocken? Heidnischer Aberglaube. Glockensegnungen? Zwecklos. Wettermacherei durch Hexen und Zauberer? Unfug. Nicht irgendeine Clique von Schwarzkünstlern besaß Macht über die Natur und über das Wetter, sondern nur unmittelbar Gott allein, und einzig von ihm dürfe man als Christ wahre Hilfe in Gewitternöten erwarten – einen rechtschaffenen frommen Lebenswandel vorausgesetzt. Welche Kräfte sollten demgegenüber denn die Glocken haben, um gefährliche Wetterlagen zu vertreiben? Natürliche? Übernatürliche? In Wahrheit nichts von beidem.

Sie seien nur leblose, träge Materie, ihr Schall könne keine Wolken wegstoßen oder beiseiteschieben. Ebenso wenig erlangten sie durch kirchliche Segnungen und Weihesprüche metaphysische Kräfte. Stellenweise geriet dem Pfarrer seine Predigt zu einer naturwissenschaftlichen Vorlesung über die durchweg logisch erklärbaren Ursachen schädlicher Gewitter.

Im Gefolge dieser Standpauke muss es ein deutlich vernehmbares Murren im Dorf gegeben haben. Solche Worte waren nicht das, was eine Landgemeinde von ihrem katholischen Priester hören wollte. Der ließ, wohl um sich öffentlich zu rechtfertigen, seine Predigt einige Monate später in Bregenz drucken – und forderte damit, mochten auch ganze fünf Jahre darüber vergehen, ein zweites Mal harsche Einwendungen heraus.

1799 erschien im Fürststift Kempten, aufgesetzt „von einem Liebhaber der Wahrheit", eine Gegenschrift „wider den Herrn Verfasser der Belehrungs- und Trostrede". Heftig attackierte sie vor allem den geradezu rationalistischen Geist der Kanzelrede. Ein Protestant, kritisiert der anonyme Autor, hätte nicht wirksamer den Glauben an religiöse Weihehandlungen und die Zuversicht der Gläubigen untergraben können als dieser katholische Pfarrer, der den Bekenntnissen seiner Kirche „schnurgrad entgegengearbeitet" habe. Wer den Menschen so ihr Zutrauen in die göttliche Kraft geweihter Glocken nehme, der lasse sie letztlich hilflos zurück – denn was bleibe dann überhaupt noch zu hoffen, wo es doch auch keine natürlichen Mittel gegen derartige Unwetter gebe?

Jahre ohne Sommer, grausame Winter: Das 19. Jahrhundert jenseits der Romantik

Dank des naturkundlichen Eifers der Aufklärer wird seit dem 18. Jahrhundert die Überlieferung, wird vor allem auch die Darstellung und Bewertung von Extremereignissen spürbar verlässlicher – verlässlicher in dem Sinne, dass Fakten nun objektiv als solche ausgewiesen und eben nicht mehr bewusst verfremdet werden, um ihre Eignung und Passgenauigkeit im Rahmen der Heilsgeschichte abzurunden. Wo es den Chronisten des Mittelalters noch darauf angekommen war, Starkbeben und Hochwasser der biblischen Bezüge wegen vierzig Tage dauern zu lassen, wo die Prediger der nachreformatorischen Straftheologie den starken Arm des erzürnten Herrn wirken sahen, dort maßen und verzeichneten von da an detailversessene Naturforscher exakt die Höchststände der Wasserfluten bei Überschwemmungen, die Dicke des Eises in Frostwintern und die minutengenauen Uhrzeiten des Eintretens von Erdstößen.

„Kolossalische Eisfelsen" auf dem Neckar

Anfang des Jahres 1784: Die Witterung in ganz Mitteleuropa ist seit Monaten extrem und hat schon Menschenleben gefordert. Johann Lorenz Böckmann, badischer Hofrat, Physiker, Mathematiker und Professor der Naturlehre in Karlsruhe, wird wenig später im Rückblick notieren: „Die Dauer dieses fürchterlichen Winters erstreckte sich also vom Ausgange des Octobers bis in die ersten Tage des Aprills; und in dieser Zeit hatten wir" – von insgesamt rund 160 Tagen – „115 Tage, an welchen das Thermometer wirklich unter dem Eispunkt stand."

An zwei von drei Tagen zwischen November 1783 und März 1784 waren also die Temperaturen niedriger als null Grad, Heidelberg verzeichnete sogar eine Rekordmarke von minus dreißig Grad. Die Flüsse überfroren, mächtige

Eispanzer ließen sie erstarren, beträchtlich türmte sich allerorten der Schnee. In enormen Mengen fiel er beinahe unaufhörlich während des gesamten Winters, im Rheinland allein am 27. und 28. Dezember rund 45 Zentimeter hoch, Teile von Franken lagen begraben unter einer Decke von sechs Schuh, das geht fast auf zwei Meter zu. In Mannheim ordneten die Behörden an, so viel wie möglich von dieser allzu übermäßigen weißen Pracht aus der Stadt zu schaffen, die Fuhrleute hatten damit bis gegen Ende Februar alle Hände voll zu tun. Am 11. Januar 1784, einem Sonntag, begann das rege Leben der Mannheimer auf dem Eis, einem Jahrmarkt sah das Treiben gleich, Buden mit Esswaren und Kegelbahnen wurden errichtet. Tags darauf gingen erstmals Pferde und beladene Fuhrwerke über den Rhein, bei einer meterdicken Eisschicht eine durchaus risikolose Angelegenheit. Der Verkehr über den zugefrorenen Fluss – „er wurde als eine Landstraße gebraucht", heißt es in den Aufzeichnungen eines Pfarrers – war mancherorts sogar unerlässlich, denn die eigentlichen Fahrwege blockierte der viele Schnee.

Kritisch wurde bald die Versorgungslage. Ärmere Schichten der Bevölkerung gerieten in existenzielle Not, massiv stiegen vor allem die Preise für das lebenswichtige Brennholz. Die Regierungen griffen mittels ihrer Speichervorräte ein, dazu kamen die Erlöse von Benefizveranstaltungen, wie die Speyerer sie auf dem überfrorenen Rhein oder die Stuttgarter mit einem kleinen Feuerwerk ausrichteten.

Das Eis und der Schnee in diesem „graußamen und kalden Winder" waren das eine. Schlimmer noch und gefährlicher konnte werden, was mancher schon aus der Erfahrung heraus kommen sah: der Abgang der Eismassen auf den Flüssen. Türmten sich die zerbrechenden Schollen auf und schoben sich untereinander, wirkten sie an verstopften Engstellen wie eine Mauer, gewaltige Überschwemmungen waren unvermeidlich. Und genauso kam es auch. Die Jahrtausendflut von 1784 gilt als die schwerste in Mitteleuropa seit dem Magdalenenhochwasser von 1342.

Zum Verhängnis gerade für den unteren Neckarraum trug bei, dass ein kurzer Wärmeeinbruch um Neujahr die Eismassen vorübergehend in Bewegung brachte, ehe sie sich mit der rasch folgenden nächsten Kältewelle Richtung Rhein wieder festsetzten, stellenweise etliche Meter hoch aufgeschichtet. Das endgültige Tauwetter – unvermittelt wurden örtlich zweistellige Plusgrade gemessen – rief dann Ende Februar und Anfang März 1784 das Chaos hervor, selten hatten die Flussanrainer „ein so erschröckliches und erbärmliches gewäßer" erlebt. Verheerend waren die Überschwemmungen am Main und am Unterlauf des Neckars, dort gespeist auch von den Nebenflüssen, von Enz, Jagst

Ein ganzes Schiff schob der Eisgang des Neckars am 18. Januar 1784 bei Heidelberg über das abgedeckte Dach eines Fabrikgebäudes. Die Radierung fertigte der junge Wilhelm von Kobell für Ernst Ferdinand Deurers *Umständliche Beschreibung* dieser verheerenden Ereignisse.

und Kocher. In Wertheim stürzte am 27. Februar die schon überspülte Tauberbrücke ein, die Würzburger schossen gar mit den Kanonen der Festung auf das zersprungene Eis, um die Brocken zu zerkleinern und ihrer Mainbrücke ein ähnliches Schicksal zu ersparen. Bei Heidelberg stauten sich „kolossalische Eisfelsen", bis zum zweiten Stock standen viele Häuser unter Wasser, die 1708 errichtete Holzbrücke über den Neckar wurde fortgeschwemmt, riesige Schollen und Mengen an Treibgut drückten sie um „wie einen Zaunstecken". Nur ihre steinernen Pfeiler blieben erhalten und dienten beim Wiederaufbau der heute weltbekannten Alten Brücke als Fundamente.

Während Heidelberg selbst keine Todesopfer zu beklagen hatte, wurden der Eisgang und das Winterhochwasser von 1784 für die Dorfbewohner nordwestlich der Stadt zum Trauma. Neckarhausen, in tiefer Lage nahe dem Flussufer, war vor allem betroffen, sechzig Gebäude, Häuser wie Scheunen, fielen in sich zusammen, etliche Menschen ertranken in der bitterkalten Flut. An Mannheim, unter dessen Bevölkerung sich zeitweilig Panik bemerkbar machte, schwemmte es die Trümmerfelder der oberhalb gelegenen Siedlungen vorbei, Möbel, Balken, Fässer, Reste von Mühlrädern, einige munkelten gar von einem ganzen Häuschen auf dem Wasser, darin noch Licht brannte und Leute um Hilfe riefen.

Die Frage nach den Ursachen dieses Katastrophenwinters führt weit über Deutschland und Mitteleuropa hinaus. Auslöser waren heftige, lang anhaltende Vulkanaktivitäten der Laki-Kraterreihe auf Island im zweiten Halbjahr 1783. Fünfzehn Kubikkilometer an Lava, Asche und Schwefelgas stießen die Feuerberge aus, in der direkt betroffenen Region blieb kaum Luft zum Atmen, das Trinkwasser wurde vergiftet. Neben großen Viehbeständen starben zehntausend Menschen direkt oder indirekt an den Folgen der Eruptionen, mehr als ein Fünftel der isländischen Bevölkerung. Derweil brach auf der anderen Seite des Globus ein weiterer Vulkan aus, gewaltige Staubwolken stiegen über der japanischen Halbinsel Honshu auf, nachkommende Missernten und Hungersnöte sollen 1,4 Millionen Opfer allein unter den Einwohnern des asiatischen Inselstaates gefordert haben.

Nach chemischen Reaktionen in der oberen Stratosphäre schob sich eine Aschewolke, mit Schwefelsäuretröpfchen durchsetzt, wie ein dunstiger Smog vor die Sonne. Das minderte ihre Einstrahlung weltweit und auf Jahre hinaus spürbar; eine Weile konnte man sogar mit ungeschützten Augen in die Sonne blicken. Die Isländer prägten den Begriff der „Nebelnot", eine Folge davon war der extreme Temperatursturz von 1783 auf 1784. Doch wie gravierend diese denkwürdige Kälte auch gewesen sein mag, solche vulkanischen Winter ereignen sich immer wieder: Klimatische Turbulenzen folgten 1453 dem Ausbruch des Kuwae auf Vanuatu, Eruptionen mehrerer Vulkane im Pazifik und in Südamerika verschärften Ende des 16. Jahrhunderts die europäische Kleine Eiszeit und sorgten noch einmal von 1769 bis 1771 für Schnee und Dauerregen in vielen Teilen der Welt. Selbst diese Heimsuchungen aber boten erst einen Vorgeschmack auf das, was die Menschen in Süddeutschland noch zu lernen hatten über die einschneidenden lokalen Folgen vulkanischer Tätigkeit irgendwo in zehntausend Kilometern Entfernung.

Die Tambora-Kälte

Es war das wohl gewaltigste Ereignis seiner Art in der jüngsten Erdgeschichte. Wollen sie die Energie beschreiben, die der Ausbruch des Tambora auf der Sunda-Insel Sumbava vom 10. April 1815 an freisetzte, ziehen Wissenschaftler Parallelen zur Kriegszerstörung von Hiroshima 1945. Um das Wievielfache der Vulkan die Atombombe übertraf, darüber gehen die Schätzungen auseinander. Sie reichen von der 52000-fachen Sprengkraft bis zu einem Multiplikator von weit über sechs Millionen; unvorstellbar ist der Vergleich ohnehin. Tausende

Menschen wurden allein in der Umgegend des Tambora getötet, sein Auswurf überstieg um das Zehnfache, was die Laki-Spalte ausgestoßen hatte. Rund um den Globus verbreitete sich der Staubschleier. Mit einiger Verzögerung erreichten die Auswirkungen Europa, die warmen Wonnemonate fielen aus. Schon die Jahre zuvor hatten, wohl einer verringerten Sonnenaktivität geschuldet, durch kühle Witterung auf die Gemüter gedrückt, kälter als der Sommer von 1816 aber war keiner seit Beginn der Wetteraufzeichnungen. Schneefelder blieben, statt wegzutauen, auf der Schwäbischen Alb liegen, in Höhen über tausend Meter kamen gar neue Flocken obendrauf, die Nachtfröste wollten kaum enden, der Dauerregen auch nicht. Heftige Güsse und Gewitter, oft mit Graupel vermischt, weichten die Straßen auf, vernichteten die Ernte. Das Getreide, noch ehe es ausgereift war, verfaulte. Man sprach vom „Jahr ohne Sommer", vom „Schneesommer", von „Achtzehnhundertunderfroren". Die Witterung wurde in mancher regionalen Zeitung zum Thema der Titelseiten.

Mit den Missernten („wenich fruchte wuchs", so vermerkte, stark mundartlich eingefärbt, ein Chronist) hielten Teuerung und Hunger Einzug. Auf einen Rückgang um etwa ein Sechstel im Vergleich zum Jahr davor ist der Ertragseinbruch von 1816 für den württembergischen Raum berechnet worden – nur scheinbar eine harmlose Zahl, hinter der sich für eine Agrargesellschaft ohne größere Rücklagen in Wahrheit viel Unheil verbirgt. Schon die Menge an Saat- und Pflanzgut für das Folgejahr musste man zusätzlich abziehen. Auch konnten die Ausfälle von Ort zu Ort recht unterschiedlich sein, kritisch etwa in Ohmenhausen auf der Schwäbischen Alb: Beim Dinkel fehlte hier die Hälfte des erforderlichen Bedarfs, bei den Kartoffeln fuhren die Bauern zwei Fünftel zu wenig ein. Die Getreidepreise schnellten nach oben, Krankheiten griffen um sich, vor allem unter Säuglingen und Kindern. Selbst der weltweite Siegeszug der Cholera mag durch den Ausbruch des Tambora zumindest begünstigt worden sein. Von bitterstem Hunger und großer Verzweiflung ist allenthalben die Rede. Billiger als früher war hier und da das Fleisch zu haben. Ein seltsamer Widerspruch? Bloß auf den ersten Blick: Weil sie dringend Geld zum Brotkaufen benötigten, versetzten etliche Bauern ihr bisschen Vieh auch unter Wert. Dass inmitten der trüben Witterung und als bewusste Reaktion darauf Meisterwerke der romantischen Kunst entstanden, Gemälde von Caspar David Friedrich ebenso wie Mary Shelleys *Frankenstein*, ist häufig schon erzählt worden. Anlass zu Romantik im heutigen Verständnis des Wortes aber gab es in diesen tristen Jahren kaum.

Das Elend im Gefolge der Tambora-Kälte erreichte in den Monaten April bis Juni 1817 seinen Höhepunkt. Verbliebene Vorräte waren aufgezehrt, die

Preise für manche Lebensmittel versechsfachten sich, jeder zweite darbte, regional sogar mehr: Achtzig Prozent sollen in einzelnen Orten der Schwäbischen Alb ohne Nahrung gewesen sein. Es kam zur schlimmsten Hungerkrise des 19. Jahrhunderts. Moos wurde gegessen, Brot mit Sägemehl, Baumrinde und Stroh gestreckt. Brennnesseln und Gras galten für Gemüse, auf den Tisch kam Fleisch mit Ekelfaktor: Stücke von Katzen, Ratten, Fröschen und länger schon verendeten Pferden. Den Buchmarkt überschwemmten rasch aufgelegte Schriften mit Empfehlungen zu essbaren Wildpflanzen, trotzdem erhöhte sich die Zahl der Sterbefälle gegenüber dem Vorjahr um ein Fünftel.

Beim Hunger blieb es nicht allein. Weil in den tiefen Lagen der Alpen über Jahre hin Unmengen an Schnee gefallen, der Kälte wegen aber nie richtig abgetaut waren, schmolz im ersten wieder warmen Sommer von 1817 das winterliche Weiß in gewaltigen Massen. Der Bodensee stieg auf Rekordniveau – für sehr lange 89 Tage.

Manch einen habe die Krise von Neuem das Beten gelehrt, notierte ein Zeitgenosse, katholische Kirchgänger sahen in der Not eine göttliche Strafe für die Säkularisation, die Aufhebung der Klöster und das ungeliebte Verbot althergebrachter Wallfahrten. Auf einer Gedenkmünze war die Umschrift zu lesen: „Gottes Hand schlägt das Land." Die amtskirchenkritische Laienbewegung der schwäbischen Pietisten bereitete sich unter dem Eindruck des Elends auf die nahende Endzeit und die Emigration nach Russland vor; dort wollten die Bekehrten den von Osten kommenden Heiland bei seiner Wiederkunft begrüßen. Trotzdem: In offiziellen Kirchenkreisen blieb die Bedeutung straftheologischer Auslegungen gering. Die große Zeit der strengen Buß- und Mahnreden von der Kanzel herab neigte sich erkennbar ihrem Ende entgegen, wenig in dieser Richtung ist während der Krise von den bedeutenden Predigern etwa im protestantischen Württemberg zu hören gewesen.

Rettung brachten der Herbst 1817 und sein insgesamt guter Fruchtertrag. Überall im Land wurde der jeweils erste einfahrende Erntewagen begeistert begrüßt, es erschienen gedruckte oder gemalte Gedenkbilder sowie Messingmünzen – sogenannte Hungertaler – zu diesem freudigen Ereignis. „Oh gieb mir Brod mich hungert", so umlief die Schrift auf dem Avers das Bild einer Mutter mit ihren bettelnden Kindern; die Rückseite spendete Trost: „Verzaget nicht, Gott lebet noch." Ob aus Stuttgart oder Ulm, aus Esslingen oder Biberach, aus Schwäbisch Gmünd oder Schnaitheim im Brenztal und etlichen anderen Orten mehr – alle diese Bilder und Medaillen ergäben, im Museum nebeneinander gehängt und gestellt, ein eindrückliches Panoptikum von Erlösung und Glück nach langem Darben. Zu ergänzen wären sie zudem durch die winzigen Hungerbrote und Kreuzersemmeln der Krisenmonate sowie durch Ährenbündel der Ernte von 1817, die damals zum Gedenken an die Leidenszeit aufbewahrt wurden. Auch die Amtskirche ließ sich wieder deutlicher vernehmen, jetzt doch mit vorsichtig formulierter Straftheologie, vor allem aber mit Dankpredigten, einem barmherzigen Gott zur Huldigung für den reichen Ertrag.

Die Not setzte einiges in Bewegung. Ob die Geschichte stimmt, das Laufrad des Karl Drais sei als Ersatz für die massenweise verendeten Pferde freudig aufgenommen worden, mag dahingestellt bleiben. Anderes ist unbestritten: Wilhelm I. von Württemberg, der *rex agricolarum*, der König der Bauern, regte im Gefolge der Tambora-Kälte die Gründung einer landwirtschaftlichen Vereinigung an, die Jahrs darauf erstmals das Cannstatter Volksfest mit Wettbewerben ausrichtete. Es entstanden der karitative Württembergische Wohltätigkeitsverein, eine agrarische Versuchsanstalt und Akademie, die spätere Universität Hohenheim, sowie – als eine der frühesten Einrichtungen dieser Art in Deutschland – eine Hilfskasse, die dann zur Württembergischen Sparkasse wurde.

Eine unter vielen: Darstellungen wie diese von den ersten Erntewagen, die 1817 in Ravensburg am Bodensee feierlich eingeholt werden, gibt es aus etlichen Städten Süddeutschlands. Gute Erträge brachten Erleichterung nach der schweren Hungersnot im Gefolge der Tambora-Kälte.

Durch praktische Forschungen und finanzielle Sicherungsmechanismen sollten Nöte wie diese künftig verhütet werden.

Heute, zwei Jahrhunderte später, stellen solche heftigen Vulkaneruptionen die hochtechnisierten Zivilisationen des Westens vor ganz andere, aber gleichfalls gravierende Herausforderungen. Hunger und Teuerung der vorindustriellen Welt sind, solange die Krise nicht zu lange andauert, kaum mehr das Problem; die besonders verwundbare Achillesferse liegt nun woanders. Als im Frühjahr 2010 auf Island der Eyjafjallajökull ausbrach, lähmten seine Aschewolken den Flugverkehr in Teilen von Nord- und Mitteleuropa für mehrere Tage. Vorübergehend betroffen waren auch die Landeplätze in Frankfurt am Main, Stuttgart, Saarbrücken und Nürnberg, die Flugsicherungsbehörden verweigerten den Maschinen die Starterlaubnis, weil sie durch die Vulkanasche nur eingeschränkte Sicht der Piloten im Cockpit und Triebwerkausfälle befürchteten. Mit einem solchen Phänomen, erklärten Experten, sei die europäische Luftfahrt noch nie zuvor konfrontiert gewesen.

Die Parallelen in der Geschichte sind heute für Wissenschaftler und Historiker längst – soweit dies möglich ist – zu Lehren aus ihr geworden. In der zweiten Jahreshälfte 2014 spie eine kilometerlange vulkanische Spalte nordöstlich des isländischen Vulkans Bárðarbunga ihre Lava aus und fachte mit riesigen Mengen an Schwefelgasen die Sorge um eine Abkühlung des Klimas an. Als Blaupause für die Diskussion über potenzielle Gefährdungen dienten dabei die ungleich gewaltigere Laki-Eruption und der Winter von 1783 auf 1784; Geschichtsforschung über Naturkatastrophen wird in diesem Moment eine Zukunftswissenschaft und leistet wertvolle Beiträge zur Bewältigung kommender Krisen.

Jahre ohne Sommer in Europa würden auch einer schon mehrfach befürchteten Eruption sogenannter Supervulkane unter dem US-Nationalpark Yellowstone, in den südamerikanischen Anden und westlich von Neapel folgen. Mit ihren riesigen Magmakammern und bis zu fünfzig Kilometern Durchmesser haben diese „potenziell tickenden Zeitbomben", deren Ausbruch „überfällig" und in ihren Auswirkungen „apokalyptisch" sei, als „Gefahr aus der Tiefe" das Zeug zu „globalen Killern" – die Zitate entstammen den Medien, und keineswegs nur dem Boulevard. Die noch vielfach größeren Auswurfmengen eines Supervulkans im Vergleich zum Tambora würden den Himmel so stark verfinstern, dass eine mehrjährige weltweite Abkühlung um bis zu zehn Grad denkbar wäre; 1816/17 sanken die Temperaturen um geschätzte drei Grad.

Bei einer Katastrophe in dieser Dimension könnte sich selbst im Westen wiederholen, was die Menschen des frühen 19. Jahrhunderts während der Tambora-Kälte durchleiden mussten: Missernten, Teuerung, Hunger. Dieses Gespenst mag derzeit aus Mitteleuropa verscheucht sein; auf immer gebannt aber ist es nicht.

Erlebnisse, Erkenntnisse, Erfahrungen

Sieben Jahre vergingen nach den glücklichen Erntewochen des Spätsommers 1817, ehe das ohnehin für Hochwasser besonders anfällige Neckartal von der wohl schwersten Überschwemmung im Deutschland des 19. Jahrhunderts heimgesucht wurde. Regenreich waren die Herbsttage 1824, die Böden längst vollgesogen mit Nässe. Im Gefolge feuchtwarmer Luftmassen und nochmals starker Niederschläge, die 36 Stunden lang über Baden und Württemberg niedergingen, Ende Oktober dann das Desaster: Extreme Wassermengen liefen oberirdisch ab, die Pegelstände an Enz und Neckar, beinahe zehn Meter über dem normalen Wert, stellten 1784 noch in den Schatten. „Jetzt könne man sich", sagten die Leute zueinander, „eine Vorstellung von der Sündfluth machen." Insgesamt fast dreihundert Hochwassermarken in vielen Teilen des Südwestens erinnern an diese zerstörerischen Herbsttage von 1824, mehr als neunzig davon allein entlang des Neckars.

Hernach machten viele sich Gedanken, versuchten Erfahrungen und Lehren aus der Katastrophe zu ziehen, dachten mehr denn je nach über Vorsorge, Schadensbegrenzung und „die möglichen Sicherungsmittel". Der Stadtrat von Neckargemünd stellte Evakuierungspläne für künftige Hochwasser auf, das Direktorium des Neckarkreises untersagte per Verordnung, überfluteten Wohnraum wieder an der offenkundig exponierten Stelle des alten Hausplatzes zu errichten. Cannstatt verlegte sein Hospital bewusst in ungefährdetes Gebiet, und der anonyme Autor einer noch 1824 in Heidelberg erschienenen Schrift warb für die angepasste bauliche Konstruktion ufernaher Gebäude, für flussbegleitende Baumpflanzungen, lebendige Hecken und schließlich – „nach Aegyptischer Weise" – für die Aufschüttung künstlicher Hügel, auf die sich Betroffene im schlimmsten Fall retten konnten. Gelegenheit, die Wirksamkeit solcher Maßnahmen und Anregungen zu testen, hat es noch reichlich gegeben, zumal am Neckar. Zwischen 1844 und 1851 blieb nur ein einziges Jahr, 1846, ohne Überschwemmung; auch 1882 und 1893 kehrten die Fluten wieder.

Was Erfahrungen wert sind und welche fatalen Folgen umgekehrt ihr Fehlen haben kann, lehrt das Beispiel einer schweren Unwetterkatastrophe im Steinachtal bei Nagold am 30. Mai 1847. Ein heftiger Hagelregen ging nieder, in den Dörfern trug das rasch andrängende Wasser Balken und Steine von den Häu-

Friedlicher Fluss, zerstörerischer Fluss: Der Neckar bei Bad Cannstatt, von Untertürkheim aus gesehen, in normaler Höhe und während einer Überschwemmung Ende Mai 1817. Kupferstiche von August Seyffer aus dem ersten Jahrgang des *Württembergischen Jahrbuchs* von 1818.

sern fort, löste diese gleichsam nach und nach auf. Das Vieh verendete, der verstümmelte Leichnam einer ertrunkenen Frau wurde später drei Wegestunden entfernt in der Nagold gefunden.

Die Menschen waren nicht vorbereitet. Sie konnten es gar nicht sein, denn solche Niederschläge bei lokalen Gewittern verursachen unversehens in den Bächen kleinräumige, aber äußerst zerstörerische Sturzfluten. Auch das Unglück von 1847 kam sehr plötzlich. Eigentliche Frühwarnsysteme existierten keine, für ein Alarmschlagen mit den vorhandenen Mitteln ging alles viel zu schnell, wenig verstand man anzufangen mit den beobachteten Vorzeichen. „Das Gewitter mit furchtbarem Hagel war vorüber, und wir erholten uns so eben von dem ersten Schrecken, als sich plötzlich von Schietingen her eine weiße Staubwolke, das ganze Thal breit, erhob", so erinnerte sich bald darauf ein Augenzeuge, dem es – wie vielen anderen auch – unfassbar schien, wie rasend schnell sich die sonst so ruhige Senke in einen tobenden, tosenden Albtraum verwandelt hatte. „Wir wußten nicht, was das seyn sollte, doch bald hörte man Wasserrauschen und Gekrach der Balken, jetzt sah man, wie Wasserfluthen herabstürzten, immer Fuß hoch steigend."

In einer Zeit ohne Fernsprecher und ähnliche Kommunikationstechnik waren Dörfer und Städte vor allem bei der Reaktion auf sehr abrupte Natur-

katastrophen weitgehend auf sich allein gestellt. Es fehlte an gut organisierten, schnellen Melde- und Nachrichtendiensten. Zwar beschleunigten seit Mitte des 19. Jahrhunderts Eisenbahn und Telegrafie den Austausch, verbesserten die Möglichkeiten, Warnungen und Alarme zu übermitteln. Oft indes mangelte es an klaren Strukturen, wie mit einlaufenden Informationen effektiv umzugehen sei, wie sie bewertet, verarbeitet, umgesetzt werden sollten. Als am 12. Mai 1853 ein wolkenbruchartiger Gewitterregen im Filstal niederging, erfuhren die bislang noch verschonten Einwohner von Ebersbach zwischen Göppingen und Plochingen durch Zuruf aus dem letzten ankommenden Bahnzug, sie müssten aufpassen, müssten wachsam sein, oben im Tal habe sich etwas ganz Außerordentliches abgespielt. Größere Verbreitung scheint diese Nachricht dennoch nicht erlangt zu haben, recht geglaubt wurde sie wohl nicht.

Tatsächlich aber hatte sich sehr wohl Ungewöhnliches und Gefährliches ereignet. Mehrere Dörfer waren verwüstet. Sintflutartiger Regen und kräftiger Hagel fluteten die Straßen, die Bäche schwollen an, eine regelrechte Schicht aus Eiskörnern überzog die Felder. Ganze Familien hat das Unwetter vollständig ausgelöscht, Dutzende von Menschen starben, ertrunken in der Flut, erschlagen von den Trümmern einstürzender Häuser.

Eine so schmerzhafte Opferbilanz musste, zum Glück für die Betroffenen, ein halbes Jahrhundert später nach dem schweren Hagelschlag nicht gezogen werden, der den Kraichgau um Eppingen und die äußersten nordwestlichen Teile von Württemberg in der Nacht vom 30. Juni auf den 1. Juli 1897

Der Hagelschlag
in Württemberg
in der Nacht vom 30. Juni bis 1. Juli 1897.

Preis 10 Pfennig.

Ein Teil des Reinertrags ist für die Beschädigten in den Ober-
ämtern Heilbronn, Neckarsulm, Weinsberg und Oehringen bestimmt.

Erinnerungen an den verheerenden Hagelschlag im Sommer 1897: Die zeitgenössische Broschüre und eine von Schloßen durchlöcherte Schieferplatte aus der Kraichgaugemeinde Gemmingen lassen den Schrecken jener Sturmnacht erahnen, der in zahlreichen zeitgenössischen Dokumenten Ausdruck findet.

mit orkanartigen Sturmböen heimsuchte. Die Schäden aber waren gleichfalls immens und vor allem die Schrecken, die das Tosen der Eiskörner verursachte. Sicher war Niederschlag in dieser Form nichts völlig Unbekanntes, doch zwischen Ereignissen vergleichbarer Gewalt gingen Jahrzehnte ins Land. Die Hagelstatistik müsse in Menschenaltern rechnen, hatte wenige Jahre vor dem Kraichgauer Unwetter der württembergische Forstmann Carl Robert Heck in einer Untersuchung geschrieben; der Hagel, diese „treuloseste Naturerscheinung", sei mit Zeitreihen von sechs oder zehn Jahren nicht zu beschreiben und nicht zu begreifen. Auch seine Entstehung aus Gefrierkernen in Gewitterwolken war noch im späten 19. Jahrhundert nicht durchschaut. Kein Wunder, dass man sich im betroffenen Amtsbezirk Eppingen „wegen der Fremdartigkeit dieser Erscheinungen" erst einmal nur fassungslos zeigte: der ohrenbetäubende Lärm in der Dunkelheit, das Prasseln wolkenbruchartigen Regens und wuchtiger Hagelbrocken, die Dächer, Fensterjalousien und Scheiben zerschlugen, wie Gewehrkugeln durch Schieferplatten drangen und selbst schwere Falzziegel bersten ließen. Von Schloßen so groß wie kleine Brötchen wird berichtet, fast waagrecht habe der Wind den Hagel durch die verwüsteten Häuser gepeitscht, Glassplitter sausten meterweit in den Zimmern

herum. Hinter Möbeln und vorgehaltenen Matratzen suchten die Menschen Schutz. Als Schornsteine einzustürzen begannen, flohen etliche in die Keller, wurden von dort aber wieder vertrieben, als das Wasser kam. Von den Hügeln herunter und aus den Seitentälern rauschte es heran, überflutete Straßen und tiefergelegene Teile der betroffenen Ortschaften.

Anderntags, das Verderben wurde jetzt in seinem wahren Ausmaß sichtbar, begann man nach Vergleichen zu suchen. Ganze Armeeregimenter oder Hundertschaften Holzfäller hätten das Zerstörungswerk nicht gründlicher besorgen können, das ähnle ja einem Schlachtfeld, grausamen Spuren von hunderttausend Hunnen mit ihren Steppenrossen. „Nächst dem 30jährigen Krieg", notierte ein Zeitgenosse, „dürfte kaum einmal unser Unterland solch einen Schaden erfahren haben wie durch die Unglücksnacht vom 30. Juni auf 1. Juli!" Zur Behebung der Schäden wurde rasch die Herstellung von Ziegeln hochgefahren, mehr als eine Million Stück waren erforderlich, die Fehlstellen auf den Dächern zu schließen; vorläufig wird man sich, wie in solchen Fällen üblich, mit Stroh und Brettern beholfen haben. Einige Kraichgaugemeinden begingen den 1. Juli noch bis nach dem Zweiten Weltkrieg als Hagelfeiertag mit einem Gottesdienst, ehe auch dieser Schrecken und die Erinnerung daran nach und nach in Vergessenheit geriet.

Unter den Naturgewalten war und ist das Wasser, zumal als Sturzbach aus den kleinen Tälern, immer eine der tückischsten Gefahren, siehe die Steinach 1847, die Fils 1853 oder die vollgelaufenen Keller 1897 im Gefolge des Kraichgauer Hagelschlags. Wenn in Mitteleuropa Menschen durch Extremereignisse zu Tode kommen, dann meistens – neben Stürmen und Unwettern – bei Flutkatastrophen. Manch tragische Episode kennt auch das südliche Deutschland des 19. Jahrhunderts, jene etwa vom Unglück in Oppau bei Ludwigshafen. Dezember 1882: Föhn in den Alpen lässt den Schnee wegschmelzen, schwerer Regen kommt hinzu, im ganzen Südwesten treten die Flüsse über ihre Ufer. Binnen Tagen schwillt der Oberrhein zwischen Basel und Rheingau jäh an, bald führt er sein schlimmstes Hochwasser seit hundert Jahren. Die Dämme sind aufgeweicht, geben unter dem Druck der Flut nach. So auch in Oppau. Sicherungsmaßnahmen bleiben erfolglos. Die überschwemmten Häuser beginnen einzubrechen, gebaut sind sie aus billigem Material, aus einfachen, luftgetrockneten Lehmziegeln; die lösen sich im Wasser praktisch auf und werden nach der Katastrophe als wirklich lebensgefährlicher Baustoff verboten. Beim Versuch, zumindest den Kleinen zu helfen, sterben – „die gräßlichste Szene in dem Trauerspiel" – nach dem Kentern eines Nachens 32 Menschen, darunter siebzehn Kinder, im eiskalten Fluss. Ein Gedenkstein auf dem örtlichen Friedhof erinnert an sie, über ihre eingemeißelten Namen und Lebensdaten hinweg reitet der Sensenmann auf einer Woge.

Die Toten von Oppau bleiben nicht die einzigen Opfer. Rheinabwärts meldet Mainz, dies gleichfalls ein Spiegel der Verheerungen, der Strom treibe fortwährend die Leichen von Menschen und Tieren an der Stadt vorüber. Anderen beschert das Unglück lange anhaftende Uznamen. Der Schuhmacher Rudolf Schäfer rettet in Oggersheim mutig mehrere Kinder aus den Fluten und wird fortan im Ort nur noch der „Wasserschäfer" geheißen; im Rathaus von Neuburg, der Zuflucht seiner Mutter in der Not, kommt am 2. Januar 1883 ein Junge zur Welt, das „Wassermännel", später gefallen im Ersten Weltkrieg.

Was von alledem blieb, über den Verlust von Nachbarn und Freunden und Angehörigen hinaus, waren oft grausig einprägsame Bilder, Eindrücke, Erfahrungen. Das tote Vieh, das aufgedunsen unter dem Schlamm in tiefen Abflussrinnen lag, und die Hunde nagten an den hervorquellenden Eingeweiden; der Friedhof, zerfurcht vom Wasser, Särge und Skelette aufgedeckt, Grabmale über weite Strecken weggeschwemmt; die eben noch ertragreichen Felder, jetzt unter Schichten von Schlick und Schutt und Kies, knöchelhoch versandet und

Der Tod reitet auf einer Welle: Gedenkstein für die 32 überwiegend jungen Opfer der Hochwasserkatastrophe von Oppau bei Ludwigshafen, die am 2. Januar 1883 in den eiskalten Fluten des Rhein ertranken bei dem Versuch, sie aus dem überschwemmten Dorf zu evakuieren.

unfruchtbar auf Jahre hinaus. Ertrunkene fand man oft erst nach Tagen und Wochen beim Wegräumen der Trümmer, in Verwesung übergegangen, manche irgendwo entlang dem Bachufer auf einem Baum hängend.

Immer wieder enorm beeindruckt hat die Menschen, zumal im Maschinenzeitalter, wie vor dem Herandrängen der Naturgewalten selbst Technik und Großgeräte kapitulieren: Ein Unwetter am 1. Juni 1911 warf im Bahnhof von Plochingen einen leeren Personenzug um, in Altensteig ragte Ende 1947 – bei der Jahrhundertflut im Einzugsgebiet des Neckars – nur noch der Schornstein einer Dampflokomotive aus dem Wasser, bei Pforzheim riss es eine Autobahnbrücke weg, in Heidelberg schwammen riesige Bagger davon.

Oder hätte man es kommen sehen können?

Das Steinachtal 1847, das Filstal 1853: Es waren plötzliche Unwetterkatastrophen praktisch ohne jede Vorwarnung, Wolkenbrüche mit lokalen Jahrhundertfluten im Gefolge. Niemand konnte sie kommen sehen, und ob Gewitterwolken über dem einen Tal abregnen oder über dem anderen, das sind Zufälle, die sich von Stunde zu Stunde entscheiden. Es gibt keine Vorbereitung auf diese Art von Unglück, und es fehlt meist die Erfahrung. „Wir wußten nicht, was das seyn sollte", hat der Augenzeuge von 1847 zu Protokoll gegeben, als er die schon weithin sichtbare Gischt der Hochwasserwelle bei Schietingen beschrieb. Wie oft in seiner Geschichte ist ein und dasselbe Tal von einer derartigen Flut betroffen? Jahrzehnte, wenn nicht Jahrhunderte können vergehen zwischen solchen Extremereignissen, das Miterleben überspringt dann ganze Generationen. Wie also sollte historisches Lernen möglich sein, wie Gefahrenbewusstsein entstehen?

Natürlich gibt es auch den Fall, dass Menschen aus Erfahrung heraus ein Risiko erfassen und rechtzeitig die Flucht ergreifen; häufiger jedoch hätten sie es wissen müssen, ja haben es sogar gewusst und unterschätzten doch das eigentliche Ausmaß der Bedrohung völlig – selbst noch im 20. Jahrhundert. Zwei Beispiele: das Unglück am Ausgang der Boschenlochschlucht bei Freudenstadt, 6. Februar 1935, und das Ende der Bronner Mühle an der Schwäbischen Alb zwischen Fridingen und Beuron, 17. Oktober 1960. Nach schweren Regenfällen lösten sich Hänge, verschütteten und töteten mehrere Bewohner der betroffenen Gebäude. An Warnungen, eines Tages werde wohl der ganze Berg herunterkommen, hatte es hier wie dort nicht gefehlt, Spalten, Bodenrisse, kleinere Erdrutsche, alles war zuvor schon beobachtet worden. Es musste also passieren, die Frage war einzig, wann genau. Nur schlichte Gedenksteine erinnern an das

Bei der Zerstörung der Bronner Mühle zwischen Fridingen und Beuron durch einen Bergrutsch sterben drei Menschen unter einer halben Million Tonnen Gestein, Lehm und Kies. Aus einiger Entfernung wird das Poltern der Schuttrutschung als nächtliches Gewittergrollen fehlgedeutet.

zerstörte Forsthaus vor der Boschenlochschlucht und an die nicht wieder errichtete Bronner Mühle.

Und heute? Der einzelne Mensch stünde, gäbe es nicht geologische Dienste und Katastrophenschützer, dem Verhängnis nach wie vor ausgeliefert gegenüber. Eben weil die Erfahrung fehlt. Für Schüsse aus einem Jagdgewehr hat ein Anwohner die peitschenden Geräusche gehalten, die beim Reißen von Baumwurzeln entstanden, ehe Anfang Juni 2013 am steilen Mössinger Albtrauf ein Teil des Dachslochberges auf einer Breite von etwa fünfhundert Metern absackte. Auch hier waren heftige Regenfälle vorausgegangen, nach dem Böschungsbruch schob sich die Masse des Hangschutts gefährlich nahe an die Landhaus-Siedlung im Stadtteil Öschingen heran. Die Evakuierung war unvermeidlich. Wirklich aus dem Nichts habe es sie ereilt, und der erste Gedanke sei gewesen, es müsse ein Witz sein, so erinnerten sich Bewohnerinnen später an ihre Reaktion, als Feuerwehrleute das sofortige Räumen der Häuser veranlassten.

Ein Abschied auf immer aber soll es für niemanden in Öschingen sein. Die Menschen geben ihre Siedlung nicht auf, sehen den Ort als Heimat an und sagen: „Für mich ist es nie eine Frage gewesen, ob ich wieder in mein Haus zurückkehren werde."

Das Unglück am Ausgang der Boschenlochschlucht bei Freudenstadt, 6. Februar 1935. Eine Hangrutschung nach schweren Regenfällen verschüttet das Haus der Forstwartsfamilie Roh, das Ehepaar wird im Schlaf erdrückt, einzig der knapp 20-jährige Sohn verletzt gerettet.

Das Schicksal der Einsamen

Wo das Unglück gleichzeitig eine größere Gemeinschaft von Menschen trifft, wo es neben den Opfern auch Verschonte gibt, dort ist rasche Hilfe, ein schnelles kollektives Retten, Überwinden und Neubeginnen zumindest möglich. Mit vereinten nachbarschaftlichen Kräften kann den Bedrohungen und Folgen extremer Ereignisse begegnet werden.

Anders wenn das Schicksal die Einsamen ereilt und die, die keiner vermisst. Ein Felsvorsprung zwischen Burgalben und Rodalben nördlich von Pirmasens diente Anfang März 1743 zwei armen obdachlosen Familien und einem Fahnenflüchtigen als Unterschlupf, elf Menschen insgesamt. Sie wussten nicht, wie porös der Stein über ihnen war und dass es wohl über Winter weitere Frostsprengungen im Fels gegeben hatte; als ihr nächtliches Lagerfeuer den höhlenartigen Vorsprung erwärmte, lösten sich große Brocken und zerquetschten neun von ihnen teils bis zur Unkenntlichkeit. Nur ein Schwerverletzter entkam mit einem Säugling, fand Zuflucht in der nahen Mühle. Tags darauf entdeckten Jäger den Schreckensort, Rettungstrupps bargen die Überreste der entstellten Leichen. Für Jahrzehnte bot das Unglück ergiebigen Gesprächsstoff in den Stuben und Wirtshäusern des Umlandes.

Ausgelöst durch tagelange schwere Regenfälle: Vom steilen Öschinger Dachslochberg ging am Abend des 2. Juni 2013 rund eine halbe Million Kubikmeter Boden und Fels über der Landhaus-Siedlung ab. Der Vorfall ist typisch für die geologischen Gefahren, die überall im gesamten Albtrauf bestehen.

Auch weit draußen auf entlegenen Höfen und Weilern können etliche Stunden vergehen, ehe ein Verhängnis überhaupt von anderen bemerkt wird. Selten, aber dann mit verheerender Wucht haben Schneelawinen im mittleren Schwarzwald Bauernhöfe vernichtet, 1729 in der Vogtei Wildgutach, 1844 bei Furtwangen, beide Unglücksorte keine zwanzig Kilometer voneinander entfernt.

Die „schauerliche Schneelawine" vom Winter 1844, die im abgeschiedenen Wagnerstal unweit von Neukirch den stattlichen Königenhof des Bauern Martin Tritschler unter sich begrub und 17 Menschenleben forderte, hat sich den Schwarzwäldern (wie der Felssturz bei Rodalben lange Zeit den Pfälzern) tief in das kollektive Gedächtnis eingeschrieben. Sehr bald nach dem Drama verbreitete sich eine Lithografie des Vöhrenbacher Künstlers Casimir Stegerer – sie hängt bis heute hier und da in manchen Stuben –, auf der sehr genau die Details herausgearbeitet sind: der zerstörte Hof, zusammengedrückt wie ein Kartenhaus, nur noch Balken und verstreutes Mobiliar, tote Kühe, gegenüber der steile und kahle Berghang, von dem die Schneemassen abgegangen sind. Überall herrscht hektische Betriebsamkeit, Dutzende Männer mit Schaufeln und Hacken machen sich am Trümmerfeld zu schaffen, weitere eilen entlang

der Abbruchkante des Schneebretts herbei, Tote werden geborgen, nackt oder
nur mit einem Nachthemd bekleidet. „An der Beresina", verglich ein Augenzeuge das schaurige Bild mit den Schrecken des napoleonischen Russlandfeldzugs
von 1812, „mag es auch so gewesen sein."
Eines aber kann der farbige Stich in all seiner Dramatik nicht wiedergeben,
es entzieht sich weitgehend der Darstellbarkeit: dass nämlich in dieser stür-
mischen Winternacht einiges an Zeit verstreichen musste, bevor das Unglück
entdeckt und mit diesem ganzen Bemühen um Rettung begonnen wurde. Spätabends am 24. Februar 1844 gegen 23 Uhr ging die Lawine mit einer enormen
Schneestaubwolke nieder, doch erst Stunden später, gegen vier Uhr am nächsten Morgen, wurde eine Nachbarin dessen gewahr. Nur zwei kleine bewohnte
Häuser lagen in direkter Nähe zum Hof, das eine davon gehörte einem Uhr-
gestellmacher. Dessen beide Söhne waren hinübergegangen zu Tritschler, um
Karten zu spielen, jetzt suchte die Mutter sie dort, es stand Arbeit an. Anstelle
des Königenhofes fand sie einen Berg aus Schnee und Schutt, von den 24 Menschen im Haus überlebten nur sieben. Es dauerte, ehe in der Dunkelheit Hilfe
von den Nachbarhöfen geholt werden konnte, ein Kälteeinbruch erschwerte die
Rettung, der nasse Schnee gefror zu Eis. Mehrere Tage vergingen bis zur Ber-
gung der letzten Toten.

Auch hier die Frage: Hätte man es kommen sehen können? Und wieder die
Antwort: Nicht nur können, geradezu *müssen*. Erst regnete es in diesem Februar 1844 heftig auf den schon liegenden Schnee, dann ging der Niederschlag in
neue Flocken über. Am Unglücksabend kam Föhn auf, ein zunächst kleineres
Schneebrett rutschte ab, einige – die Frauen, wie es heißt – begannen, sich Sorgen zu machen. Der verhängnisvolle Steilhang oberhalb des Hofes war fast völlig entwaldet, gerodet von Tritschler selbst einige Jahre vorher; die Bedeutung
der Bäume als Lawinenschutz scheint ihm nicht klar gewesen zu sein. Seit dem
Kahlschlag stand da nur niedriges Holz, ein paar wenige verbliebene Stämme
dazwischen, insgesamt aber nichts, das die gewaltigen weißen Massen von bis
zu drei Metern Höhe irgendwie hätte festhalten können. Die Männer spielten
Cego, als die Lawine kam. Hundert Jahre später rückten sie damit in den Mittelpunkt eines moralisierenden Schwarzwälder Theaterspiels, *Die Königshütte*:
ihre nächtliche Kartenrunde ein lästerliches Gezeche, in das hinein der Schnee
mit all seiner Macht fährt. Als Gottesgericht.

Überhaupt: die Nacht. In so vielen Unglücksschilderungen der letzten Jahrhunderte spielt sie eine derart zentrale, furchtverstärkende Rolle, dass sie uns
noch nähere Betrachtungen wert sein muss. Die Zeitgenossen waren sich darin
einig, man habe gleichsam froh zu sein um jedes Unheil, das sich bei Tag ereig-

Die Lithografie von Casimir Stegerer illustriert die dramatischen Szenen nach der Zerstörung des Königenhofes, die nur sieben von 24 Menschen im Haus überlebten. Die verhängnisvolle Schneelawine war von dem völlig entwaldeten Hang auf der gegenüberliegenden Seite abgegangen.

nete, denn dasselbe Ereignis zur Schlafenszeit wäre in seinen Auswirkungen weit katastrophaler. Man denke an plötzliches Hochwasser, wenn entfesselte Fluten Häuser eindrückten und Menschen mitrissen. Im Notfall steigerte die gerade für Großstädter des 21. Jahrhunderts gar nicht mehr vorstellbare schwärzeste Dunkelheit dörflicher Nachtstunden die Verwirrung und den Tumult. Die Finsternis habe das Grauen zusätzlich vermehrt, heißt es nach der Überschwemmung des Eyachtals bei Balingen 1895, aber zum Glück auch manche gräßliche Szene verhüllt, von der man niemals erfahren werde, da der Mund dessen, der sie durchleiden musste, für ewig verstummt sei.

Das Drama war im unheimlichen Dunkel ja nur zu hören – die gellenden Schreie der Hilfesuchenden –, jedoch nicht zu sehen, außer Brände oder grelle Blitze erleuchteten, und sei es nur für Sekundenbruchteile, geisterhaft das Schreckensszenario. Rasch angesteckte Laternen verschafften allenfalls etwas Helligkeit, um sich unter Nachbarn helfen und das Schlimmste verhindern zu können. Vielleicht brannten draußen auf den offenen Plätzen hier und da Pechpfannen, eiserne Gefäße, deren Flammen ihr näheres Umfeld beleuchteten. Die aber konnten bei heftigen Niederschlägen die Verwirrung sogar noch steigern, so geschehen in der Nacht vom 29. auf den 30. Oktober 1824; dichter Qualm aus den nassen Pechpfannen beschwor in Nürtingen inmitten des Starkregens den irrtümlichen Schreckensruf herauf: „Feuer! Feuer!" (Ein Jahrhundert später, im Zeitalter des elektrischen Lichts, empfinden es viele Betroffene als besonderes Unglück, wenn durch Hochwasser oder Blitzschlag die Stromversorgung zusammenbricht und die Welt in Dunkel gehüllt ist.)

Alle ersehnten die Sonne des nächsten Morgens, obwohl sie wussten: Ein trostloses Bild der Verwüstung erwartete sie. In Versform gefasst hat diesen Moment ein Beobachter der Überschwemmung im nordwestlichen Württemberg während der Nacht vom 31. Juli auf den 1. August 1851, mit etlichen Toten im Raum Calw. „Wie es so nächtlich tobt und tost, / Wie sehnte man sich nach dem Tage! / Es kam der Tag, doch kam kein Trost / Vielmehr verdoppelt sich die Klage. / Das ganze Thal, so weit sie schauen / Deckt eine wilde trübe Fluth / Und all die Paradiesesauen / Verheert des Wassers tolle Wuth." Dann, ein paar Strophen weiter: „Die Sonne stieg, das Wasser fiel, / Allmählich schwieg des Stroms Getöse, / Doch war das Elend nicht am Ziel, / Jetzt erst ersah man seine Größe." Die Häuser beschädigt und durchnässt, Äcker und Gärten schlammbedeckt, die Straßen nur noch Matsch, Zäune weggerissen, ein Chaos aus angeschwemmtem Treibgut. Jeder beeilte sich, ängstlich nach diesem oder jenem zu fragen, ob es ihm gutgehe oder er verletzt sei, der Nachbar, der Freund, der nächste Verwandte. Die Nacht war vorüber, die fürchterlichsten Momente des Grauens wohl auch; welche Schrecken aber das Aufräumen noch mit sich brachte, das sollten die kommenden Tage und Wochen zeigen.

Die Stunde der Macher

Von individuellen Schicksalen und dem Los der Betroffenen geht der Blick jetzt weg und richtet sich hin auf die Ebene der Entscheidungsträger, der Fürsten und Landesherren, ihrer Regierungen und Verwaltungsbehörden. Keineswegs goutierte die Bevölkerung jede administrative Maßnahme gegen Extremereignisse, man sehe die ungeliebten Brandschutzvorschriften und die Auseinandersetzung um das vertraute Wetterläuten. Gleichzeitig aber wurde (und wird) den Behörden in zunehmendem Maße eine gewisse Tatkraft und Entschlossenheit abverlangt. Denn je weiter die Erwartungen an ein direktes Eingreifen Gottes in das Geschehen auf dieser Welt schrumpften, desto mehr rückte bei Katastrophen und Krisen das menschliche Mitverschulden in den Blick.

Hunger etwa wurde nun nicht mehr zuerst als eine Strafe des Allmächtigen verstanden, sondern als Regierungsversagen und – um mit dem Kulturhistoriker Wolfgang Behringer zu sprechen – als Folge von Missmanagement. Das Elend war schließlich zu verhindern: Staaten und Städte mussten während besserer Tage einfach größere Vorräte für etwaige Notjahre anlegen. Insoweit galt es nicht nur als Testfall, sondern zugleich als Triumph der Aufklärung, wenn dank ausreichend gefüllter Depots über die eiskalten und schneereichen Wintermonate von 1740 hin kein Versorgungsengpass in Deutschland entstand.

Fürst, Staat, Regierung: In schlechten Zeiten konnte eine entschlossen auftretende Herrschaft durch Handlungswillen auch ihre Unentbehrlichkeit unter Beweis stellen. Bewährte sie sich, erhielt sie im Gefolge von Katastrophen die Chance, ihren Einfluss, als Krisenprofiteur gewissermaßen, vor allem nach innen entscheidend auszuweiten. Mit gestärkter politischer Autorität und Macht ging sie dann aus dem Verhängnis hervor. Selbst auf kommunaler Ebene haben

In der Nacht zum 1. August 1851 wird das Nagoldtal bei Calw von einer schweren Überschwemmung heimgesucht, ausgelöst durch einen fast zwölfstündigen Wolkenbruch. Die Flut reißt mehrere Häuser ein, neun Menschen verlieren ihr Leben.

manche Obrigkeiten das mit Erfolg betrieben, augenfällig in der Reichsstadt Straßburg gegen Ende des Mittelalters.

Hauptsächlich aber die frühmodernen Staaten bedienten sich dieser Strategie. Das gelang ihnen, weil sie insgesamt einfach über beträchtlichere Mittel und Möglichkeiten verfügten, den Einsatz von Militär eingeschlossen. Die praktische Hilfe, die sie zu leisten in der Lage waren, ging erheblich über das hinaus, was einzelne Kommunen vermochten. Allein auf sich selbst gestellt, wären Städte und Dörfer nach Großbränden, Hochfluten, Hagelstürmen oder stärkeren Erdbeben der Unglücksfolgen kaum Herr geworden. Überlegene materielle, logistische und administrative Ressourcen haben Historiker den Staatsgewalten demgegenüber bescheinigt. Erfolgreich angewandt, hebelten sie damit – siehe das Beispiel Brandschutz und Bauordnung – bisherige lokale Rechtssatzungen aus und rückten stattdessen landesweit geltende Bestimmungen an deren Stelle.

Am Morgen nach der Katastrophe bietet sich den Menschen in Calw ein Bild der Verwüstung. Beide Darstellungen nach zeitgenössischen Lithographien erschienen 1927 in den *Blättern des württembergischen Schwarzwaldvereins*.

Der Staat wurde zum Macher. Als seine fortan ureigenste Aufgabe gelangte die Abwehr von Naturgefahren seit dem späten 18. und endgültig dann im
19. Jahrhundert nahezu vollständig in die Zuständigkeit zentraler Behörden auf
Länder- und schließlich Bundesebene. Sie gewähren Steuernachlässe, stellen
Wiederaufbauhilfen bereit, können Versorgung garantieren. Und sie besitzen
die Handhabe, über örtliche Einzelinteressen hinaus effektive Hilfsprojekte mit
entsprechend großer Reichweite anzustoßen und durchzuführen.

Vor allem auch baulich. Die unter Leitung des badischen Ingenieurs Johann Gottfried Tulla begonnene Rheinkorrektion zwischen 1817 und 1879
bereitete, indem sie das zuvor chaotisch ausgreifende Bett des Stroms auf fast
dreihundert Kilometern Länge begradigte und seinen Wassermassen schnellen
Ablauf verschaffte, den Überschwemmungen und Verschiebungen entlang seinen Ufern weitgehend ein Ende. Sümpfe und seichte Flussarme als Seuchen-
herde wurden trockengelegt, die Schifffahrtswege verbessert, neue Ackerflä-
chen gewonnen. Auf Empfindlichkeiten einzelner Dorfgemeinschaften und
gewisse lokale Widerstände konnte ein derart ambitioniertes Projekt wenig
Rücksicht nehmen. Einige von Tullas Bauleitern bekamen die Folgen dieser
schroffen Basta-Politik zu spüren. Wo sie den Fluss in ihren Planungen von
einem Ort weiter als bislang wegrückten, erhielten sie Lob und Schulterklop-
fen; Prügel hingegen dort, wo sein Ufer näher an die bestehende Bebauung
herangeführt werden sollte.

Tullas Projektidee war technisch auf der Höhe ihrer Zeit, eine ausgezeich-
nete Ingenieurleistung, und einige hätten sich besser noch im 20. Jahrhundert
an die ursprünglichen Pläne gehalten. Stattdessen wurde im Zuge des Ober-
rheinausbaus ein Gutteil der absichtlich belassenen Überflutungsflächen für andere Zwecke kassiert. Hochwasser ganz und dauerhaft aus der Welt schaffen zu
wollen erwies sich freilich auch nach der Korrektion als vergebliche Hoffnung,
schwere Fluten belegten das 1876 und besonders schlimm über die Neujahrstage
von 1882 auf 1883. Die Dammbauten haben bei der Tieferlegung des Flussbettes
vereinzelt sogar neue Gefährdungen geschaffen, während sie altbekannte ver-
minderten. Insgesamt aber wurde Tullas Projekt für das benachbarte Württemberg zur Blaupause. Nach der Missernte von 1816 und den Erfahrungen eines
schweren Neckarhochwassers im Mai 1817 begannen die Schwaben – eine von
vielen Maßnahmen, die ihr König Wilhelm I. förderte, damit sein Land künftig
besser gewappnet sei – mit der Kultivierung des Donautals, mit dem Strecken
und stärkeren Eintiefen des Flusses, sieben Jahrzehnte lang, von 1820 bis 1889.

Erleichtert wurde das alles, weil die Natur, weitgehend säkularisiert durch
die Ideen der Aufklärung, schließlich aufhörte, Gottes Sühnewerkzeug zu sein.

Zumindest für die tonangebenden Entscheidungsträger war sie bald ganz von dieser Welt, ein wilder und wütender äußerer Feind. Diesem Feind hatte sich die menschliche Gemeinschaft einmütig entgegenzustellen, hatte dessen Chaos zu bändigen und durch planmäßige Ordnung zu ersetzen. Es entstand das Bild einer zähen Abwehrschlacht, mit der Technik als eigener Geschützstellung und der Natur als zu unterwerfender Gegnerin. Wo vorher Gott seinen Zorn über die Erdenbewohner ausgetobt hatte, tat *sie* es nun – als gleichsam personifiziertes, autonomes Individuum mit Eigenleben und Berechnung. „Die Elemente hassen das Gebilde aus Menschenhand", hieß es jetzt, wenn Fluten Brücken einrissen oder Erdbeben Mauern sprengten; sie rufen nach Rache, fordern alte Rechte zurück, schrecken mit Drohgebärden und streben – als seien sie „mit Sinn und Willen begabt" – bewusst danach, durch möglichst verheerende Schäden ein Andenken an ihre Grausamkeit zu stiften. Gingen aber Jahre ohne größere Extremereignisse ins Land, so waren die Urkräfte offenkundig „ermattet", die gegen die Welt und die Werke des Menschen anstürmende Natur hielt in ihrem Zerstörungswerk inne.

Katastrophen werden zur Nagelprobe für die Effektivität einer Verwaltung. Heftige Kritik geht auf die Behörden nieder, wenn sie in einer Gefahrensituation versagen. Zugleich schlägt die Stunde entschlossener Führungspersönlichkeiten. Selten direkter und wirkungsvoller als in solcher Situation bot sich dem Herrscher selbst die Möglichkeit, Tatkraft unter Beweis zu stellen und als persönlich sorgender Landesvater vor sein Volk zu treten; er durfte sich dafür später in servilen Jubelworten beweihräuchern lassen, durfte lesen vom Balsam des Trostes, den er huldvollst geträufelt habe in die tiefen Wunden seiner Landeskinder.

Auffallend häufig standen die Herzöge von Württemberg im Mittelpunkt dankbarer Erinnerungen und verklärender Lobpreisungen, angefangen bei Ulrich, der während eines schweren Hochwassers in Stuttgart 1508 mit seinen Reitern viele Menschen aus den mannshohen Fluten gerettet haben soll. Die ganze Nacht keinen Schlaf und am Essen keinen Geschmack habe er gefunden, schildert über hundert Jahre später der Diakon Johann Valentin Andreae die anteilnehmende Reaktion von Herzog Johann Friedrich bei seinem Besuch im brandgeschädigten Vaihingen 1617, „und da er nicht länger verweilen mochte, schied er am folgenden Mittag wie ein Trauernder, nachdem er seine Güte noch reichlich gespendet und Hilfe zugesagt hatte".

Die Phantasie seiner Untertanen beschäftigte vor allem Herzog Karl Eugen. Dieser entschiedene Modernisierer des Brandschutzes im 18. Jahrhundert erließ eine Feuerlöschordnung für ganz Württemberg und regelte auch detailliert die Stafette, durch die er über jeden Stadtbrand umgehend unterrichtet werden wollte, denn gemäß seinem Selbstverständnis als Landesvater im wörtlichen Sinne sah er in einem solchen Fall „die Häuser seiner Kinder" in Flammen stehen. Nach Möglichkeit erschien er, von einem Korps Soldaten begleitet, zu Pferde am Brandort und griff, so 1750 in Nürtingen, selbst in die Organisation der Rettungsmaßnahmen ein; während des großen Feuers in Göppingen 1782 soll er beim Löschen gar eigenhändig mit zugelangt haben. Diesem „besten, zärtlichsten und weisesten Landesvatter", als der sich Karl Eugen feiern ließ, eilte schließlich der übermenschliche Ruf voraus, er könne allein durch Segenssprüche an der Brandstätte den Flammen Einhalt gebieten.

Ähnlich pathetisch die Zuschreibungen der Zeitgenossen an Wilhelm I. von Württemberg beim Neckarhochwasser im Frühjahr 1817, von dem das Herrscherpaar selbst während der Dunkelheit in seiner Villa Bellevue an der Wilhelma überrascht wurde. „Wie ein Engel des Himmels", heißt es aus Cannstatt, „erschien gleich am Morgen nach der ersten, angstvollen Nacht unser edler König vor unserer Stadt, ließ sich auf einem Fischerkahne in die Wohnung des Oberbeamten führen, und drückte hier nicht nur auf die rührendste Weise die Theilnahme seines menschenfreundlichen Herzens aus, sondern gab auch die tröstlichsten Versicherungen zur Milderung des Unglücks." Aus seiner Privatschatulle ließ Wilhelm der Stadt zweitausend Gulden zukommen, und diese ganze Schilderung gleicht einer quasi modernisierten Form von mittelalterlichem Herrscherlob: das Heilserlebnis, das Hintanstellen hierarchischer Schranken im Augenblick der Not – der König im Fischerkahn! –, das Anpackende wie das Emotionale, Entschlossenheit und Empathie, der Regent, der mitleidet, hilft und führt.

Wo er persönlich zum Wohltäter seiner Untertanen wird, wo er ihnen gar erlaubt, ihr heimgesuchtes Dorf an anderem, sichererem Platz neu zu errichten, dort huldigen sie ihm und machen ihn zum Namenspatron ihrer Ortschaft: Huttenheim, ehemals Knaudenheim und als solches 1758 dem Rhein zum Opfer gefallen, benannt nach einem Speyerer Fürstbischof; Karlsdorf bei Bruchsal, zugeeignet dem Großherzog Karl von Baden, der 1813 den Umzug vom überschwemmten Dettenheim hierher erlaubt hat; die Siedlung Ludwigsau in Roxheim bei Worms, damals zur bayerischen Rheinpfalz gehörig, nach dem Winterhochwasser von 1882/83 als Ersatz für ein komplett verwüstetes Dorfviertel geschaffen und auf den sogenannten Märchenkönig getauft.

Dass der Fürst, später der Staatspräsident „in eigener Person" zum Ort des Unglücks eilt, mindestens aber seine Minister schickt, Beileidstelegramme übermittelt, materielle Unterstützung zusagt und auch öffentlich zu Spenden aufruft, all das zählt mithin in der Krise längst zum Standardrepertoire auf der politischen Agenda. Ob Württembergs König Wilhelm II. nach einem Hochwasser in Balingen 1895 – und Tränen sollen ihm in den Augen gestanden haben – sofortige Hilfe für das einzig überlebende Kind einer ausgelöschten Familie versprach, ob er sich, im Sonderzug angereist, durch die Trümmer des 1904 niedergebrannten Dorfes Ilsfeld führen ließ: Handeln und Gebaren folgten immer vergleichbaren Mustern. Seine Anwesenheit habe die schwer heimgesuchten Menschen beruhigt, hieß es nach einem Besuch des württembergischen Staatspräsidenten Eugen Bolz im unwettergeschädigten Sulz am Eck zu Pfingsten 1932; sie hätten dadurch das Vertrauen gewonnen, dass die Regierung sich um ihre Nöte kümmern werde. Auch Adolf Hitler, seit sieben Monaten an der Macht, begab sich im September 1933 in das eingeäscherte Kraichgaudorf Öschelbronn und konnte anschließend die angeordneten Hilfsmaßnahmen propagandistisch ausschlachten.

In demokratischen Staaten ist es heute für politisch Verantwortliche sogar zum Risiko geworden, auf Naturkatastrophen nicht angemessen zu reagieren. Sie profilieren sich durch Engagement, disqualifizieren sich aber, wenn sie kein tatkräftiges Krisenmanagement erkennen lassen. Helmut Schmidt brachte seine Entschlusskraft während der Sturmflut 1962 den Ruf des „Machers" ein, dem zielbewusst auftretenden Gerhard Schröder attestierte ein Leitartikler „Leadership in Gummistiefeln". Den amtierenden Kanzler trug dieses Schuhwerk zuerst über die von der Jahrhundertflut durchweichten Elbdeiche und danach zu einem denkbar knappen Sieg bei der Bundestagswahl 2002.

Von den Albbeben bis Lothar:
Wie extrem war das 20. Jahrhundert?

Wer das Typische des 20. Jahrhunderts in Europa auf eine einzige aussagekräftige Formel bringen will, dem bieten sich unterschiedlichste Perspektiven und – je nachdem, wie er die Fragestellung wählt – vielfältige Ausgangspunkte für seine Bilanz.

Es kann verstanden werden als ein Jahrhundert bestimmter sozialer Gruppen und Schicksalsgemeinschaften, seien es die Frauen oder die Vertriebenen in allen Ländern; als ein Jahrhundert der Medien, ihrer Bilder wie auch ihrer Lügen; als ein Jahrhundert der Ideologien, der Weltanschauungskonflikte und der Schrecken, die ihnen folgten. Der marxistische britische Historiker Eric Hobsbawm sprach, indem er diese enorme Bandbreite inhaltlich verdichtete, vom Zeitalter der Extreme. Weltpolitisch ein griffiges Schlagwort, das der weit geöffneten Schere von Wohlstand und Freiheit hier versus Elend und Unterdrückung da Ausdruck verleiht; darüber hinaus stellte Hobsbawm ausgesprochen düstere Prognosen für das kommende 21. Jahrhundert und riet zu einem gehörigen Schuss Pessimismus.

Im ersten Moment, wenn über die großen Hochwasser des späten 20. Jahrhunderts gesprochen wird, über verheerende Stürme wie Wiebke und Lothar, über die Erdbeben auf der Zollernalb, über volkswirtschaftliche Schäden durch Naturkatastrophen von mehr als 34 Milliarden Euro in Deutschland allein zwischen 1970 und 2004 – wenn also über all dies gesprochen wird, ließe sich selbst mit Blick auf Baden-Württemberg ebenfalls an ein Jahrhundert der Extreme (im Sinne von Extremereignissen) glauben. Wie viele Bücher, Aufsätze und Zeitungsartikel wurden in jüngerer Zeit nicht eingeleitet durch nur leicht verschieden formulierte Varianten des immer gleichen Gedankens: „Verheerende Schadensereignisse nehmen seit einigen Jahrzehnten in Mitteleuropa deutlich zu." Doch zu Recht? War das Jahrhundert, das hinter uns liegt, wirklich so außergewöhnlich?

Der letzte Stadtbrand

In diesem umwälzenden 20. Jahrhundert verstand der Mensch mehr denn je sich gegen Naturgefahren abzusichern und dem Desaster mit modernen Mitteln – baulich, verfahrenstechnisch, organisatorisch – zu begegnen. Nie vorher waren die Möglichkeiten und war auch der Glaube an den selbst geschaffenen Katastrophenschutz ausgeprägter. Umso tiefer indes wirkt das Krisengefühl und sitzt der Schock, wenn sich diese Sicherheitserwartung im letztlich doch völlig hilflosen Moment des Unglücks als Illusion herausstellt.

Die Deutung von Extremereignissen nimmt im vergangenen Jahrhundert ebenfalls eine grundsätzliche Wendung. Bis nach dem Zweiten Weltkrieg sind die mächtigen Naturgewalten feindliche Kräfte, zerstörerische Widersacher des Menschen, der mit seinen schwachen, aber durch kluge Technik unterstützten Fähigkeiten einen verzweifelten Kampf gegen das drohende Unheil führt. Je ausgeklügelter diese Technik, so die optimistische Hoffnung, desto gewisser der Triumph über die Gefahren. Spätestens um das Jahr 1970 dann dreht sich in Teilen der westeuropäischen Gesellschaft das Bild. Fortschrittskritik kommt auf. Jetzt ist es die in menschlicher Verantwortung stehende Technik selbst und mit ihr der naive Glaube an eine grenzenlose Machbarkeit, die hausgemachte Katastrophen heraufbeschwört, die Überschwemmungen nicht eindämmt, sondern verstärkt, die Bodenerosion und Landschaftsvernichtung nicht verhindert, sondern potenziert.

Ein Verteufeln der erarbeiteten Erfolge gegen Naturgewalten wäre jedoch nur die halbe Wahrheit oder weniger als das. Auch wer dieses 20. Jahrhundert als Zeitalter der Extremereignisse begreifen will, wird das anerkennen müssen. Hochwasserdämme, Rückhaltebecken und Auflagen für erdbebensicheres Bauen haben (nebst dem massiven Einsatz von Stahl und Beton) Leben gerettet und materielle Werte erhalten. Nirgends kann die Rede sein von absoluter Sicherheit, da es diese nicht gibt; wohl aber von technischen Errungenschaften in der Abwehr durchschauter Naturgefahren.

Eines der Sinnbilder tödlicher Urgewalten in Mitteleuropa hat sogar ganz aus dem Kanon der wiederkehrenden und verheerenden Übel gestrichen werden können. Ohne dass das Feuer selbst etwas von seiner vernichtenden Kraft eingebüßt hätte, so sind doch jene Großbrände heute Vergangenheit und eigentlich gar nicht mehr vorstellbar, wie die mittelalterlichen Holzstädte sie regelmäßig erleiden mussten. Zement und Ziegel traten als Werkstoffe an die Stelle von Balken, Flechtwerk und Dachschindeln; dank der Organisation und Ausbildung professionalisierter Feuerwehren wie auch ihres modernen Rüstzeugs lassen sich zudem ganz andere Löscherfolge erzielen als mit den Ledereimern des Mittelalters. Der klassische Stadtbrand ist aus Europa verschwunden, ist unter den Unglücken auf Dauer so besiegt wie es die Pocken unter den Krankheiten sind. Kaum jemand hätte diesen Erfolg zu Beginn des 20. Jahrhunderts vorhergesagt. 1904, in einem trockenheißen Sommer, brennt es noch verschiedentlich im Südwesten. 4. August: Ilsfeld bei Heilbronn steht in Flammen; zwei Drittel seiner Einwohner verlieren ihr Heim, ein Mensch stirbt. Kinder haben mit einem Spirituskocher gezündelt. Anderthalb Monate darauf, 17. September: Binsdorf vor der Schwäbischen Alb büßt, weil starker Wind die Flammen eines Hausbrandes gegen benachbarte Anwesen treibt, jedes dritte Gebäude ein.

Schließlich vier Jahre später, 5. August 1908: Großfeuer in Donaueschingen, der letzte Stadtbrand alter Façon in Deutschland während Friedenszeiten, mit Hunderten von Obdachlosen. Wieder ein sehr heißer Tag nach langer Trockenheit, die Scheunen und Speicher vollgestopft mit Stroh, ausgedörrt die Schindeldächer, den machtlosen Feuerwehrleuten steht kaum Löschwasser zur Verfügung. Fünf Stunden dauert es, dann ist ein Drittel der Häuser zum Raub der Flammen geworden. Eindrücklich die Schilderung des evangelischen Stadtpfarrers Karl Bauer über seine Empfindungen in der brennenden Stadt, festgehalten

Die Karlstraße in Donaueschingen brennt. Das Großfeuer vom 5. August 1908 legt fast dreihundert Gebäude in Asche, 221 Familien werden obdachlos. Mehr als 1700 Feuerwehrleute, Angehörige von Löschmannschaften und Militär kämpfen viele Stunden gegen die Flammen.

in einer Predigt: „Das Bild, das ich dort gesehen habe, werde ich nie vergessen: die brüllenden Rinder und Kühe, die längs der Straße an Bäume gebunden waren, – die irrenden Frauen und die klagenden Kinder auf dem Wege, die außer dem Leben und dem, was sie auf dem Leibe trugen, nichts gerettet hatten, – die Handwagen auf dem freien Felde, auf denen spärliche Habe, den Flammen entrissen, aufgespeichert war, – die Flüchtlinge, welche auf dem Kirchhofe in Sicherheit brachten, was sie gerade noch hatten mitnehmen können, – und im Hintergrunde die brennende Stadt, die sich unheimlich von dem düsteren Gewitterhimmel abhob und in der immer wieder von einem anderen Dache eine Feuergarbe emporschlug, – dazu der fürchterliche Sturmwind, der in die Flammen blies und das Feuer überallhin zu tragen drohte."

Glück im Unglück: In die Brunst hinein beginnt es stark zu regnen und zu hageln, durch die Nässe wird sie eingedämmt und bleibt auf einen Teil der Stadt begrenzt. Todesopfer gibt es in Donaueschingen keine, Pfarrer Bauer spricht von einem wahren Wunder, das es jedoch nicht ist, sondern eigentlich der häufigere Fall selbst bei größeren Brandkatastrophen. Auch wenn es später noch dann und wann in den weniger geschützten und feuertechnisch unzureichend ausgestatteten Dörfern verheerend brennt, 1933 im badischen Öschelbronn, 1947 im schweizerischen Stein im Toggenburg, büßen Menschen zwar ihre Habe ein, verlieren das Dach über dem Kopf, nicht aber ihr Leben.

Seismologische Peanuts und Erdbabys

Ganz ähnlich die Bilanz der Erdbeben während der letzten sechs Jahrhunderte. Rund dreizehntausend davon haben Forscher, gestützt auf alle verfügbaren Nachrichten – Chroniken und Annalen in älterer Zeit, Presseberichte und Protokolle in neuerer –, für Deutschland und seine Randgebiete seit dem Jahr 800 katalogisiert. Besonders gravierend indes waren und sind die Gefahren im europäischen oder gar globalen Vergleich hier nicht. Im Gegenteil. Salopp hat ein Experte die meisten deutschen Beben nach internationalen Maßstäben als „seismologische Peanuts" bezeichnet, und die Wahrscheinlichkeit ist verschwindend gering, im Mitteleuropa nördlich der Alpen bei einem solchen Ereignis zu sterben. Seit dem 15. Jahrhundert verlor wohl kaum mehr als eine Handvoll Menschen auf deutschem Boden durch die direkte Wirkung von Erdstößen ihr Leben, und nichts deutet momentan darauf hin, dass diese Zahl in Zukunft noch wesentlich steigen wird. Insoweit stimmen Wirklichkeit und Wahrnehmung durchaus überein, wenn laut einer Untersuchung aus dem

Jahre 2007 nur 38 Prozent aller Befragten Erdbeben hierzulande als echte Bedrohung betrachten.

Dennoch kommt es immer wieder zu heftigeren Erschütterungen, die nennenswerte Schäden anrichten und Menschen in Panik versetzen. Südwestdeutschland gehört innerhalb der heutigen Bundesrepublik zu den seismisch aktivsten Regionen, sowohl was Stärke als auch Häufigkeit von Erdstößen anbelangt. Hier muss mit Beben bis zur Magnitude 7 gerechnet werden, die schwächere Bauten zum Einsturz bringen und selbst stabilere Häuser schwer beschädigen können.

Eines der Zentren ist seit jeher der Rheingraben, flankiert vom Westhang des Schwarzwaldes hüben und den Ostvogesen drüben. Erwähnenswert die südbadischen Kaiserstuhl-Beben zwischen 1882 und 1899 – bei letzterem entstand an den Uferbauten des Rheins ein 25 Meter langer, fußbreiter Riss – sowie die Erdstöße bei Rastatt 1933, Karlsruhe 1948, Ludwigshafen 1952 und südlich von Darmstadt 2014.

Zum weiteren Schwerpunkt wurde – vom einen Moment auf den anderen – die westliche Schwäbische Alb. Außer einem Erdstoß bei Tübingen 1655 und wenigen schwächeren Bodenbewegungen im 19. Jahrhundert hatte es dort vorher in historischer Zeit kaum je auffallend gebebt. Völlig unvermittelt brachte am späten Abend des 16. November 1911, kurz vor 22.30 Uhr, eine schwere Erschütterung die Erde auf der Südwestalb und weit darüber hinaus zum Vibrieren. Bis Luxemburg im Nordwesten, Wien im Osten und Turin im Süden reichten die Auswirkungen, mehr als ein Zwölftel des Kontinents wurde fühlbar durchzittert; Wissenschaftler haben dieses Ereignis deshalb auch das „mitteleuropäische Beben von 1911" genannt, für Deutschland war es das energiereichste in historischer Zeit. Schäden entstanden in Stuttgart und an den Burgen im Donautal, noch in Freiburg schlugen Kirchenglocken an, in Baden-Baden und bis hinunter an den Bodensee stürzten Lampen um. Im eigentlichen Epizentrum des Bebens hörten die Menschen ein dröhnendes Ächzen im Gemäuer, Möbel verschoben sich, Bilder fielen von der Wand, Uhren blieben stehen. Die Häuserwände zeigten Risse, im Dreieck zwischen Ebingen, Hechingen und Balingen brachen Hunderte von Schornsteinen zusammen, auf den Friedhöfen neigten sich Grabmale. Dem Hauptstoß folgten schwächere Nachbeben. Unter den Betroffenen hielten sie den Schrecken wach. Mancher kehrte nächtelang nicht zum Schlafen in sein Haus zurück, sondern blieb im Freien, zündete sich gegen die Kälte ein Feuer an, campierte in Scheunen und Gartenhütten.

Dennoch forderte das Beben nur indirekt einige wenige Todesopfer, Menschen, die aus Entsetzen an Herzinfarkten und Schlaganfällen starben. Niemand wurde in unmittelbarer Folge des Erdstoßes erschlagen, nicht einmal gebrochene Arme oder Beine sind belegt. Man wird auch dies ein Wunder nennen, doch waren es wohl schlicht die elastische Fachwerkbauweise auf der Alb und vor allem die nächtliche Dunkelheit, die gemeinsam Schlimmeres verhindert haben. Die meisten Leute lagen in ihren Betten, flüchteten erst nach Ende des Hauptbebens aus den Häusern, als viele Dächer bereits beschädigt, Fensterscheiben zersplittert und Kamine zusammengestürzt waren. Am helllichten Tag oder von einem Vorbeben gewarnt, wäre draußen auf den Straßen gewiss mancher durch Trümmerteile verletzt worden oder zu Tode gekommen. Stattdessen spendeten die Schrecken der Erdbebennacht sogar vorzeitiges Leben; in der Tübinger Geburtsklinik erblickte eine größere Zahl frühgeborener Kinder das Licht der Welt. Sie erhielten den launigen Namen „Erdbabys".

Das Beben von 1911 kam ohne Vorwarnung, gilt als Paukenschlag; eine Ausnahmeerscheinung jedoch ist es seither nicht geblieben. Mehrfach haben weitere Erdstöße die Schwäbische Alb heimgesucht – im Frühjahr 1943, im Spätsommer 1978, im März 2003, fünfmal als eher leichtes Rütteln über das Jahr 2014 hin –, und spätestens das schwere Albstadt-Beben vom 3. September 1978 sichert ihr derzeit den unwillkommenen Rang als tektonisch am meisten gefährdete Region in der Bundesrepublik. Große Teile Süddeutschlands und schwerpunktmäßig der Zollernalbkreis werden von zwei heftigen Stößen erschüttert: Der erste am Morgen, wenige Minuten nach sechs Uhr, gefolgt von leichteren Nachbeben und einer abermaligen starken Bodenbewegung kurz nach elf Uhr am Vormittag. Diese hat, weil die Bausubstanz bereits massiv vorgeschädigt ist, schlimmere Auswirkungen als der Erdstoß in der Frühe. Mehr als beim nächtlichen Beben von 1911 wäre hier das Reden über ein Wunder angebracht, trifft doch der zweite Stoß die Menschen draußen auf den von Trümmern übersäten Straßen, beim Aufräumen, beim Eindecken kaputter Dächer, beim Ersetzen herabgefallener Ziegel. Jetzt dieses neuerliche Rumpeln, dieses Zittern; seine Auswirkungen reichen bis hin zu Nervenschocks. Dennoch gibt es auch diesmal keine Toten, keine Schwerverletzten, gerade einmal 25 Menschen müssen in Krankenhäusern behandelt werden – angesichts der Schwere des Bebens und jenseits der insgesamt dreistelligen Millionenschäden an über zehntausend Gebäuden und etlichen Autos eine schier harmlose Bilanz.

Um nochmals den für direkt Betroffene sicher irritierenden Peanuts-Vergleich zu bemühen: Das Albstadt-Beben von 1978 lag bei 5,3 bis 5,4 auf der Magnitudenskala. Zwei Jahre vorher hatten Erdstöße im norditalienischen Friaul fast tausend Tote gefordert, die Magnitude dort: 6,5. Nur eine Stufe mehr – die aber bedeutet bei diesem Gradmaß die Freisetzung der dreißigfachen Energie.

Überraschungen

Das schwere Schadenbeben von 1911 auf der westlichen Schwäbischen Alb war schon für sich genommen eine Überraschung. Die Region galt als sicher, die Ansiedlung selbst anfälligster Industrieanlagen hatte man zuvor für unbedenklich erachtet. Niemand rechnete vor dem Erdstoß damit, dass die Zollernalb um Albstadt fortan als seismisch aktivste Region Mitteleuropas nördlich der Alpen zu gelten haben würde. Dank moderner Untersuchungstechniken lassen sich heute auch ältere Ereignisse analysieren; daher wissen wir, dass sich damals die tektonische Scholle ab der Stadtmitte von Ebingen auf zehn Kilometern Länge um zwölf Zentimeter nach Norden verschob. Dieser 16. November 1911 erwies sich als „Start-Ereignis" in der Region, von dem an sich die Erdbebentätigkeit während der folgenden Jahrzehnte weiter ausdehnte.

Der Vorfall von 1911 blieb nicht die einzige Überraschung. Heftig zitterte die Erde 1935 fünfzig Kilometer entfernt im Südosten nahe dem oberschwäbischen Bad Buchau. Im Dezember 2004 ereignete sich zwischen Waldkirch und St. Peter am Kandel der stärkste Erdstoß in Baden-Württemberg seit dem Albstadt-Beben von 1978, mehr als 200 Kilometer weit war er zu spüren, auch wenn die Schäden gering blieben. Beide Male hatten weder die Einheimischen noch Fachwissenschaftler mit Bodenbewegungen in solcher Stärke und an diesen Stellen gerechnet. Wenn überhaupt, waren bislang allenfalls schwächere Beben an den hier verlaufenden Störungslinien registriert worden, und nun plötzlich diese schweren Rucke ohne jedes Vorzeichen. Umgekehrt hat sich am Hoch- und Oberrhein ein Erdstoß wie der Basler von 1356 niemals in annähernder Heftigkeit wiederholt.

Die Menschen aber stellt dieses Unkalkulierbare vor Probleme und Fragen. „Wer rechnet mit sowas?", zeigte sich der Ortsvorsteher des südhessischen Nieder-Beerbach aufgewühlt, als am Abend des 17. Mai 2014 ein Beben seine Gemeinde im Kreis Darmstadt-Dieburg erschütterte und zahlreiche Gebäudeschäden verursachte. Von der Bergstraße bis in den Odenwald hinein wurde es bemerkt, die Leute reagierten – obwohl leichte Erdstöße gerade in dieser Region nicht unbekannt sind – sehr erschrocken. Bei der Polizei stand das Telefon kaum still.

Noch ausgeprägter als bei Überschwemmungen, bei Kälte, Sturm oder Hagel sind historische Erfahrungen, was Erdstöße in Mitteleuropa angeht, ein äußerst dünnes Eis. Vielleicht ereignet sich ein Basel 1356 tatsächlich niemals mehr in dieser Schwere, und wenn doch, dann ganz woanders. Es gibt Zeiten stärkerer und nachlassender tektonischer Aktivität. Haben sich die unterirdischen Drücke erst einmal durch einen Erdstoß Entspannung verschafft, bauen sich womöglich neue an völlig anderer Stelle auf und wiederholen sich am alten Ort nie. Wohl deshalb auch verlagerten sich die Herde größerer Bodenerschütterungen mehrfach während der vergangenen tausend Jahre regional innerhalb Deutschlands: vom Oberrhein zwischen Basel und Straßburg im Mittelalter zur Niederrheinischen Bucht um Köln und Aachen – vor allem über das 18. und 19. Jahrhundert hin – und dann abrupt 1911 auf die Westalb. Jetzt also Albstadt. Aber wieso nicht das tektonisch verwandte Bad Cannstatt?

Mit deutlichen dunklen Schwerpunkten auf der Schwäbischen Alb und im Raum Basel: Übersichtskarte der Erdbebenzonen in Baden-Württemberg.

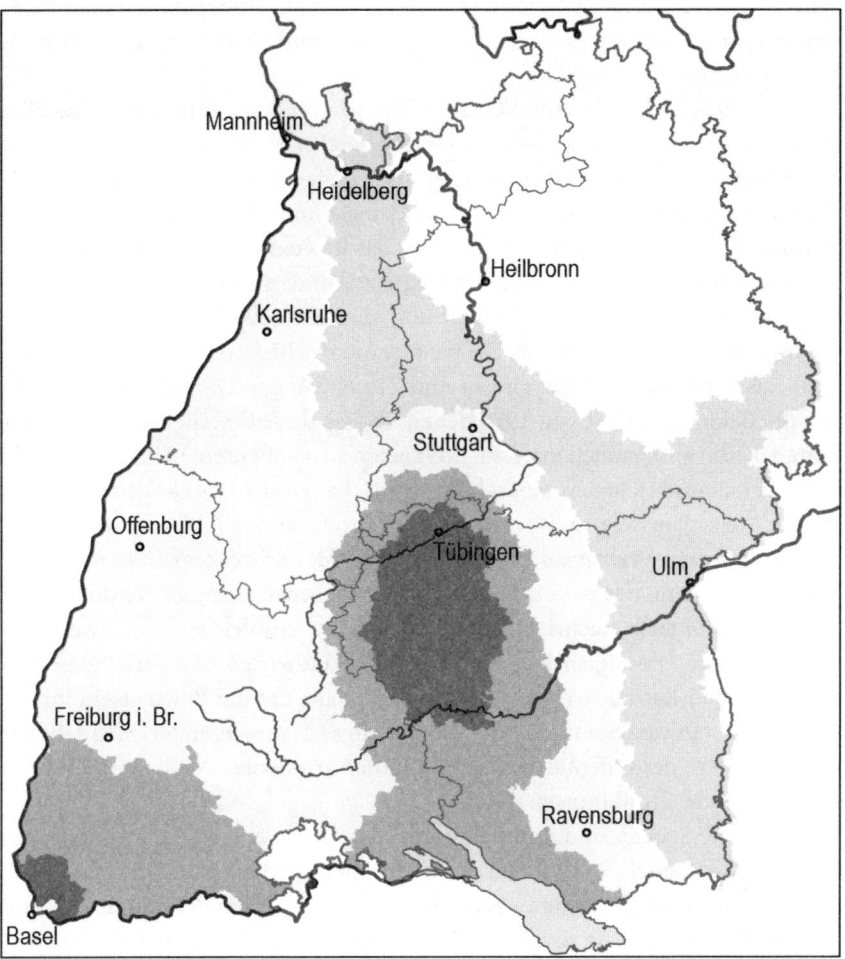

Wird der Rand des Fildergrabens in hundert oder tausend Jahren an der Reihe sein? Erdbeben haben das Zufallsmoment auf ihrer Seite, zeitlich und geografisch sind sie einfach nicht zu fassen. Wo die Menschen sich heute noch in Sicherheit wähnen, kann morgen der nächste Brennpunkt für die kommenden Jahrzehnte entstehen.

Dies alles macht das Verfestigen eines verlässlichen Katastrophenbewusstseins und Katastrophenwissens, wie es sich in häufiger bebengeschüttelten Ländern hat entwickeln können, so schwierig. Zittert die Erde immer wieder leicht und ohne Folgen, entsteht eine gewisse Vertrautheit mit der Unruhe im Untergrund, ohne dass die spürbaren Stöße als Gefahr wahrgenommen werden. Bebt sie einmal unerwartet heftig und richtet Schäden an, sind wohl die momentanen Ängste groß, aber auch Erinnerungsverlust und Verdrängung schon nach gewisser Zeit unvermeidlich.

Beispiel Schwäbische Alb: Von 1911 bis 1978 fanden sieben unterschiedlich starke Beben statt, nichts Nennenswertes jedoch geschah zwischen 1943 und 1969. Mehr als 25 Jahre, fast eine Generation, in denen nur Erzählungen der Älteren das Geschehene präsent hielten, die Jungen indes keine eigenen Krisenerfahrungen sammeln konnten. Bis heute ist das Bewusstsein für Erdbebenrisiken unter der Bevölkerung im Zollernalbkreis zumindest uneinheitlich, abhängig von Alter, persönlicher Betroffenheit und, damit verbunden, dem Empfinden einer potenziellen Gefährdung. Ein paar kleinere Schäden beim Beben im März 2003, als Scheiben zu Bruch gingen und Ziegel von den Dächern fielen, konnten die Beklommenheit von 1978 denen, die sie damals nicht selbst durchlebt hatten, kaum anschaulich machen. Ereigneten sich außerdem nicht Stürme und Hochwasser und richteten weit schlimmere Schäden an? Das Gefahrengedächtnis der Menschen neigt zu Überlagerungen durch akutere Probleme und – ganz allgemein – zum Verblassen. Die Halbwertszeit des Schreckens ist kurz. Längstens sieben Jahre, das zeigen Studien, haften Erinnerungen an Naturextreme, ehe sie zur bloßen Nachricht über Vergangenes ausbleichen, am raschesten bei den unter Dreißigjährigen und bei Nichtlandwirten. Katastrophenschützer auch im Zollernalbkreis bedienen sich deshalb, um das Bewusstsein für die Erdbebengefährdung und für die Notwendigkeit vorsorgender Maßnahmen wachzuhalten, der Öffentlichkeitsarbeit in den regionalen Medien und führen entsprechende Großübungen durch.

Denn die Staaten und ihre Behörden vergessen weniger geschwind als der einzelne Mensch selbst. An ihnen ist es, Leitlinien für den technischen Katastrophenschutz zu definieren und – sei es auch gegen Widerstände – durchzusetzen, per Baunormen etwa, in denen sich Erfahrungen von früheren Extremereignissen widerspiegeln. In Baden-Württemberg traten 1971 bindende bautechnische Vorschriften für Häuser in tektonisch sensiblen Regionen in Kraft, Kenntnisse aus dem Albstadt-Beben sieben Jahre später mündeten bundesweit in neue Vorgaben. Ein Zusatz zur Landesbauordnung listet Gemeinden in stark gefährdeten Gebieten gesondert auf, und bei den Erschütterungen in Waldkirch 2004 bewährten sich spezielle Klammern, die Dachziegel am Wegrutschen hindern. Diskussionen indes gibt es immer wieder über die bauliche Sicherheit der oberrheinischen Atomkraftwerke, drei in der Schweiz nahe der deutschen Grenze, außerdem Neckarwestheim, Philippsburg und Biblis, ausgerechnet hier in einer der erschütterungsreichsten Regionen Zentraleuropas.

Entscheidend daher der wissenschaftliche Versuch, Erdbeben besser zu verstehen, vorherzusagen und zu bewältigen. Ehe der Geophysiker Alfred Wegener im selben Herbst 1911, als in Albstadt der Boden zitterte, mit seiner Idee der Kontinentalverschiebung die Grundlage für heutige Vorstellungen der Plattentektonik schuf, kursierte noch manch schrille Theorie über die möglichen Ursachen von Erdstößen. Mit jedem weiteren Beben, schrieb ein Zeitgenosse des späten 19. Jahrhunderts, schössen neue Erklärungsversuche wie Pilze aus dem Boden; vielen gemein war der Ehrgeiz, aus dem Begreifen das Prognostizieren ableiten zu wollen.

Auf Länderebene stellten die Staatsbehörden entscheidende Weichen. Erdbebenkommissionen wurden ins Leben gerufen – zunächst in der Schweiz 1878, gefolgt von Baden 1880 und Württemberg 1886, schließlich als reichsweite kaiserliche Zentralstelle in Straßburg 1899. Deren Ziel: das systematische Sammeln und Verarbeiten von Informationen. Nach einem Erdstoß, ganz gleich wie schwach er hatte wahrgenommen werden können, wurde die Bevölkerung interviewt, wurden per Fragebogen relevante Details wie Uhrzeit, Stärke und Richtung der Bodenbewegung sowie die dadurch verursachten Schäden erhoben. Eisenbahn- und Telegrafenbeamte waren besonders gesuchte Gewährsleute, standen ihnen doch relativ exakt gehende Uhren zur Verfügung. Kleine Stationen wurden errichtet, mittels spezieller Apparate unterirdische Erdstöße aufzuzeichnen: an der landwirtschaftlichen Akademie Hohenheim, in Heidelberg, Freiburg und Durlach. Dann kam das Beben von 1911, der Beobachtungsdienst in Württemberg wurde ausgebaut, weitere Erdbebenwarten entstanden 1914 im oberschwäbischen Ravensburg und 1933 in Meßstetten auf der Schwäbischen Alb.

Digitale Technik hat in den vergangenen Jahrzehnten die Forschung erleichtert, landesweite seismische Untersuchungsnetze sind eingerichtet, die französischen und schweizerischen Erdbebendienste kooperieren mit ihren deutschen

Nachbarn vor allem in Rheinland-Pfalz und Baden-Württemberg. Allein der Südweststaat betreibt gegenwärtig rund dreißig permanente Messstationen für die automatische Überwachung des Landes. Wissenschaftler haben eine Risikokarte ausgearbeitet, die für alle Bundesländer den jeweiligen regionalen Grad an Naturgefahren quantifiziert, auch die Erwartung von Erdbeben – flächendeckend und lokal heruntergebrochen bis auf Gemeindeebene.

Trotzdem will damit niemand die Hoffnung wecken, es werde irgendwann einmal möglich sein, singuläre Extremereignisse mit genauem Ort und Zeitpunkt zu prognostizieren. Selbst noch im 21. Jahrhundert und mittels modernster Hochtechnologie können Fachleute allenfalls die statistische Wahrscheinlichkeit ihres Auftretens an diesem oder jenem Ort berechnen; verhindern lassen sie sich nicht, nur ihre Auswirkungen besser voraussehen und damit abfangen.

Aber dann: Welcher Nutzen kommt, zumindest im speziellen Fall von Erdbeben, einer solchen Vorhersage tatsächlich zu? Ist sie zu allgemein („in den nächsten zwei bis zehn Jahren ist mit einem schweren Beben zu rechnen") bleibt sie folgenlos, es sei denn – was kaum geschieht –, Menschen entscheiden sich bewusst für den Wegzug aus der gefährdeten Gegend. Hat sie zu kurzen Vorlauf, vielleicht ein, zwei, drei Minuten ehe das Beben auftritt, erreicht sie niemanden mehr und könnte auch nicht wirklich zweckmäßig verarbeitet werden. Wer wüsste in Süddeutschland überhaupt mit einem solchen Alarm umzugehen? Wer wüsste, was zu tun ist? In den Keller laufen? Aus dem Haus hinaus? Unter den Tisch sitzen? Tatsache bleibt: Beben sind zu selten und meist doch zu regional, als dass die Betroffenen hier einerseits ein echtes Gefährdungsbewusstsein, andererseits praktische Kenntnisse für den Katastrophenfall besäßen.

Ein furchtbares Erdbeben – oder doch nur ein recht kleines

Ob in der römischen Antike, im Mittelalter oder während der frühen Neuzeit: Wo Chronisten an seltenen Stellen ihrer Aufzeichnungen das Gebaren von Betroffenen bei Erdbeben überliefert haben, da erscheinen diese Reaktionen tatsächlich als so etwas wie eine menschliche Konstante seit Jahrtausenden. Kaum verwunderlich, ist doch die Palette möglicher Reflexe letztlich auch äußerst begrenzt.

Jeder habe aus innerem Triebe versucht, ins Freie zu gelangen, heißt es 1855 nach einem Beben in der Schweiz; „alle handelten aus eigenem Drange auf ähnliche Weise". Ebenso verließen die Leute 1846 bei St. Goar und 1903 nahe Kandel in der Pfalz – „bestürzt über die bei uns ungewöhnliche Erscheinung" – spontan ihre Häuser. Dieses quasi instinktive Hinauswollen unterscheidet sich in nichts von dem, was einst schon Seneca und Tacitus als typisches Verhaltensmuster in der Paniksituation eines Erdbebens beschrieben haben. Das alles geschieht nach einer ersten lähmenden Schrecksekunde Hals über Kopf, ohne bewusstes Nachdenken, nachts auch im Schlafanzug, unbekleidet, eine Reaktion zwischen Entsetzen und Todesangst, ein Gebot unwillkürlichen Selbsterhaltungswillens.

Was aber nehmen Menschen wahr, wenn sie konfrontiert werden mit einem für sie fremden, rätselhaften, bedrohlichen Phänomen? Alles Empfinden ist subjektiv, abhängig von der Lebenswelt, den Vorerfahrungen des Einzelnen. Wer eine Gefahr kennt, der deutet anders, begreift anders, reagiert anders als einer, der – um bei den Erdbeben zu bleiben – nichts weiß von den Ursachen und Folgen tektonischer Verwerfungen in seiner Heimatregion.

Diese Unsicherheit in Wahrnehmung und Deutung hat, ehe technische Instrumente für ein standardisiertes Messen verfügbar wurden, im Falle heftiger Erdbewegungen viele Fragen aufgeworfen. Wie schwer war das Beben? Waren es schwache, starke oder sehr starke Stöße? Wie lange haben sie gedauert? Wurden davor oder danach irgendwelche Besonderheiten beobachtet? Behauptet nur eine einzelne Person, etwas bemerkt zu haben, oder finden sich noch andere, die diese Aussagen bestätigen können? Denn wie leicht verschmelzen die Bodenbewegungen selbst – die Furcht vor dem Verlust des Gleichgewichts, das Gefühl wie in einer Schaukel kurz vor dem Überschlagen – und der Schrecken, den sie verursachen, zum Amalgam. „Ich dachte, es hört gar nicht mehr auf", war 1978 in Albstadt zu hören, nach einem Beben, das doch in Wahrheit nur wenige Sekunden gedauert hatte – Sekunden freilich, die sich zur sprichwörtlichen halben Ewigkeit zerdehnen können.

Derart subjektiv ist das Empfinden. Auch der Standort des Betroffenen beeinflusst es massiv; je höher in einem mehrstöckigen Haus seine Wohnung, desto stärker das wahrgenommene Schwanken. Erhebungen nach einem relativ leichten Beben in Süddeutschland im Juli 1913 haben gezeigt: Auf Straßen und Plätzen sowie in den Kellern waren die Stöße gerade einmal von der Hälfte aller Befragten überhaupt bemerkt worden, doch ab der dritten Hausetage, wo die Schränke zu wackeln und Besteckteile in den Schubladen zu klappern begannen, hatte fast jeder sie verspürt.

Friedrich Greiner, Augen- und Ohrenzeuge des Albbebens im November 1911, veröffentlichte einige Monate danach im *Staatsanzeiger für Württemberg* seinen Erlebnisbericht; was er schreibt und wie er es tut, hat Gültigkeit weit über den Einzelfall hinaus: „Ein ganz unheimliches Gefühl, wenn sich unter Zischen und Grollen die Erde zu rütteln beginnt, als wäre sie ein lebendes Wesen; wenn wir in Unsicherheit geraten, gegenüber dem Festesten und Zuverlässigsten, was wir auf dieser Erde kennen: dem Boden unter unseren Füssen!

Was war das? Was war die Ursache dieser schrecklichen Wirkung? Diese Frage schoß uns allen blitzartig durch den Kopf. Und die Ideenverbindungen, die sie auslöste, mögen sehr verschiedenartig gewesen sein, je nach dem Wohnsitz, den früheren Erlebnissen usw. des Einzelnen: Im Gehirn des Bahnwärters spielte sich eine Zugsentgleisung ab, die Rottweiler sahen wohl ganz unwillkürlich nach der Richtung, in der ihre Pulverfabrik liegt, u.s.f."

Noch bevor schließlich die Erkenntnis dämmert, dass es sich um ein Erdbeben gehandelt haben muss, sucht jeder instinktiv nach vermeintlich naheliegenderen, greifbareren Ursachen. Ist das Beben eher schwach, kann dann das Rumpeln nicht vielleicht von einem umgestürzten Möbelstück oder Fass stammen, im Winter vom Schnee, der das Hausdach herunter auf die Straße rutscht, oder des Nachts gar von einem Einbrecher? Tobt womöglich (auf dem Land eine häufige Assoziation) im Stall das Vieh oder versucht ein Fuchs im Hühnerschlag zu räubern? Einen zentnerschweren Sack voll Mehl oder Wolle, im Speicher über seiner Schlafkammer aus größerer Höhe herabgefallen, vermutete 1655 der Tübinger Theologe Tobias Wagner zunächst als Ursache des nächtlichen Rumpelns, das ihn aus dem Schlaf riss – und war deshalb keineswegs überrascht, denn so etwas passierte häufiger.

Jede Zeit bringt ihren ganz eigenen Erfahrungshorizont mit ein: Nach den blutigen Anschlägen von Al-Qaida auf die Vereinigten Staaten rückte bei einem Erdstoß am Westrand der Vogesen im Februar 2003 die Terrorangst in den Vordergrund. Zahlreiche Menschen – die meisten von ihnen erlebten so etwas zum ersten Mal – riefen voller Besorgnis bei den Behörden an. Denn wer dieses Grollen nicht einzuschätzen weiß, dem bleibt der Vorgang gespenstisch, der steht vor demselben beunruhigenden Rätsel wie jene Breisgauer Kinder, die während eines Bebens im Januar 1895 angstvoll ihren Vater fragten, was das denn sei. Andere, die um die Ursachen wussten, reagierten bedächtiger. „Mir war sofort klar, dass das ein Erdstoss gewesen war", berichtete ein Freiburger Musiker vom selben Ereignis. „Ich habe schon im März 1872 in Weimar und im Frühling 1887 in Montreux ein Erdbeben erlebt."

Überhaupt das frühere Erleben und die persönlichen Vergleichsmöglichkeiten: Sie rücken das aktuelle Wahrnehmen in ein anderes Licht. Einen Tailfinger Bauern, dem binnen 35 Jahren dreimal der Kamin seines Hauses durch Beben zum Einsturz kam, beeindruckte der neuerliche Schaden sichtlich weniger als die erst jüngst Zugezogenen rund um Albstadt, für die der plötzlich schwankende Boden eine gänzlich neue Erfahrung war. Recht gelassen auch jener Jugoslawe, den ein Reporter nach dem Albbeben von 1978 ob seiner Abgeklärtheit befragte. „Ach wissen Sie", sagte er, „ich habe Skopje erlebt ... Und da ist das nur ein recht kleines Beben." Was „Skopje" bedeutete, das wussten damals, fünfzehn Jahre nach dem Geschehen, sicher noch viele Mitteleuropäer: 1963 starben in der heutigen Hauptstadt von Mazedonien über tausend Menschen bei einer schweren Erschütterung, drei Viertel der Einwohner verloren das Dach über dem Kopf. Dagegen – ohne Zweifel – war das für deutsche Verhältnisse massive Albstadter Ereignis nur ein eher geringfügiger Erdstoß.

Stärkere Beben sind immer von Geräuschen begleitet, und Betroffene suchen für das Erlebte und Gehörte nach Vergleichen. Vor allem seit gegen Ende des 19. Jahrhunderts mit der wissenschaftlichen Erfassung und Dokumentation von Erdbeben begonnen wurde, erlangte auch der Versuch von akustischen Beschreibungen jenes bedrohlichen unterirdischen Grollens größere Bedeutung. Ein gänzlich subjektives Unterfangen freilich, untrennbar bezogen auf die Lebenswelt der Befragten. Viele glaubten sich durch die Schallereignisse an ferne oder sich nähernde Gewitter und Donnerschläge erinnert. Auf dem Schwarzwald meinten Bauern einen schwer beladenen Wagen zu hören, der auf die Tenne geschoben wurde, für die Frau eines Bahnangestellten glich das Geräusch einem einfahrenden Güterzug. Später dienten Böllerschüsse, Zeppelinpropeller, Dampfwalzen und Dreschmaschinen zum Vergleich, schließlich Artilleriegeschütze, Bombenangriffe, Flugzeugabstürze, Panzerketten und Gasexplosionen. Zur häufigsten Analogie wurde mit dem Beginn des automobilen Zeitalters am Vorabend des Ersten Weltkrieges das Rollen eines Lastkraftwagens, der über einen Knüppeldamm oder eine hart gefrorene Straße im Winter fährt; der Landbevölkerung, bemerkte nach dem Beben von 1913 der württembergische Gymnasialprofessor und Naturforscher Ludwig Pilgrim, sei gerade dieser Vergleich „bereits in Fleisch und Blut übergegangen".

Ein Beben miterlebt zu haben heißt für viele auch, rasch darüber sprechen zu wollen: über das Geschehene, das Außergewöhnliche, das die Gemüter bewegte. „Jeder erzählte Abends im Wirthshaus von diesem Getöse", berichtete im Januar 1895 die *Badische Presse* nach einem Beben im südlichen Schwarzwald. Zum Reden über die Naturgewalt aber gehört zumeist das weitere Nachdenken, was noch alles hätte passieren können. Wenn etwa das Zittern im Untergrund einen Erdrutsch ausgelöst hätte. Oder wäre die Stadt nicht in der ruhigen Nacht, sondern zu belebteren Nachmittags- und frühen Abendstunden getroffen worden! Zweifellos: Hunderte von Toten hätte es dann geben können.

Bis weit in das 20. Jahrhundert hinein, auf der Alb nach dem Erdstoß 1911, haben sich Reste von Straftheologie und Volksfrömmigkeit im Umgang mit den Bodenerschütterungen erhalten. Der Jüngste Tag steckte noch in den Köpfen und lief von Mund zu Mund als Gerede durch die Gassen. Betitelt mit *Erdbeben – Gottes Finger!* erschien die Schrift einer christlichen Vereinigung ohne amtskirchlichen Charakter nach dem Zweiten Weltkrieg in Stuttgart; darin firmieren jüngere Bebenkatastrophen weiterhin, wie dreihundert Jahre vorher schon, als „gerechtes Gottesgericht", als „Vergeltungsgericht" und als „ein markantes Zeichen der Endzeit". Auch die religiöse Sinnfrage flackerte noch vereinzelt auf, 1935 in Kappel im oberschwäbischen Saulgau, 1978 in Jungingen auf der Alb – hier wie dort war die Ortskirche eben gerade umfassend saniert worden, war neu geweiht oder sollte es demnächst werden, ehe die heftigen Erdstöße schwere Schäden am Dach wie im Innern verursachten. Ausgerechnet das Gotteshaus, ausgerechnet jetzt! Für gläubige Menschen noch immer so verwirrend wie einst der Blitz, der den Pfarrer während der Predigt von der Kanzel holte.

Über Jahrhundertfluten und ihre Messlatten

Zurück zur Eingangsfrage: Das 20. Jahrhundert, war es extrem? Gab es beispielshalber mehr Überschwemmungen als in früherer Zeit? Verheerendere? Unbestritten, die Jahrbücher verzeichnen zerstörende Hochwasser: um den Neujahrstag 1925/26 im Rheintal, Dezember 1947 nach Dauerregen und Schneeschmelze in Südwest- und Westdeutschland, Januar 1970 mit Dammbrüchen und überfluteten Ortschaften an Rhein, Main, Neckar und Mosel. Vor allem aber, und das bläht die Statistik merklich auf, in den neunziger Jahren wiederholt am Rhein und seinen Zuflüssen, dreimal allein zwischen August 1993 und Februar 1995, ausgelöst durch lang anhaltende und äußerst ergiebige Niederschläge. Zwei dieser Überschwemmungen hatten gebietsweise das Potenzial von Jahrhundertereignissen: Milliardenschäden über ganz Mitteleuropa hin beim Weihnachtshochwasser 1993, dann die Pfingstflut 1999 mit dem höchsten bisher gemessenen Stand am Pegel Maxau bei Karlsruhe, 880 Zentimeter über dem Pegelnullpunkt. Keine vierzig Zentimeter haben dem Rhein gefehlt, die Dämme zu übersteigen. Mehr als eine dreiviertel Million Menschen am Oberrhein, zehn Millionen entlang des gesamten Flusses bis zu seiner Mündung könnten von einer solchen Hochwasserkatastrophe unmittelbar betroffen sein.

Außerdem nicht zu vergessen die plötzlichen Sturzfluten angeschwollener kleiner Bäche im Gefolge lokaler Starkniederschläge. Diese Liste ist fast beliebig lang. Mai 1911, eine sieben Meter hohe Welle schießt durch das Grünbachtal bei Tauberbischofsheim, zwölf Tote; Spätsommer 1939, über Tage hinweg mehrfache Überschwemmung des Dorfes Seitingen auf der Baar; Februar 1955 im Roggental bei Geislingen an der Steige; Ende Mai 1956, Fronleichnamstag, Schauplatz Blaubeuren; Mai 1959, Schramberg, teilweise hysterische Reaktionen der Betroffenen; 21. Juni 1984, wieder Fronleichnam, bis zu drei Meter hohe Flutwellen in Tauberfranken; Juli 2014, Land unter im Raum Tuttlingen; dies wirklich nur ein paar zufällig herausgegriffene Beispiele. Allenthalben Erdrutsche, Schlammlawinen, verendetes Vieh, kilometerweit mitgeschwemmte Autos, lädierte Wohngebäude und vollgelaufene Parkhäuser, Schäden bis in Millionenhöhe. Manchmal, glücklicherweise selten, auch Opfer. Besonders tragisch der Tod von zehn Mädchen in einem überfluteten Schwimmbad im vorderpfälzischen Edesheim, 11. Juni 1937. Nach Hagelschlag und schwerem Gewitterregen stiegen die Wassermassen im sonst unscheinbaren Modenbach binnen Minuten auf beinahe zweieinhalb Meter an. Mehrere zehntausend Menschen sollen zur Beisetzung der ertrunkenen Kinder in Rhodt unter Rietburg gekommen sein, „eine Wallfahrt gewaltigen Ausmaßes".

Solche Listen klingen eindrücklich, unter dem Strich aber sind Historiker und Klimaforscher sich weitgehend darin einig: Das eigentliche „Jahrhundert der Hochwasserkatastrophen" war nicht dieses 20., sondern viel eher das späte 18. und fast das ganze 19. vor ihm. Es gibt ein Hin und Her extrem nasser und dann wieder trockener Phasen, sogenannte Katastrophenlücken, eine Art unregelmäßiges Schwanken in der Häufigkeit von Überschwemmungen, und die war zwischen Frühjahr 1883 und Anfang der 1990er Jahre am Rhein geringer als sonst irgendwann im gesamten halben Jahrtausend zuvor. Erst dieses letzte Jahrzehnt des 20. Jahrhunderts: Mit ihm nimmt die bis dahin so konziliant wirkende Statistik schlagartig eine völlig andere Richtung. Vieldiskutiert die Frage, ob hier nicht Bodenversiegelung, der industrielle Ausbau des Oberrheins zur Wasserstraße, überhaupt menschliche Einflüsse und Umweltveränderungen bis hin zum Klimawandel eine entscheidende Rolle spielen.

Was lässt sich darauf so ideologiefrei wie möglich, oder sagen wir: ohne zu große Anteile von Schwarzmalerei erwidern? Am ehesten ein „Ja, aber". Die globale Erwärmung und unsere essenzielle Mitverantwortung dafür wird man kaum bestreiten – und muss trotzdem nicht jeden Starkregen und jede Überschwemmung darauf zurückführen. Das jedoch tun, wie eine Befragung aus dem Jahr 2004 zeigt, unter dem Eindruck der aktuellen Klimadiskussion viele Deutsche bei den meisten Naturgewalten allzu gern, nicht einmal Erdbeben ausgenommen.

Mit dieser Schuldzuweisung an sich selbst schreibt der Mensch seiner eigenen Spezies eine besondere Art von Macht zu – eine dunkle, eine negative Macht von globaler Reichweite, eine andere Spielart des Glaubens an die eigene Omnipotenz. Egal was passiert, es liegt in unserer Verantwortung. Eine neue weltliche Form der Straftheologie, die Umwelt- und Klimasünden ahndet: Trifft uns ein Unglück, haben wir es praktisch und moralisch selbst verursacht; bloß ist jetzt alles säkularer, die Natur hat Gott als Rächer abgelöst. Vielleicht sind wir auch in derselben Lage wie die Zeitgenossen der beginnenden Kleinen Eiszeit, die wohl spürten, es verändert sich etwas, aber zunächst nicht fassen konnten, was es sei. Über unsere Anpassungsleistungen werden Historiker in späteren Jahrhunderten berichten; oder über unseren Öko-Alarmismus, der ebenfalls nicht ohne Beispiel in der Geschichte wäre.

Die extremen Hochwasserereignisse am Rhein in den neunziger Jahren und wieder im März 2002 haben vielleicht gerade deshalb so große Beunruhigung und Umweltängste ausgelöst, weil sie vor allem in dieser auffallenden Häufung einfach ungewohnt waren. Über Jahre hin eine Flut nach der anderen, dicht auf

Durch die Hirschgasse in Blaubeuren schießt am 31. Mai 1956 ein hüfthohes Wildwasser und schiebt große Mengen an Erde und Geröll mit sich in das Zentrum der Stadt. In der Landschaft ringsum hinterlassen die reißenden Fluten stellenweise vier Meter tiefe Auswaschungen.

Schramberg, 21. Mai 1959, ein „schwarzer Tag", ein „Schock", wie die Zeitungen titeln: Hochwasser verursacht Millionenschäden, lässt Häuser einsturzgefährdet zurück und reißt auf achtzig Meter Länge eine Straße weg.

dicht, mehrere gar in zwölf Monaten, das hatte es ganz früher zwar auch gegeben, dann aber seit langem nicht mehr. Genau dies – man denke an die kurze Haltbarkeit von Katastrophenerinnerungen – verzerrte die Perspektive von Medien und Öffentlichkeit recht stark. „Wenn heute eine Naturkatastrophe eintritt", hat Arno Borst schon 1981 geschrieben, „wird sie von der öffentlichen Meinung so hitzig erörtert, als wäre dergleichen noch nicht vorgekommen."

Nüchtern betrachtet: Die meisten Überschwemmungen zumindest der großen Flüsse in jüngerer Zeit haben dieselben meteorologischen und hydrologischen Ursachen wie die Fluten des Mittelalters, die schweren Stürme und Hochwasser der Neunziger gehen auf die gleiche Großwetterlage zurück wie der Unglücksherbst von 1824. Und längst nicht alle Überschwemmungen erreichten wirklich außergewöhnliche Höchststände. Eingebettet in eine Gesamtgeschichte der Flüsse wären die meisten davon bald bloße Fußnoten, wie es über die letzten Jahrhunderte hin so viele gibt, so viele vergessene auch.

Ab einer gewissen Dimension der Katastrophe spielen Werk und Wirken des Menschen als Einflussgröße nur noch eine nachgeordnete Rolle; das Schlechte wie das Gute. Die Schweizer haben im 19. Jahrhundert geglaubt, die immer häufigeren und immer schlimmeren Überschwemmungen rührten von ihren Rodungen in den Wäldern der Alpen her, ein hausgemachtes, selbst verursachtes Problem also. Heute weiß man: Es gab diese Abholzungen natürlich, aber in der Fläche – nur wenige Prozent des Landes waren betroffen – können sie die Hochwasser nicht wirklich entscheidend beeinflusst haben. Es hat, wie schon bei der Magdalenenflut von 1342, in dieser Zeit einfach wieder und wieder fürchterlich viel geregnet.

Ein anderer Punkt: die Rede von der Schadenshöhe. Regelmäßig, sogar jährlich klettert sie weiter nach oben. „Milliardenschäden" – genügt nicht allein schon dieses Wort in der Zeitung als klarer sachlicher Beleg für zunehmende Häufigkeiten und Auswirkungen von Katastrophen, zumal von Überschwemmungen? Tatsächlich beweist es viel eher, dass der Mensch die Zusammenhänge und Folgen seines Tuns nicht vollständig im Blick und schon gar nicht im Griff hat. Gerade am Oberrhein dezimierten massive bauliche Veränderungen und das Errichten von Staustufen für Schifffahrt und Energiegewinnung die von Tulla noch belassenen natürlichen Überflutungsräume in den Auen stark. Zwischen Basel und Worms läuft das eingezwängte Wasser im begradigten Bett heute in weniger als der halben Dauer gegenüber früher ab, überlagert sich mit den zeitgleich zuströmenden Spitzen seiner Nebenflüsse und erreicht insgesamt höhere Scheitelwerte. Unterhalb von Iffezheim haben sich die Überschwemmungsgefahren daher merklich erhöht. Musste man ehedem stromabwärts alle zweihundert Jahre mit einer wirklichen Katastrophe rechnen, stehen Jahrhundertfluten jetzt – außer es werden horrende Investitionen für einen verbesserten Hochwasserschutz aufgewendet – womöglich alle fünfzig Jahre ins Haus.

Trotzdem hören die Anrainer nicht auf, direkt am Fluss Wohngebiete zu erweitern und Gewerbe anzusiedeln, hohe monetäre Werte also einem beträchtlichen Risiko auszusetzen. Eben weil es ja den Hochwasserschutz und weil es Vorhersagezentralen und weil es, zumindest auf freiwilliger Basis, Elementarschadenversicherungen gibt: Den Damm nur hoch genug gebaut für die Jahrhundertflut, schon glaubt man sich dahinter ausreichend geschützt, und im Notfall wird man rechtzeitig informiert oder von der Assekuranz entschädigt. Eine trügerische Sicherheit. Die Folgen von Naturkatastrophen erweisen sich als gesellschaftlich bedingt, der Mensch macht seine eigene komplizierte Zivilisation verwundbar und schadensanfällig. Außerdem wird das Vorzeichen umgekehrt: Die verbaute und eingeengte Natur ist nicht mehr Täterin, sondern erlangt Opferstatus. Menschliches Handeln primär – und erst danach die Höhe des Wasserpegels – entpuppt sich als Ursache der immensen Verlustzahlen, von denen die Medien regelmäßig berichten.

Manches in der aktuellen Diskussion um Naturkatastrophen, ihre Auswirkungen und ihre vermeintliche Zunahme klingt widersprüchlich. So wie auch die

Realitäten selbst und die Befunde der Wissenschaftler es sind. Es gibt, sagen die einen, insgesamt mehr Hochwasser, schwächere und mittlere vor allem, weil Bodenversiegelung und menschliche Eingriffe sich an kleineren Gewässern besonders gravierend auswirken; von den sieben höchsten Überschwemmungen an der Fils seit 1931 ereigneten sich fünf nach 1994. Hauptsächlich aber haben die extremen Hochwasser zugenommen, eine Auswirkung gefährlicher Wetterlagen, deren Entstehen wiederum begünstigt wird durch den Klimawandel: Was zwischen 1926 und 1976 an der Donau ein hundertjährliches Hochwasser gewesen ist, das entspricht nur noch einem zehn-, ja fünfjährlichen des Zeitraumes von 1977 bis 2001. Für die Enz bei Pforzheim fiel die Bemessung etwa im selben Zeitraum vom hundertjährlichen auf ein dreißigjährliches Hochwasser, am Rhein musste die Abflussmenge einer Jahrhundertflut in den Neunzigern deutlich höher definiert werden, nun 5000 statt wie zuvor 4500 Kubikmeter pro Sekunde.

Aber, sagen andere, diese ganzen Festlegungen von Jährlichkeiten, so herrlich objektiv und methodisch sie wirken, gründen doch nicht auf einer wirklich durchdringenden Analyse aller historischen Hochwasser, sondern auf zu kurzen, auf allzu menschlichen Bemessensfristen. Die Zeitreihen reichen einfach nicht weit genug zurück. Wer aus einem überschwemmungsarmen Jahrhundert plötzlich in eine Phase erhöhter Niederschläge eintritt, der hat seine Pegelwerte eben zu niedrig angesetzt, und er sollte sie tunlichst der neuen Wirklichkeit anpassen. Sonst trifft ihn künftig eine Jahrhundertflut nach der anderen und womöglich, wie am Butzbach in Göppingen aus den Reihen des Gemeinderates, der Vorwurf: „Eure hundertjährlichen Hochwasser kommen verdammt oft." Das muss aber nicht zwingend das untrügliche Zeichen einer nie dagewesenen Verschlimmerung sein, sondern vielleicht doch nur die Auswirkung veralteter, zu knapp gehaltener Messlatten.

Nie dagewesene, deutliche Signale?

Ähnlich oder noch schwieriger verhält es sich mit der Beurteilung anderer Naturphänomene, am heikelsten gewiss bei der Temperaturentwicklung während jüngerer Zeit. In Extremwerten ausgedrückt, muss man es so sagen: Über rund anderthalb Jahrhunderte hin liegen die kältesten Jahre alle vor 1900, die heißesten dagegen sämtlich nach 1990. Die Sommer von 1994 bis 2003 waren die in Folge wärmsten der letzten zweihundert, vielleicht sogar fünfhundert Jahre, am übermäßigsten der August 2003, mit einer regelrechten Dürre, ausgetrockneten Gewässern und einem Massensterben von Fischen. Auf dreizehn

Milliarden US-Dollar werden die volkswirtschaftlichen Schäden in Europa geschätzt. Schon wieder recht diffizil ist die Frage, ob von Hitzetoten gesprochen werden darf und soll. Über siebzigtausend meist ältere Menschen bilanzieren manche Statistiker in ihren Opferlisten, fast zweitausend davon allein in Baden-Württemberg; andere sehen in alledem nur eine Verschiebung des Sterbegipfels, eine etwas gedrängte monatliche Verteilung der üblichen Todesfälle über das Kalenderjahr hin. Jedenfalls ist das Thermometer seit Beginn systematischer Erfassungen Mitte des 19. Jahrhunderts noch nie so hoch geklettert. An den südwestdeutschen Messstationen wiesen die Abweichungen vom klimatologischen Mittel um bis zu sechs Grad nach oben.

Weit wichtiger aber als dieser Einzelfall ist insgesamt der Trend, denn dürre Hitzesommer hat es früher schon gegeben, 1540, 1834, 1911, 1947, manche noch trockener als 2003, jedoch als Einzelerscheinungen eingebettet in längere durchschnittliche Klimaperioden, nicht so gehäuft wie jetzt. Auch hier, wie beim Hochwasser, das Problem von Jährlichkeiten und statistischen Erwartungen; für 1947, den „Steppensommer", haben Meteorologen seinerzeit eine Wiederkehrperiode von mehr als sechstausend Jahren errechnet. Die waren dann 2003 schon vergangen. Die mathematischen Modelle, nun auf diesen neuerlichen Jahrhundertsommer angewandt, ergeben ebenfalls äußerst geringe Wahrscheinlichkeiten einer Wiederholung in 450 bis 9000 Jahren. Doch was will das heißen? Vielleicht ist bereits kommendes Jahr im September eine aktualisierte Berechnung erforderlich.

Ein solch singuläres Extremereignis, es wird auch von den Medien mit Vorliebe als „nie dagewesen" und „deutliches Signal" angeführt; zwischen Wahrnehmung und Wirklichkeit indes besteht eine tiefe Kluft. Gerade Jahrhundertereignisse – schon der Begriff selbst umschreibt ihren Ausnahmerang – sind allein für sich genommen ziemlich untauglich, langfristige Veränderungen und Verschlimmerungen zu belegen. Über alle historischen Zeiten hinweg zählen sie zum mitteleuropäischen „Normalklima". Dagegen ist, reden wir über den Klimawandel, ein Jahr wie 2014 (vor allem als weiteres Glied einer Kette!) wohl sehr viel aussagekräftiger. Dessen Extrem drückt sich gerade nicht in neuen sommerlichen Hitzerekorden aus, sondern in einem beständig hohen Niveau des noch vermeintlich Durchschnittlichen. In der Gesamtbilanz entpuppt es sich als das insgesamt wärmste Jahr seit 1880, dem Beginn der Aufzeichnungen in Deutschland.

2014? Wer daran zurückdenkt, den wird das überraschen. War das nicht, einige sehr heiße Tage um Pfingsten ausgenommen, völlig unspektakulär, mit einem gar nicht so sonnigen Juli und einem trüben, nassen, mäßig warmen August? Eben das verstellt uns den Blick. Denn tatsächlich zeigte sich der Sommer eher lau, aber dass es im Januar tagsüber nie Frost gab und von September an bis hin zum späten Dezember mildeste Temperaturen herrschten, gerät – in Ermangelung der gerne gesuchten „Rekorde" – leicht aus dem Blick. Ohne irgendwelche besonders imposante Spitzenwerte waren elf der zwölf Monate des Jahres 2014 zu warm, und zum ersten Mal überhaupt in Deutschland lag die mittlere Jahrestemperatur mit 10,3 Grad Celsius im zweistelligen Bereich. Die Weite dieses Wärmesprungs in den vergangenen Jahrzehnten übertrifft alles, was sich seit dem Ende der letzten großen Eiszeit vor knapp zwölftausend Jahren ereignet hat.

Noch einmal: Bloße Extremereignisse taugen nicht als Menetekel, sie haben in der christlichen Frühneuzeit so wenig den Weltuntergang angekündigt, wie sie es heute im Zeitalter der Klimadebatte tun. Sie ziehen nur, spektakulär wie sie sind, wirkungsvoller die Aufmerksamkeit der Medien und damit der Öffentlichkeit auf sich, als dröge Zahlenreihen der Wetteraufzeichnungen dies vermögen. Mit bitteren Lorbeeren geadelt wie „der größte", „der stärkste", „der schlimmste" machen sie vergessen, dass sie doch nur die vorläufig Ersten unter Vielen sind, dass es derartige Extreme immer schon gegeben hat, etliche längst vergessen und daher nicht mehr für Vergleiche heranzuziehen. Sie zum Jahrhundertereignis zu stilisieren entspricht dann zwar unserem Erleben und unserer aktuellen Betroffenheit, hebt aber besonders katastrophale Naturerscheinungen (mehr als es gerechtfertigt wäre) weit über die Gewöhnlichkeit von ihresgleichen hinaus.

Der Tornado über Pforzheim vom 10. Juli 1968 ist auch so ein Kandidat, ein Wirbelsturm von einer nie zuvor in Deutschland beobachteten Heftigkeit. Binnen weniger Minuten verrichtet er im Nordschwarzwald sein Vernichtungswerk. Auf einer Schneise von einigen hundert Metern Breite und einer Strecke von rund dreißig Kilometern werden Autos durch die Luft geschleudert und demoliert, Bäume entwurzelt, Tausende Gebäude beschädigt, ganze Dächer und Außenwände regelrecht abgerissen; dreistellige Millionenschäden im Pforzheimer Raum. Auch Tote sind zu beklagen, zweihundert zum Teil Schwerverletzte im Stadtgebiet, zahlreiche weitere Unglücksopfer in den Wochen darauf während der Aufräumarbeiten. Wahrscheinlich ist hier wieder von Glück zu sagen, dass dies alles spätabends geschieht, bei Tage wären mehr Menschen auf den Straßen unterwegs und damit in Lebensgefahr gewesen. Als Pforzheims schlimmste Nacht seit dem Krieg geht dieser 10. Juli 1968 in die Erinnerung der Betroffenen ein, Parallelen werden gezogen zur Zerstörung durch einen Luftangriff im Februar 1945, vom „Schrecken wie in einer Bombennacht" ist die Rede.

Umgeknickte Bäume, durcheinandergewirbelte Fahrzeuge: Der Tornado vom 10. Juli 1968 hinterlässt im Raum Pforzheim nach wenigen Minuten seines Zerstörungswerkes Sachschäden von über 100 Millionen Mark. Die entstandenen Lücken in den Forstflächen prägen das Landschaftsbild für Jahrzehnte.

Der Tornado von 1968 gilt als Extremfall, seine Wucht kam amerikanischen Wirbelstürmen nahe. Völlig unbegreiflich ist ein solches Ereignis aber nicht. Das Phänomen mag recht selten sein und ist doch seit Mitte des 17. Jahrhunderts über vierhundert Mal in Deutschland belegt; „eine große Anzahl schwerer und leichter Körper aller Art, als Bäume, Latten, Schindeln, Kleidungsstücke, selbst Thiere, wie Gänse und Enten" riss ein Tornado 1831 im Oberamt Horb mit sich, wälzte Menschen am Boden dahin. Im Mai 2009 traf es Baden-Badens berühmte Lichtentaler Allee, 2015 den bayerischen Regierungsbezirk Schwaben. Meist herrscht, wenn Tornados urplötzlich auftreten, schwülheiße Witterung an Spätnachmittagen oder frühen Abenden zwischen Mai und August. Die Oberrheinebene ist klimatisch geradezu vorherbestimmt dafür, hier entstehen besonders häufig sogenannte Superzellengewitter mit Hagelschlag und Wirbelstürmen; sogar eine regelrechte „Tornado-Allee" im nördlichen Teil von Vogesen und Schwarzwald hat Alfred Wegener 1917 ausgemacht. Sich vor dieser Gefahr schützen, ihr vorbeugen, sie treffsicher vorhersagen zu wollen – alles vergebliche Mühe. Ihrer Seltenheit wegen wird man im Nachhinein wohl immer von „der niegesehenen Erscheinung" sprechen, wie einst in Horb 1831. Und so sporadisch Tornados auftreten, so beliebig der Ort des Geschehens; auch der Deutsche Wetterdienst, der heute Software zur Mustererkennung bei Gewittern und Luftwirbeln einsetzt, bezeichnet zumindest eine exakte Frühwarnung als praktisch unmöglich.

Wieder und wieder sorgten im letzten Drittel des 20. Jahrhunderts sowie kurz nach der Jahrtausendwende Extremereignisse mit neuen Superlativen für Aufregung. Es sind vor allem die Stürme, Orkane, Gewitter, Hagelschläge, die hohe Sachschäden verursachen und insgesamt für die meisten Toten bei Naturkatastrophen in Deutschland verantwortlich sind. Über 550 Menschen kamen zwischen 1970 und 2004 bei Unwettern ums Leben. Unvergessen das Starkgewitter von Stuttgart, August 1972, mit Hagelkörnern in gewaltiger Masse, einige groß wie Hühnereier. Verhängnisvoll die Kessellage der Stadt, von allen Seiten her wälzten sich Wasser und Schlamm Richtung Zentrum, meterhoch schossen die Fontänen aus Gullys über den verstopften Kanalrohren. Straßenunterführungen wurden überschwemmt, U-Bahn-Tunnel geflutet. Hier die Bilanz: Sechs Tote in dreißig Minuten, ein Sachschaden in Höhe von Hunderten Millionen Mark und ein durchaus erschüttertes Vertrauen in die technische Infrastruktur der baden-württembergischen Metropole. Zwölf Jahre später traf es eine weitere Landeshauptstadt, München, Juli 1984: Gesamtschäden von drei Milliarden Mark durch einen Hagelsturm, der bis dahin größte Versicherungsfall nach einer Naturkatastrophe in Deutschland.

Die Liste ist fortzuführen. Über hundert Verletzte im Raum Villingen-Schwenningen und Trossingen am 28. Juni 2006, auch eines dieser besonders gefährlichen und von allen Begleiterscheinungen flankierten Superzellengewitter; bis zu zwölf Zentimeter große Hagelkörner schiebt der Schneeräumdienst später von den Straßen. Wachrufend die psychisch schwer erträglichen Erinnerungen der ältesten Einwohner an die Bombenangriffe des Krieges, viertelstündiger Lärm der fallenden Eisbrocken, ohrenbetäubend. Ein bisschen sei das gewesen wie in einem Luftschutzbunker, beschreibt ein Augenzeuge das Warten auf ein Nachlassen des Niederschlags, ein anderer erinnert sich Jahre später im Rückblick: „Wer das Unglück hautnah miterlebte, bekommt noch heute Angstzustände bei sich verfinsterndem Himmel." Ferner Spiegel der Gewitterfurcht in Mittelalter und früher Neuzeit.

Schließlich die Landkreise Reutlingen, Tübingen, Göppingen, Esslingen und Zollernalb, es ist der späte Nachmittag des 28. Juli 2013. Wieder ein Hagelschlag

mit verheerender Wirkung, Eisbrocken so groß wie Hühnereier gehen nach
brütend heißen Hochsommerstunden über einer mehr als zehn Kilometer breiten Schneise nieder. Die Folge: Schäden in dreistelliger Millionenhöhe binnen
zehn Minuten, hunderte Verletzte, wenn auch keine Toten. Es ist für 2013 das
teuerste Extremereignis weltweit und rechnet zusammen mit München 1984
und Villingen-Schwenningen 2006 unter die sieben kostspieligsten Hagelunwetter aller Zeiten; andere Städte auf dieser Liste der Verwüstungen sind Dallas,
Denver und das australische Sydney. Eilig hat die Presse den Vorfall zu einer
„Naturkatastrophe in neuer Dimension" erklärt, aber eben – das ist immer zu
ergänzen – weniger in der Sache selbst als in ihren Auswirkungen. „Die Schäden sind auch deshalb so groß", stellte ein Versicherungsexperte klar, „weil eine
vergleichsweise wohlhabende und dicht besiedelte Region getroffen wurde, in
der entsprechende Werte konzentriert sind."

Die Bärengasse in Villingen-Schwenningen: Drei Passantinnen stapfen am 28. Juni 2006 in
sommerlicher Kleidung durch eine knöcheltiefe Schicht von Eiskörnern. Innerhalb einer Vier-
telstunde richtete ein Hagelschauer erhebliche Schäden an, die Brocken erreichten Durchmesser von zehn bis fünfzehn Zentimetern.

Acht „Jahrhundertereignisse" in fünf Wochen

Schon die wiederholten großen Überschwemmungen der Jahrtausendwende haben die Gemüter erhitzt, haben der Zukunftssorge vermehrter Naturkatastrophen durch menschliches Mitverschulden Vorschub geleistet und die Auswirkungen des Klimawandels, als die sie angesehen werden, in ein grelles Licht getaucht. Aber nicht die Hochwasser allein. Diese beiden turbulenten Jahrzehnte nach 1990 muss man, gerade in Süddeutschland, in einer Gesamtschau ihrer Extremereignisse begreifen. Schadensträchtige und großflächig wütende Orkane hinterließen bis heute sichtbare Spuren in den Wäldern. Auch ihre Namen haben sich eingeprägt: Vivian und Wiebke, Lothar und Kyrill.

Selten häufiger als im Zusammenhang mit ihnen hat man vom nie Dagewesenen und von bizarren Rekorden gesprochen. Dabei ist die Naturerscheinung selbst – heftige Herbst- und Winterstürme, meist zwischen Dezember und Februar – so außergewöhnlich nicht, siehe 1645 und 1739; beide Male schwere Schäden um Hochrhein und Bodensee. Die Jahreszeit bietet bestmöglichen Nährboden, treffen bitterkalte arktische Polarluft und feuchtwarme Strömungen aus den Subtropen aufeinander. Bei derartigen Zusammenstößen entstehen Störungen, Wirbel und Tiefdruckgebiete.

Mit dem Erfahrungshorizont des zu Ende gehenden 20. Jahrhunderts ließ sich völlig berechtigt von einem neuen Gipfelpunkt sprechen. Denn Orkane treten, den klimatischen Verhältnissen geschuldet, nicht über alle Zeiten hinweg gleichmäßig verteilt auf, sondern mal geballt – etwa von 1868 bis kurz nach dem tosenden Jahrhundertbeginn von 1900 –, dann wieder mit deutlich geringerer Intensität. Während etwa der überdurchschnittlich schwere Sturm Ende Oktober 1870 in der Gegend um Baden-Baden ein Stück weit vorwegnahm, was mehr als hundert Jahre später Wiebke und Lothar anrichten würden, blieb es diesbezüglich in der ersten Hälfte des 20. Jahrhunderts vergleichsweise beschaulich.

Diese relative Ruhe formte sowohl an der menschlichen Erfahrung als auch an der meteorologischen Statistik mit. Bis die recht beschauliche Serie wieder riss. Im Winter und Frühjahr 1967 rasten insgesamt sechs Sturmtiefs über den Südwesten und die Schweiz hinweg, ihr stundenlanges Toben hat allein in den baden-württembergischen Wäldern mehr als sechs Millionen Festmeter Holz entwurzelt. Für den Bodensee der Jahre 1990 bis 2000 bilanziert eine Hagelversicherung dreimal mehr Unwetter als in den Jahrzehnten davor. Soll man solche Zahlen einen deutlichen, weit über das bisher Bekannte hinausgehenden Anstieg nennen, als erlebe man in der Geschichte Einmaliges? Oder sprechen wir besser, im Bewusstsein dieser langen verträglichen Jahrzehnte davor, nur von einer Wiederkehr der Extremereignisse wie im späten 19. Jahrhundert? Dies tun darf dann aber nicht schon heißen, sich des Schönredens der drohenden Klimakatastrophe verdächtig zu machen.

Laufend in Superlativen zu sprechen, manchmal sicher auch über Gebühr, hat im Zeitalter globaler Umweltdebatten fast Dauerkonjunktur. Was sich allerdings zwischen dem 25. Januar und dem 1. März 1990 in Mitteleuropa ereignete, schien aus damaliger Perspektive im negativen Sinne wirklich rekordverdächtig. Nicht die Starkböen eines einzelnen Orkans suchten den Kontinent heim, sondern insgesamt acht atlantische Sturmtiefs, unter denen – als die folgenreichsten – Vivian und zuletzt Wiebke in Südwestdeutschland zu fragwürdiger Tagesberühmtheit gelangten.

Acht Orkane in fünf Wochen: Eine solche Häufung war, den Wetteraufzeichnungen nach, ein Novum. Die sechs in Folge von 1967 galten zuvor als das Extrem. Fast jedem dieser Neunziger-Stürme, wäre er allein aufgetreten, hätte wohl schon das Prädikat „Jahrhundertereignis" zugeschrieben werden können. Jetzt stellte sich die Häufung selbst als das eigentlich Epochale dar. Auslöser waren wiederum die ausgeprägten Temperaturunterschiede zweier Luftmassen, die während eines außerordentlich milden Winters hoch über dem Nordatlantik aufeinanderprallten – die eine sieben Grad unter, die andere elf Grad über dem langjährigen Mittel. Weil dieser Abstand zwischen eiskalt und feuchtwarm in jenem Januar 1990 noch beträchtlicher war als sonst, spie die wallende Wetterküche über dem Atlantik einen heftigen Orkan nach dem anderen aus.

Die tragische Bilanz für Europa: insgesamt 200 Tote, Schäden im zweistelligen Milliardenbereich – an Fahrzeugen, Verkehrswegen, Gebäuden und Forsten. Laut Berechnungen der Versicherungswirtschaft war die Sturmserie die bis dahin kostspieligste Naturkatastrophe weltweit. In den südwestdeutschen Wäldern türmte sich das niedergeworfene Holz in einer Menge, die dem Doppelten des regulären Jahreseinschlags entsprach – und einem Mehrfachen dessen, was historisch dokumentierte Orkane jemals angerichtet hatten. Anders gesagt: Nach Expertenschätzungen ist im Forstwirtschaftsjahr 1990 in Baden-Württemberg so viel Sturmholz angefallen wie bei allen vergleichbaren Ereignissen der vergangenen zwei Jahrhunderte zusammen. Entsprechend verfiel der Marktpreis, die Landesforstverwaltung versuchte reglementierend und steuernd einzugreifen.

Die Spitzengeschwindigkeiten, mit denen Vivian und Wiebke von Westen kommend auf den Schwarzwald prallten, waren die mit Abstand höchsten, die seit Beginn flächendeckender Wetteraufzeichnungen 1876 in Deutschland je gemessen wurden. Bis zu 285 Stundenkilometer: Das überbot mühelos den bisherigen Rekord, der seit 1967 bei 204 Stundenkilometern lag. Wolle man sich die Kraft eines solchen Orkans vorstellen, bemerkte ein Forstmann wenige Monate nach der Sturmserie, solle man doch einfach im Cabriolet mit Tempo 200 über die Autobahn rauschen. Wohlgemerkt stehend.

Über Jahre hin, bis Ende 1999, war in Fachkreisen wie in den Medien immer wieder davon die Rede, die Auswirkungen dieser unvergesslichen Winterstürme seien einmalig in der Geschichte des Waldes und der Forstwirtschaft. Man glaubte das Maximum erreicht. Bis Lothar kam.

„Den Schwarzwald gibt es nicht mehr"

Lothar stellte endgültig alles, was zuvor gewesen und historisch überliefert war, weit in den Schatten. Auch seine fürchterlichen älteren Schwestern Vivian und Wiebke. Vor allem aber war Lothar anders: Weder wurde er vorhergesehen noch peitschte er für Tage und Nächte über das Land. Im Gegenteil entstand er urplötzlich, von kaum einem Meteorologen rechtzeitig wahrgenommen. Fast ohne Vorwarnung raste er kurz und ungestüm quer durch den Kontinent.

Weihnachten 1999. Subtropische Warmluft am Rande eines Azorenhochs trifft über dem Atlantik auf ein umfangreiches Tiefdruckgebiet; eine durchaus vertraute Szenerie und zunächst für die wenigsten Wetterdienste ein Grund, Sturmwarnung auszugeben. Das Tief erscheint stabil, wirkt berechenbar. Ein Irrtum, wie sich bald herausstellt. Am Morgen des 26. Dezember wird auf Satellitenbildern unvermittelt ein Wirbel sichtbar. Durch Frankreich hindurch schlägt das Orkantief an diesem zweiten Weihnachtsfeiertag eine Schneise der Verwüstung, erreicht zur Mittagszeit das Elsass und Südwestdeutschland. Besonders heftig tobt es zwischen Karlsruhe und Kenzingen, im mittleren und nördlichen Schwarzwald, aber auch in Südbaden mit Schwerpunkten um Lörrach, Stühlingen und Donaueschingen.

Das Tief trägt einen Männernamen. Das ist ebenfalls neu. Vier Jahrzehnte lang galt bis dahin die Regel, dass den Hochs männliche, den Tiefs weibliche Vornamen beigegeben werden sollten. Just 1999 bricht die Freie Universität Berlin, deren Wissenschaftler für die Benennung meteorologischer Druckgebiete verantwortlich zeichnen, mit diesem Grundsatz. Seither erhalten die Tiefs in geraden Jahren Frauennamen, in ungeraden müssen Männer Pate stehen. Lothar macht den spektakulären Anfang.

In den Vogesen und im Schwarzwald mäht er ganze Waldungen nieder. Wie Streichhölzer zersplittern die mächtigsten Baumriesen. Weil Feiertag und obendrein Mittagessenszeit ist, sind nicht sehr viele Menschen draußen in den Wäldern und werden Augenzeugen des Geschehens. Selbst Förster verfolgen das Drama vom Küchenfenster aus, sind fassungslos und entsetzt. Ihr Lebenswerk wird binnen weniger Stunden vernichtet. Den ganzen Dezember über hat es wieder und wieder geregnet, der Boden ist völlig aufgeweicht, sogar tiefwurzelnde Weißtannen verlieren ihren festen Stand und kippen um. Furchterregend ist dieses Geräusch sturmgepeitschter, abknickender, wie Dominosteine einer nach dem anderen niederprasselnder Bäume. Zwischen Trauer und Wut, zwischen Staunen und Furcht pendeln die Emotionen. Bei einer Erhebung in der Schweiz ein Jahr nach dem Orkan werden zwei Drittel der Befragten angeben, sie hätten Lothar als etwas Beängstigendes erlebt, ein Drittel aber will vom Sturm auch „fasziniert" gewesen sein – als „hinreißend beeindruckend" umschreibt ein Beobachter sein Erleben im trennenden Schutz einer Fensterscheibe.

Lothar macht endgültig die zumindest kurzzeitige Verwundbarkeit einer mobilen und technisierten Gesellschaft sichtbar. Autos drohen zur lebensgefährlichen Falle zu werden, wenn Astwerk die Straße blockiert, die A8 zwischen Heimsheim und Karlsruhe ist tagelang unpassierbar. Am Bodensee kippt ein Passagierschiff um, südlich von Hüfingen evakuieren Rettungskräfte 200 Fahrgäste nach mehreren Stunden aus einem Zug, dessen Diesellok beim Anprall gegen umgestürzte Bäume entgleist ist. Nahe Allensbach reißt ein Stamm die Oberleitung ab und legt den Schienenverkehr bis zum Abend lahm, ebenso auf der Gäubahn zwischen Stuttgart und Rottweil. Das Festnetz der Deutschen Telekom ist betroffen, die öffentliche Stromversorgung desgleichen, in einigen Teilen Mitteleuropas bleiben Haushalte wochenlang ohne Elektrizität, angewiesen auf private Aggregate. Kaum ist der Orkan vorüber, arbeiten sich Helfer durch die verwirbelten Bäume, um Verkehrswege frei zu bekommen und Menschen aus eingeklemmten Fahrzeugen zu retten.

Mehr als hundert Todesopfer fordern der Sturm und die nachfolgenden Aufräumarbeiten in Mitteleuropa, über dreißig allein in Baden-Württemberg. Noch in diesen letzten Tagen des 20. Jahrhunderts ist im Schwarzwald vereinzelt von einer „weihnachtlichen Bescherung" in straftheologischem Sinne die Rede, von der Apokalypse und vom endzeitlichen Gottesgericht. Gewiss, das sind heute meist eher bildhafte Umschreibungen als wirklich wörtlich gemeinte Glaubenssätze; natürlich hat der Geograf Juergen Weichselgartner recht, wenn er zwei Jahre nach Lothar in seiner Bonner Dissertation schreibt, der Allmächtige werde bei uns schon lange für keine Naturkatastrophen mehr haftbar gemacht, und der Götterhimmel, einst hauptverantwortlich für solche Heimsuchungen, müsse sich nun weit abgeschlagen mit einer Statistenrolle zufriedengeben. Was hingegen im Zuge der Umweltdiskussion aufkam, das ist eine gewissermaßen säkulare Variante dieser „Rache von oben" für gesellschaftliches Fehlverhalten, jetzt nicht mehr durch Gott, sondern durch die bedrohte Natur selbst – Straftheologie im weltlichen Gewand. Aber auch kämpferische Analogien finden sich nach Lothar in den Medien; da wird – angesichts zahlreicher verletzter oder von Baumstämmen erschlagener Waldarbeiter – von der „Sturmholzfront" geredet, die gefährlicher sei als Minensuche im Kriegsgebiet des Kosovo.

Ein zweites Mal nach der Sturmserie von 1990 verursachte eine Naturkatastrophe auf dem Kontinent viele Milliarden Mark an volkswirtschaftlichen Schäden. Erneut brachen die Marktpreise für Holz zusammen, private Waldbesitzer kämpften gegen den Ruin, mit Hilfsprogrammen und steuerlichen Erleichterungen griff ihnen der Staat unter die Arme. Fast den dreißigsten Teil des gesamten Waldes, Forstflächen so groß wie sechzigtausend Fußballfelder, hat der Orkan in Baden-Württemberg und in der Schweiz verwüstet, hat innerhalb von zwei Stunden niedergeworfen, was sonst landesweit in drei Jahren eingeschlagen wird. Vor allem im Ortenaukreis rings um Offenburg war die Bilanz noch verheerender: Das 20-Fache des planmäßigen jährlichen Holzeinschlags lag in Friesenheim am Boden, das 25-Fache in Ohlsbach. Durchlöchert wie ein Schweizer Käse sei die baden-württembergische Waldfläche, beschrieb Landwirtschaftsministerin Gerdi Staiblin die Situation, und mehr als einmal fiel in dieser Zeit im Südwesten der Satz: „Den Schwarzwald gibt es nicht mehr."

„Nicht mehr" war natürlich bei weitem zu viel gesagt – aber eben nicht mehr überall in vertrauter Gestalt. Immer schon haben Stürme den Wald verändert. Doch nicht einfach nur, indem sie massenweise Bäume niedermähten: Sie haben stets auch das Denken der Forstleute beeinflusst. Bereits in der ersten Hälfte des 20. Jahrhunderts wurden bestimmte Formen der Waldbewirtschaftung eingeführt, um Sturmschäden vorzubeugen. Nach Vivian und Wiebke dann lebhafte Debatten: Die Zerstörungen seien so immens, weil man aus dem Wald eine Forstplantage gemacht habe, weil die Bäume, ihre Wurzeln vor allem, durch Schadstoffeinträge und sauren Regen schon vorgeschädigt waren. Standortgerechte und naturnahe Forstwirtschaft, stabile Mischkulturen, zur Walderneuerung auf Sturmwurfflächen sogar per Erlass verordnet, so die neue Leitlinie. Ökologie schien, und die Euphorie war europaweit groß, der Schlüssel.

Dann also Lothar, neun Jahre später. Er bestätigte, was einige schon nach den Stürmen von 1967 geahnt hatten: dass es zumindest dort, wo Spitzenböen auftrafen und besonders schlimm wüteten, kaum irgendwelche Unterschiede im Ausmaß des Schadens gibt. Fichte oder standortgerechter Laubbaum, ertragsorientierter Kunstforst oder vitaler Naturwald, ab einer bestimmten Höhe ging alles zu Boden, keine Baumart ausgenommen. An anderer Stelle, windgeschützt oder einfach zufällig weniger heimgesucht, kamen auch die Plantagen ohne Schaden davon. Also wozu jetzt das ganze Gerede von naturnaher Waldwirtschaft? Ebenfalls ein Holzweg? Abermals eine radikale Kehrtwende, zumindest bei profitorientierten Privatwäldern: Toben die Stürme in immer geringerem Zeitabstand, dann müssen halt die Bäume rascher gefällt und vermarktet werden. Pure Ökonomie; alles „just in time", rechtzeitig vor dem nächsten Orkan, „short rotation" mit schnellwachsendem Holz und halbierter Umtriebszeit.

Dass Lothar nicht vorhergesehen worden war und die Gefährlichkeit des Tiefs sich anfangs den gängigen Prognosemodellen hatte entziehen können, führte schließlich für die Wetterdienste noch zu unangenehmen Nachwehen. Regelrecht verschlafen worden sei das Entstehen des Sturms, lautete der öffentliche Vorwurf. Die notwendige Vernetzung nationaler Unwetterzentralen unter einem europaweiten Dach hat der Weihnachtsorkan von 1999 deshalb beschleunigt. Die Winterstürme mögen praktisch jährlich über den Kontinent hinwegziehen – Kyrill 2007, Emma 2008, Quinten 2009, Xynthia 2010, Joachim 2011, Andrea 2012, Anne 2014, Elon, Felix und Niklas 2015 –, doch mehr denn je sind sie vorhersagbar. Das heißt aber nicht: beherrschbar. Immer gehen erhebliche Gefahren von ihnen aus, Menschen verlieren ihr Leben, Kyrill forderte fast fünfzig Opfer. Es heißt nur, dass rechtzeitig die Wahl bleibt: Veranstaltungen absagen, die Schulkinder früher nach Hause schicken, den Zugverkehr stoppen. Prognosen stellen die Verantwortlichen zwar vor Entscheidungen, doch sie nehmen sie ihnen nicht ab.

Alter und neuer Katastrophentourismus

Zumindest noch für wenige Jahrzehnte bleiben Erinnerungen an die großen Winterorkane, vor allem an Lothar und Kyrill. Denn so immens die Schäden, so einfallsreich hier und da der Umgang damit. Manche erkannten in den Verwüstungen sogar Chancen, nutzten die Wunden und Narben in der Landschaft für touristische Zwecke. Nicht nur erlaubten die geschlagenen Schneisen ganz ungewohnte Fernsichten, vor allem die lädierten Waldflächen selbst rückten in den Blick. Einen Sturmwurferlebnispfad richteten Naturschützer und Forstbehörden 2003 oben auf dem Schliffkopf an der Schwarzwaldhochstraße ein; diesem „Lotharpfad" folgten nach drei Jahren ein weiterer Wildnisweg bei Baden-Baden und später eine Reihe von Kyrillpfaden in Hessen, Rheinland-Pfalz und Nordrhein-Westfalen. Über zerschmetterte Stämme und aufgeklappte Wurzelteller hinweg folgen jährlich Zehntausende von Besuchern den Fährten der Stürme – und lernen dabei die ökologisch chancenreiche Erneuerung einer scheinbar vernichteten Landschaft kennen. Denn schon beginnt neuer Wald, beginnen junge Tannen die Auswirkungen der Naturgewalten zu überdecken. Deren Spuren verblassen.

Was noch an Lothar erinnert

In einigen der besonders stark betroffenen Regionen stoßen wir heute auf Monumente, die man in der Zeit nach Lothar errichtet hat zur Erinnerung an den Sturm: bei Gengenbach auf eine Gedenkstätte für die bei der Aufarbeitung des Orkanholzes tödlich verunglückten Waldarbeiter, unweit des Bieler Sees in der Schweiz auf den aus Sturmholz errichteten „Lothurm", eine Aussichtsplattform, deren Kunstwort sich zusammensetzt aus „Lothar" und „Turm". Schließlich – ebenfalls oberhalb von Gengenbach – auf die 2005 entstandene dreiteilige Figurengruppe des international namhaften Bildhauers Norbert Feger, sein aus gespaltener Weißtanne geschaffenes „Dialogkonzept von Stabilität und Labilität". Denn darum geht es Feger: Die Holzskulpturen stützen sich gegenseitig, sind aber als Dreifuß auch nur miteinander denkbar; fällt ein Teil weg, stürzt alles in sich zusammen – Symbol der Abhängigkeiten in der gesamten Natur.

Drei hundertjährige Weißtannen, vom Sturm geworfen, wurden für den Bildhauer Norbert Feger zur Grundlage seines zwölf Meter hohen Kunstwerkes auf dem Siedigkopf. Gegenseitig gewähren sich die aneinander gelehnten Figuren Stabilität und werden auch gemeinsam vergehen.

Erschließung der Katastrophenlandschaft für den Fremdenverkehr, künstlerische Interpretation der Naturkräfte und ihrer Folgen, letztlich eine Musealisierung der Zerstörung selbst: Was sich darin ausdrückt und was es umgekehrt wiederum erzeugt und verstärkt, ist in bestimmter Weise ein gewollter Katastrophentourismus (und Katastrophenjournalismus) neuen Typs. Wobei „neuen Typs" keineswegs heißen soll, dass er nicht dieselben Wurzeln hätte wie die klassische Schaulust, und ebenso wenig, dass diese Schaulust mit ihrer Gier nach Erlebnis heute der Vergangenheit angehören würde. Ganz gleich ob im 18. oder im 21. Jahrhundert: In das Bedürfnis, den Ort einer Katastrophe oder eines Naturereignisses besichtigen zu wollen, kann purer Voyeurismus im selben Maße hineinspielen wie ernsthaftes Informationsbedürfnis bis hin zu ehrlicher und besorgter Anteilnahme.

Schon die großen Stadtbrände des Mittelalters haben neugierige Gaffer angelockt, durchaus nicht alle in redlicher Absicht, auch Halunken und Diebe; dass diese taktlosen Schlachtenbummler – wie heute noch – Rettungsarbeiten und Schadensbehebung behinderten, konnte ihnen empfindliche Strafen oder Geldbußen einbringen. Chaotische Szenen entstehen, wenn Tausende den Schauplatz eines Dramas mit eigenen Augen sehen möchten und, so im staubtrockenen Sommer von 1904 die niedergebrannten Dörfer Ilsfeld und Binsdorf, scharenweise einen Unglücksort heimsuchen. Die Aussicht auf Sensationen bewirkt den Massenansturm, beschwört „die reinste Völkerwanderung" herauf, wie es 1927 auf ein Hochwasser der Nagold hin heißt; man könne meinen, beklagte ähnlich der Bürgermeister von Albstadt nach dem Erdbeben von 1978, offenbar wolle jetzt ganz Baden-Württemberg seine Stadt besuchen.

Heute rollt im Zeitalter des Individualverkehrs die Blechlawine an, vor hundert Jahren kam noch alles zu Fuß oder per Fahrrad, bevorzugt auch mit dem Zug. Auf den überfüllten Bahnsteigen führte ein solcher Ansturm dann zu hässlichen Szenen, wildem Gedränge, Prügeleien. Nach dem Brand von Leonberg setzte die Reichsbahn 1895 Extrazüge ein, um des Zulaufs Herr zu werden. In das unwettergeschädigte Sulz am Eck organisierte ein Autohaus zu Pfingsten 1932 Sonderfahrten in großen Omnibussen, gleiches erlebte die fassungslose Bevölkerung in Tauberfranken nach der Überschwemmung vom Juni 1984. Wenig schmeichelhaft als „Idioten" und „Schmeißfliegenplage" wurden die Hochwassertouristen im schwer heimgesuchten Königheim bezeichnet.

Was lockt? Der „Kitzel" vor allem? Das unterstellt, direkt an die auswärtige Hörerschaft gewandt, der Pfarrverweser von Laufen im Eyachtal 1895 am Grab von sieben Überschwemmungsopfern. „Und ihr Fremden", richtet er sich an die Vorwitzigen, „seid ihr bloß auf den Friedhof gekommen, um etwas zu sehen?

Die Katastrophe als „Sehenswürdigkeit": Nach der schweren Überschwemmung von Laufen im Eyachtal 1895 mit vielen Toten unterstellt der Pfarrverweser der Gemeinde, direkt an auswärtige Besucher gerichtet, den Teilnehmern der Trauerfeier für die Opfer bloße Schaulust als Grund ihres Kommens.

Seid ihr mehr von Neugierde als von herzlicher Teilnahme getrieben hierher gekommen?" Wobei, der Schaulust zum Trotz, Mitgefühl und Hilfsbereitschaft nicht ausgeschlossen sind. Ob in Leonberg oder Sulz, die Geschädigten profitierten vom Ansturm der Fremden, die Spendenbüchsen füllten sich, das Unglück wurde in Broschüren, Zeitungen und Fotografien dokumentiert, deren Verkaufserlös den Betroffenen zukam.

Damals wie heute ist die Katastrophe immer auch Attraktion, ganz im begrifflichen Sinne des französischen Ursprungswortes: Sie zieht an. Rücksicht ist dabei oft ein Fremdwort, abgesperrtes Gebiet wird trotzdem betreten, die Beschilderung ignoriert. Noch am ehesten tolerabel ist dieses „Katastrophengucken" dort,

Der Bergrutsch am Hirschkopf bei Mössingen im April 1983 war der größte seit Mitte des 19. Jahrhunderts in Baden-Württemberg und gilt als einer der bedeutendsten Geotope Deutschlands. Im Luftbild von 1995 hat die Vegetation bereits wieder von der Geröllhalde Besitz ergriffen.

wo Naturgewalten gewirkt, aber Menschen keinen Schaden genommen haben; zuweilen zeigen auch die Behörden „Verständnis für das natürliche Informationsbedürfnis der Bevölkerung". Der riesige Bergrutsch bei Mössingen 1983, der am Kirchsteigtobel bei Urbach 2001: Beide Male wird das Extremereignis zum Ausflugsziel, die Medien tragen das ihre dazu bei. In Mössingen musste anfangs ein Polizeiaufgebot mit Hundestaffel die anrollende Völkerwanderung von der noch immer lebensgefährlich unruhigen Rutschung fernhalten. Das viele Hektar große Geröllfeld entwickelt sich zu einem ökologischen Paradies auf Zeit, zu einem Naturschutzgebiet aus der Vernichtung heraus.

Die Mössinger Steinrutschung war zudem mit ein Grund für die Ausweisung und Vermarktung der Schwäbischen Alb als Geotop, während die Erdbewegung am Kirchsteigtobel zwischenzeitlich als ungewollte „neue Sehenswürdigkeit", ja geradezu als Wahrzeichen von Urbach geadelt ist. Seit 2007 erläutern Schautafeln entlang eines drei Kilometer langen Bergrutsch-Rundwegs die Geschichte, Geologie und Ökologie des betroffenen Gebietes.

Ein Thema noch aus jüngerer Zeit: Selten hat ein Naturschauspiel europaweit eine größere Hysterie ausgelöst als die totale Sonnenfinsternis vom 11. August 1999. Aber es war nicht die Vorzeichenangst der Römer oder die Weltuntergangsfurcht des 17. Jahrhunderts, dazu sind die Schrecken der Dunkelheit bei Tage längst zu sehr entzaubert und berechenbar; vielmehr war es ein Medienhype der ganz besonderen Art. Für die meisten Mitteleuropäer bot sich 1999 die erste und einzige Gelegenheit im Leben, an einem solchen Begebnis in der engeren Heimat teilzuhaben. Schon bei den letzten zuvor in Süddeutschland wahrnehmbaren Sonnenfinsternissen von 1887 und 1912 schauten Interessierte durch leicht geschwärzte Glasscheiben hinauf zum Himmel, die *Furtwanger Nachrichten* richteten den Blick damals weit in die Zukunft: „Wer es nicht der Mühe wert fand, dies großartige Naturereignis zu beobachten, dem ist nach 87 Jahren hierzu wieder Gelegenheit geboten, denn nach astronomischer Berechnung findet die gleiche Sonnenfinsternis im Jahre 1999 wieder statt; doch wir alle werden dort sicher keine geschwärzten Gläser mehr brauchen."

Ohnehin gab es statt abgedunkelter Scheiben jetzt eigens „SoFi"-Schutzbrillen, um die hier und da am Ende ein regelrechter Kampf entbrannte mit „Schwarzmarktpreisen" von bis zu zwanzig Mark. Städte und Gemeinden stilisierten eigens angesetzte Volksfeste zu „Mega-Events", die sich dann (nur ein paar Beispiele) in Leonberg „Sonnenparty mit Sun-Drinks", in Filderstadt „Sun and Fun" und in Backnang „Sonnenfinsternis – total und live" nannten. Ausgelassene Stimmung; dann kamen der kühle Wind und die mattfahle Dunkelheit, und vielen wird es ergangen sein wie dem Dichter Adalbert Stifter, Augenzeuge einer Eklipse im Juli 1842. Dank seiner naturwissenschaftlichen Vorbildung wusste er ungefähr, was geschehen würde, aber so fremd und unheimlich hatte er es sich nicht vorgestellt. Ehrfurcht, Bewusstsein der eigenen Winzigkeit, Ahnung von Unendlichkeit, das sind Worte, die 1999 im Nachhinein gesprochen wurden und die schon Stifter hätte sagen können. Der nahm im Augenblick der Sonnenfinsternis „ein einstimmiges ‚Ah' aus Aller Munde" wahr, „und dann Todtenstille, es war der Moment, da Gott redete und die Menschen horchten". Was blieb, war die Erinnerung: „Nie, nie werde ich jene zwei Minuten vergessen."

Werden wir auch weiterhin verwundbar bleiben? Unsere Zukunft im Anthropozän

„Wer sich nicht an die Vergangenheit erinnern kann, ist dazu verdammt, sie zu wiederholen." Es ist tausendmal und in unzähligen Zusammenhängen zitiert worden, dieses Wort des amerikanischen Philosophen und Schriftstellers George Santayana; 1905 geschrieben, wirkt es wie ein Menetekel der Kriege und Krisen im 20. Jahrhundert. Auch für den Umgang des Menschen mit Naturkatastrophen hat es Gültigkeit. Allerdings reicht es nicht aus, sich nur an bekannte Gefahren zu erinnern und ihnen zu begegnen. Neue kommen hinzu, die erst in der Verzahnung zwischen Extremereignis und technischer Infrastruktur überhaupt denkbar geworden sind: das Brechen von Staudämmen, Nuklearunfälle bei Erdbeben, großflächige Verseuchungen von Flüssen und Böden durch toxische Stoffe, durch Chemikalien, durch Öl. Andere kehren nach Jahrhunderten in verwandelter Form und aus anders gearteten Gründen wieder, nehmen wir die offenkundige Klimaerwärmung. Manche Wissenschaftler sehen die Weltbevölkerung schon eingetreten in ihr eigenes Erdzeitalter, das Anthropozän, in dem – positiv oder negativ – der umweltverändernde Einfluss des Menschen zum wirkmächtigsten Faktor überhaupt geworden ist. Was haben wir vor diesem Hintergrund von der Zukunft zu erwarten?

Unruhige Zeiten

Die Vorstellung von der globalen Erwärmung war bereits in der Welt, als zunächst Wiebke und neun Jahre später Lothar Teile des Schwarzwaldes zu Kleinholz schlugen. „Kaum mehr Zweifel an der Treibhaustheorie" könne fortan bestehen, so konstatierte der Villinger Forstdirektor Wolf Hockenjos, den Wäldern stünden unruhige Zeiten bevor. Tatsächlich hat die Zahl tropischer

Wirbelstürme im Nordatlantik in den letzten Jahrzehnten leicht zugenommen, trotzdem wird die Frage nach den Zusammenhängen nicht mehr ganz so eindeutig beantwortet. Die Experten sind vorsichtig geworden bei dieser Diskussion. Lässt sich das vermehrte Auftreten von Orkanen wirklich als Trend und als Indikator neuer, vom Menschen beeinflusster Klimabedingungen begreifen? Oder gab es nicht schon immer einfach solche Zeiten und solche, mal mit mehr, mal mit weniger Unwettern und Sturmkatastrophen? Behält womöglich jener Stuttgarter Zeitgenosse recht, der Mitte des 19. Jahrhunderts mit großer Selbstverständlichkeit notierte: „Der ungewöhnlich gelinde Winter, kalte Frühling und sehr heiße Sommer verursachten bei den Menschen mancherlei Gespräche und Vermuthungen. Solche ungewöhnliche Jahreszeiten aber haben wir schon oft gehabt und sie werden oft noch kommen." Und weiter: „Nichts geschieht jetzt, was nicht schon geschehen ist, und einst wieder geschehen wird."

Nimmt man nun indes die Schnittmenge all dessen, was Meteorologen und Geowissenschaftler dem süd- und südwestdeutschen Raum für die kommenden Jahrzehnte an klimabedingten Veränderungen prophezeien, fällt doch manches Deckungsgleiche ins Auge; speziell die Erwartung, dass unberechenbare Witterungsextreme insgesamt sich häufen und zeitlich dichter beieinander liegen werden. Vor allem die Menschen am Oberrhein müssen auf besonders starke Veränderungen vorbereitet sein. Die beiden Hauptjahreszeiten Sommer und Winter bekommen für sie ein deutlich anderes Gesicht.

Zuerst der Sommer. Abnehmen werden die Niederschläge, manche Szenarien sprechen von zwanzig, andere von vierzig Prozent Rückgang bis zum Ende des 21. Jahrhunderts. Das sorgt für Niedrigwasser in der Rheinebene, mit ökologischen Auswirkungen auf Flora und Fauna, in wirtschaftlicher Hinsicht auf die Binnenschifffahrt und den Betrieb der Kraftwerke. Wenn es aber doch regnet, dann gleich als Unwetter mit Hagel, Sturmböen und lokalen Überschwemmungen – extrem starke Gewitter ereignen sich heute im Abstand von fünfzig Jahren, künftig vielleicht von zehn. Es wird vermehrt tagelange heiße Perioden geben, zeitweilig regelrechte Dürren. Maximaltemperaturen, die früher einmal im halben Jahrhundert auftraten, wiederholen sich womöglich zweimal im Jahrzehnt. Mit der Zahl an Sommertagen nimmt der Hitzestress zu, in Teilen von Baden-Württemberg und Bayern klettert das Thermometer um bis zu vier Grad weiter nach oben als heute. Es wird ungemütlich; schlimmstenfalls potenzieren sich die Klimaeffekte und setzen fatale ökologische Kippprozesse in Gang. Anpassung ist erforderlich. Ob Mannheim, Karlsruhe, Ludwigshafen oder auch Stuttgart, grüne Lungen werden wichtiger sein denn je; eine Herausforderung für die Stadtplanung. Mehr südlich schmilzt im Hochgebirge der verbindende

Dauerfrost, die Folge sind Steinschläge und Abgänge von Geröll, ganze Berg-flanken in den Alpen werden instabil, geraten in Bewegung. Anders der Winter. Er wird wärmer und deutlich nässer. Statt als Schnee geht der Niederschlag vermehrt auch in dieser kühleren, aber nur selten noch wirklich kalten Jahreszeit als Starkregen nieder. Schon heute sind Tage mit ge-schlossenen Schneedecken rarer geworden; setzt dieser Trend sich fort, steht dem Schwarzwald als Wintersportgebiet eine tiefe Krise bevor. Mit den Wol-kenbrüchen steigt im Winter das Hochwasserrisiko, vor allem wenn zum Re-gen zeitgleich die Schneeschmelze in höheren Lagen kommt. Erdrutsche des durchweichten Bodens der Schwäbischen Alb nehmen ebenfalls zu.

Sei es bewusst, sei es aus einem unterschwelligen Bauchgefühl heraus: Die Menschen im Land haben ein Empfinden für die möglichen drohenden Gefah-ren. Repräsentative Umfragen der Jahre 2012 und 2014 zeigen, dass keine Be-völkerung eines deutschen Bundeslandes sich mehr vor einer steigenden Zahl an Naturkatastrophen fürchtet als gerade die Baden-Württemberger. Die sehen zwar ansonsten recht optimistisch in die Zukunft und belegen bei den übrigen Ängsten eher Ränge im mittleren oder hinteren Feld der Statistik, aber fast zwei Drittel machen sich Sorgen wegen der Zunahme von Extremereignissen. Und nur im Südweststaat, unter allen sechzehn Bundesländern, steht diese Furcht auf dem Spitzenplatz.

Vorbereitet sein

Entscheidend ist die Frage: Sind wir vorbereitet? Die meiste Sicherheit schaffen gewiss unsere technischen Möglichkeiten, Risiken zu minimieren, unsere bau-lichen und ökologischen Standards, dann auch die Handhabe zur Vorhersage und frühzeitigen Warnung, gerade dies mit immer mustergültigerer Präzision. Dank leistungsfähiger Rechner kann die Entwicklung der Witterung und ausge-dehnter Sturmfronten bereits mit einem Vorlauf von dreißig Stunden bei einer Trefferquote von neunzig Prozent angekündigt werden; dem jahreszeitlich sehr späten Orkantief Niklas ging Ende März 2015 sogar bereits 72 Stunden zuvor eine Warnung voraus. Bei Überschwemmungen, siehe das Rheinhochwasser Ende 1993, stimmt die Prognose für den folgenden Tag oft auf den Zentime-ter genau. Das gelingt im Großen und soll irgendwann im Kleinen ebenfalls möglich sein, wo die Experten bei plötzlichen gebietsweisen Unwettern derzeit kaum über den Gemeinplatz von der „lokalen Gewitterneigung" ohne Angabe von Ort und Zeit hinauskommen. Die Universität Hohenheim und das Karlsruher Institut für Technologie haben federführend ein internationales Projekt betreut, mit dessen Hilfe die Sturmgefahr in hoher regionaler Auflösung vorhersagbar werden soll. Landesweite und lokale Pläne für die Katastrophenvorbeugung und den Katastrophenschutz im Ernstfall liegen bei den Behörden griffbereit in den Schubladen. Sorgen Radio, Fernsehen und neue Medien für entsprechend rasche Nachrichtenverbreitung, lassen sich die Risiken in der betroffenen Gegend durch den Einsatz geschulter Kräfte wirkungsvoll verringern. Ebenso die Opferzahlen. Die sind, Europa betrachtet, eher rückläufig. Siehe den Blitzschlag, früher permanente Lebensgefahr und noch um 1800 alljährlich verantwortlich für etwa dreihundert Tote in Deutschland; kaum zehn sind es heute. Aber nicht so sehr, weil wir uns gezielter schützen, sondern allein schon weil sich Menschen seltener zwingend im Freien aufhalten müssen – wie überhaupt die abnehmende Zahl der Betroffenen weniger einem angemessenen Umgang mit Naturgefahren zu verdanken ist als unserer völlig veränderten Lebensweise, verglichen mit früheren Zeiten.

Denn dass wir wirklich überblickten, wie im Katastrophenfall zweckmäßig zu handeln wäre, dass jeder Betroffene etwas Sinnvolles zur bürgerschaftlichen Selbsthilfe beitragen könnte, dass er gar mit Verletzten und Toten umzugehen wüsste – dies zu behaupten erscheint mehr als gewagt. Es hat schon seinen Grund, warum professionelle Hilfsorganisationen entstanden sind, entstehen mussten. Heruntergebrochen auf jeden Einzelnen von uns ist die Vorsorge nämlich völlig ungenügend, aber wahrscheinlich auch nicht viel besser machbar. Es bleibt das alte Problem: Insgesamt sind die meisten wirklich schwerwiegenden Extremereignisse in Süddeutschland zu lokal und zu sporadisch, als dass sich eine Gesellschaft, quasi über Generationen hinweg, auf sie vorbereiten könnte. Im Ernstfall hat dann doch kaum jemand mit ihnen gerechnet. Gerade ihr Ausnahmecharakter hindert uns daran, Erfahrungen mit ihnen zu sammeln. Erinnern wir uns an die Worte des Augenzeugen, als 1847 im Steinachtal so unerwartet das Hochwasser kam: „Wir wußten nicht, was das seyn sollte." Etwas grundlegend anderes wäre heute in der gleichen Situation von den Betroffenen wohl kaum zu erwarten.

Dass er sich an der Prävention beteiligt, dass er Vorkehrungen trifft und sein Wohnhaus mit Blick auf Erdbebensicherheit ertüchtigt, dass er sich über konkrete Gefahren und Notfallpläne informiert oder als freiwilliger Helfer im Katastrophenschutz engagiert – alles das kann vom Einzelnen nur erwartet werden, wenn er sich mit individuellem Risikobewusstsein über die Bedrohungen im Klaren ist. Damit sich das jedoch entwickeln kann, ist nichts ausschlaggebender als eben die direkte Erfahrung mit Naturgewalten. Oder zumindest eine regelmäßige Konfrontation mit ihnen in öffentlichen Bekanntmachungen und Medienberichten. Aber auch dass nach jeder Katastrophe die „Erinnerungskurve" rasch absinkt und der Begriff für Gefahren im privaten Bereich wieder schwindet, ist alles andere als neu. Selbst wenn laut den jüngsten Umfragen niemand in Deutschland mehr in Sorge ist über zunehmende Desaster als die Menschen in Baden-Württemberg, taugt das nicht zum Gegenbeweis, denn zwischen Fürchten und Handeln, zwischen Angst und Aktionsbereitschaft liegen Welten. „Mit Hochwasser beschäftigen wir uns nur, wenn wir Hochwasser haben", sagt der Fernsehmeteorologe Sven Plöger, „sonst nicht." Sofort nach der Flut scheint enormer Handlungsdruck, jeder will schnell entsprechende Versicherungen für seinen Besitz abschließen; dann bald schon nicht mehr. Bebt die Erde und entstehen Schäden, wird dringend nach dem Katastrophenschutz gerufen; eine Weile später sehen Betroffene kaum noch ein, ihr gutes eigenes Geld für bauliche Maßnahmen gegen ein derart seltenes Extremereignis aufzuwenden. Erst also der Ruf nach dem Staat, dann das leichtfertige Es-wird-schon-gutgehen-Spiel auf individueller Ebene. Experten erklären die Abfolge von „Schäden ersetzen – Gefährdungen ignorieren – Vorsorge vernachlässigen – die Angelegenheit vergessen und weiter investieren – durch plötzliche Katastrophe überrascht werden" zu einer Art menschlicher Konstante.

Wahrscheinlich haben sie recht. Vorausschauende Raumplanung, frühzeitige Sturmwarnungen, Richtlinien für erdbebensicheres Bauen, kleinparzellierte Gefahrenkarten, Elementarschadenversicherungen, Katastrophenschutz, Berufsfeuerwehren – wohl unterstützt uns das alles darin, schwerste Schäden zu verhindern oder wenigstens hernach deren Folgen zu lindern. Doch selbst in unserem hochindustrialisierten, von schlimmen Extremereignissen nur sporadisch heimgesuchten Mitteleuropa ist vollständige Sicherheit nicht machbar. Unberechenbares gehört zu unserem Leben und zu unserer Welt, immer wieder können durch zerstörerische Naturgewalten scheinbare Gewissheiten umgestoßen werden. Es gilt, sich anzupassen, das Risiko zu akzeptieren und damit umzugehen. Verwundbar werden wir auch weiterhin bleiben.

Literatur (Auswahl)

Naturkatastrophen und Naturereignisse allgemein

Horst Dieter Becker / Bernd Domres / Diana von Finck (Hrsg.): Katastrophe. Trauma oder Erneuerung?, Tübingen 2001

Bartolomé Bennassar (Hrsg.): Les catastrophes naturelles dans l'Europe médiévale et moderne. Actes des XVes Journées Internationales d'Histoire de l'Abbaye de Flaran 10, 11 et 12 septembre 1993, Toulouse 1996

Serge Briffaud: Vers une nouvelle histoire des catastrophes, in: Sources. Travaux historiques, Bd. 33, Paris 1993, S. 3–5

Falko Daim / Detlef Gronenborn / Rainer Schreg (Hrsg.): Strategien zum Überleben. Umweltkrisen und ihre Bewältigung. Tagung des Römisch-Germanischen Zentralmuseums, 19./20. September 2008 (RGZM-Tagungen, Bd. 11), Mainz 2011

Richard Dikau / Juergen Weichselgartner: Der unruhige Planet. Der Mensch und die Naturgewalten, Darmstadt 2005

Carsten Felgentreff / Thomas Glade (Hrsg.): Naturrisiken und Sozialkatastrophen, Heidelberg 2008

Gerhard Fouquet: Für eine Kulturgeschichte der Naturkatastrophen. Erdbeben in Basel 1356 und Großfeuer in Frankenberg 1476, in: Andreas Ranft / Stephan Selzer (Hrsg.): Städte aus Trümmern. Katastrophenbewältigung zwischen Antike und Moderne, Göttingen 2004, S. 101–131

Gerhard Fouquet / Gabriel Zeilinger: Katastrophen im Spätmittelalter, Darmstadt / Mainz 2011

Monika Gisler / Katja Hürlimann / Agnes Nienhaus (Hrsg.): „Naturkatastrophen". „Catastrophes Naturelles" (Traverse. Zeitschrift für Geschichte, Jg. 10, Bd. 3), Zürich 2003

Johann Georg Goldammer (Hrsg.): Extreme Naturereignisse und Vulnerabilität. Erstes Forum Katastrophenvorsorge, Freiburg im Breisgau, 29.–30. September 2000, Bonn 2001

Dieter Groh / Michael Kempe / Franz Mauelshagen: Naturkatastrophen. Beiträge zu ihrer Deutung, Wahrnehmung und Darstellung in Text und Bild von der Antike bis ins 20. Jahrhundert (Literatur und Anthropologie, Bd. 13), Tübingen 2003

Jürgen Hagel: Naturkatastrophen im Stuttgarter Raum, in: Eckart Olshausen / Holger Sonnabend (Hrsg.): Naturkatastrophen in der antiken Welt. Stuttgarter Kolloquium zur Historischen Geographie des Altertums 6, 1996 (Geographica Historica, Bd. 10), Stuttgart 1998, S. 284–290

Christa Hammerl / Thomas Kolnberger / Eduard Fuchs (Hrsg.): Naturkatastrophen. Rezeption – Bewältigung – Verarbeitung (Konzepte und Kontroversen, Bd. 7), Wien u. a. 2009

Kay Peter Jankrift: Brände, Stürme, Hungersnöte. Katastrophen in der mittelalterlichen Lebenswelt, Ostfildern 2003

Andrea Janku / Gerrit J[asper] Schenk / Franz Mauelshagen (Hrsg.): Historical disasters in context: Science, religion, and politics (Routledge studies in cultural history, Bd. 15), New York 2012

Elmar Kulke / Herbert Popp (Hrsg.): Umgang mit Risiken. Katastrophen – Destabilisierung – Sicherheit. Deutscher Geographentag 2007 Bayreuth, ebenda / Berlin 2008

Uwe Lübken: Zwischen Alltag und Ausnahmezustand. Ein Überblick über die historiographische Auseinandersetzung mit Naturkatastrophen, in: WerkstattGeschichte, Jg. 13, H. 38, Essen 2004, S. 91–100

Bruno Merz / Heiko Apel: Risiken durch Naturgefahren in Deutschland. Abschlussbericht des BMBF-Verbundprojektes Deutsches Forschungsnetz Naturkatastrophen (DFNK), GeoForschungsZentrum Potsdam, ebenda 2004

Trevor Palmer: Perilous Planet Earth. Catastrophes and Catastrophism through the Ages, Cambridge 2003

Franz Paradeis: Zwei außerordentliche Naturereignisse vom 21. Juli 366 und vom 3. Januar 1112, insbesondere eine Beleuchtung einer dunklen Vorzeit von Rottenburg am Neckar, seiner näheren und weiteren Umgebung, in: Reutlinger Geschichtsblätter, Bd. 16, Reutlingen 1905, S. 34–44, S. 49–62, S. 86–92; Bd. 17, 1906, S. 3–7, S. 40–47, S. 86–90; Bd. 18, 1907, S. 23–29, S. 43–47, S. 94–96; Bd. 19, 1908, S. 13–15

Christian Pfister: Wetternachhersage. 500 Jahre Klimavariationen und Naturkatastrophen (1496–1995), Bern / Stuttgart / Wien 1999

Christian Pfister (Hrsg.): Am Tag danach. Zur Bewältigung von Naturkatastrophen in der Schweiz 1500–2000, Bern / Stuttgart / Wien 2002

Christian Pfister / Stephanie Summermatter (Hrsg.): Katastrophen und ihre Bewältigung. Perspektiven und Positionen, Bern / Stuttgart / Wien 2004

Tina Plapp: Wahrnehmung von Risiken aus Naturkatastrophen. Eine empirische Untersuchung in sechs gefährdeten Gebieten Süd- und Westdeutschlands (Karlsruher Reihe II: Risikoforschung und Versicherungsmanagement, Bd. 2), Karlsruhe 2004

Erich J. Plate / Bruno Merz (Hrsg.): Naturkatastrophen. Ursachen – Auswirkungen – Vorsorge, Stuttgart 2001

Christian Rohr: Mensch und Naturkatastrophe. Tendenzen und Probleme einer mentalitätsbezogenen Umweltgeschichte des Mittelalters, in: Sylvia Hahn / Reinhold Reith (Hrsg.): Umwelt-Geschichte. Arbeitsfelder, Forschungsansätze, Perspektiven (Querschnitte, Bd. 8), Wien / München 2001, S. 13–31

Christian Rohr (Red.): Naturkatastrophen in der Geschichte. Wahrnehmung, Deutung und Bewältigung von extremen Naturereignissen in Risikokulturen (Historische Sozialkunde. Geschichte, Fachdidaktik, politische Bildung, Jg. 38, H. 2), Wien 2008

Roman Sandgruber: Geschichte der Katastrophen – Katastrophen und Geschichte, in: Kriege – Seuchen – Katastrophen. Vorträge des 26. Symposions des Niederösterreichischen Instituts für Landeskunde, Waidhofen 2006 (Studien und Forschungen aus dem Niederösterreichischen Institut für Landeskunde, Bd. 46), St. Pölten 2007, S. 9–20

Gerrit Jasper Schenk: Katastrophen. Vom Untergang Pompejis bis zum Klimawandel, Ostfildern 2009

Gerrit Jasper Schenk / Monica Juneja / Alfred Wieczorek / Christoph Lind (Hrsg.): Mensch. Natur. Katastrophe. Von Atlantis bis heute. Begleitband zur Sonderausstellung (Publikationen der Reiss-Engelhorn-Museen, Bd. 62), Regensburg 2014

Winfried Schenk / Andreas Dix: Naturkatastrophen und Naturrisiken in der vorindustriellen Zeit und ihre Auswirkungen auf Siedlungen und Kulturlandschaft (Siedlungsforschung. Archäologie – Geschichte – Geographie, Bd. 23), Bonn 2005

Hermann Scheurer (Bearb.): Naturkatastrophen im Nagoldtal in Vergangenheit und Gegenwart (Nagolder Geschichtsblätter, Bd. 42), Nagold 1997

Andreas Schmidt: „Wolken krachen, Berge zittern, und die ganze Erde weint …" Zur kulturellen Vermittlung von Naturkatastrophen in Deutschland 1755 bis 1855, Münster u. a. [Habilitation] 1999

Götz Schneider: Naturkatastrophen, Stuttgart 1980

Holger Sonnabend: Naturkatastrophen in der Antike. Wahrnehmung – Deutung – Management, Stuttgart / Weimar 1999

Gerd Tetzlaff / Thomas Trautmann / Kai S. Radtke (Hrsg.): Extreme Naturereignisse – Folgen, Vorsorge, Werkzeuge. Zweites Forum Katastrophenvorsorge, Leipzig, 24.–26. September 2001, Bonn / Leipzig 2002

Jerry Toner: Roman Disasters, Malden 2013

François Walter: Katastrophen. Eine Kulturgeschichte vom 16. bis ins 21. Jahrhundert, Stuttgart 2010

Stephan Wild-Eck / Anita Schenk Zumbrunn / Marcel Hunziker: Naturereignisse im Spiegel der Gesellschaft, Birmensdorf 2004

Unwetter, Sturm und Hagel

J[ohann] L[orenz] Böckmann: Ueber Blitzableiter. Neue Auflage von G[ustav] Fr[iedrich] Wucherer, Karlsruhe 1830 [ursprünglich 1791]

Mario F. Broggi / Philippe Roch (Hrsg.): Lothar. Der Orkan 1999. Ereignisanalyse, Birmensdorf / Bern 2001

Anton Bühler: Die Hagelbeschädigungen in Württemberg während der 60 Jahre 1828–1887 (Sonderabdruck aus den Württembergischen Jahrbüchern für Statistik und Landeskunde, Jg. 1888), Stuttgart 1890

A[lbert] Cappel / P[eter] Emmrich: Zwei Wetterkatastrophen des Jahres 1972: Der Niedersachsen-Orkan und das Gewitterunwetter von Stuttgart (Berichte des Deutschen Wetterdienstes, Nr. 135, Bd. 17), Offenbach a. M. 1975

Werner Erb (Hrsg.): Orkan „Lothar". Bewältigung der Sturmschäden in den Wäldern Baden-Württembergs. Dokumentation, Analyse, Konsequenzen (Schriftenreihe der Landesforstverwaltung Baden-Württemberg, Bd. 83), Stuttgart 2004

Gerald Frey / Konstanze Kaupat / Edzard Kellermann / David Krauß / Christian Stubbe: Hagel – Schock – Schwere Not. Hagelschaden und Hagelhilfe im Hohenlohischen und der Umgebung von Bad Mergentheim, ebenda [unveröffentlichte Seminararbeit am Deutschorden-Gymnasium] 1997

Georg Friedrich Griesinger: Gründe und Mittel wider die allzugroße Furcht für den Gewittern, Stuttgart 1774

Christian Groh: Der Tornado in Pforzheim 1968. Fakten und inszenierte Erinnerungen, in: Informationen zur modernen Stadtgeschichte, Jg. 2003, H. 1, Berlin 2003, S. 30–35

J[ohann] Jakob Hemmer: Anleitung, Wetterleiter an allen gattungen von gebäuden auf di sicherste art anzulegen, Mannheim 1788

Patrick Heneka: Schäden durch Winterstürme – das Schadensrisiko von Wohngebäuden in Baden-Württemberg, Karlsruhe [Dissertation] 2006

Wolf Hockenjos: „Lothar" – ein Förstertrauma. Der Jahrhundertorkan aus dem Blickwinkel eines Forstamtsleiters, in: Schriften des Vereins für Geschichte und Naturgeschichte der Baar, Jg. 44, Donaueschingen 2001, S. 57–70

Christoph Kottmeier: Wettergefahren in Südwestdeutschland, in: Fridericiana. Zeitschrift der Universität Karlsruhe (TH), H. 62, Karlsruhe 2004, S. 33–47

Manfred Kurz: Die Dezemberstürme 1999 (Berichte des Deutschen Wetterdienstes, Bd. 220), Offenbach a. M. 2002

Gerhard Maag: Hagelschäden in Baden-Württemberg seit 1980: Schadensbilanz vor dem Hintergrund des Stuttgarter Hagelabwehrversuchs, in: Baden-Württemberg in Wort und Zahl (Statistische Monatshefte), Jg. 40, H. 5, Stuttgart 1992, S. 227–234

Frank Oberholzner: Von einer Strafe Gottes zu einem versicherbaren Risiko. Bemerkungen zum Wandel der Wahrnehmung von Hagelschlag in der Frühen Neuzeit, in: Zeitschrift für Agrargeschichte und Agrarsoziologie, Jg. 58, H. 1, Frankfurt a. M. 2010, S. 92–101

Conrad Wolfgang Platz: Newe Zeitung und Bußspiegel / Von dem Straal / so zu Biberach dises lauffenden 84. Jars / den 10. tag Maij / in den Kirchen unnd Glockenthurn eingeschlagen, Tübingen 1584 (Nachdruck Biberach 1984)

[Wilhelm Heinrich Theodor] Plieninger: Ueber die Blitzableiter, ihre Vereinfachung und die Verminderung ihrer Kosten. Nebst einem Anhang über das Verhalten der Menschen bei Gewittern, Stuttgart 1835

J[ohann] H[einrich] M[oritz] Poppe: Gewitterbüchlein zum Schutz und zur Sicherheit gegen die Gefahren der Gewitter, Tübingen 1830

Johann Jacob Stoll: Beleuchtung einiger Vorurtheile in Ansehung der Donnerwetter und Blitzableiter, Lindau 1790

Joseph Weber: Unterricht von den Verwahrungsmitteln gegen die Gewitter für den Landmann, samt der Untersuchung was das Schiessen auf die Gewitter wirke?, Dillingen 1784

Joseph Weber: Ueber die Unwirksamkeit des Schießens auf die Gewitter, Dillingen 1791

Stephan Wild-Eck: Lothar – Wahrnehmung der Bevölkerung (Bundesamt für Umwelt, Wald und Landschaft, Umwelt-Materialien, Bd. 155, Wald), Bern 2003

Hagelpredigten

Matthaeus Alber / Wilhelm Bidembach: Ein Summa etlicher Predigen vom Hagel und Unholden / gethon in der Pfarkirch zu Stuttgarten imm Monat Augusto / Anno M. D. LXII, Tübingen 1562

Belehrungs- und Trostrede nach einem sehr schweren Hagelwetter an seine Pfarrgemeinde gehalten, von J. F. P- K. u. Pf. z. St---- am neunten Sonntage

nach Pfingsten des Jahres 1794, und zum Besten der dürftigsten Verunglückten in Druck gegeben, Bregenz 1794

[Franz Eberhard] von Breitschwert: Predigt am 11. Sonntag nach Trinitatis,
den 2. Sept[em]b[e]r 1832 über die neugewählten biblischen Abschnitte
Mark[us] 12, 41–44, Jakob[us] 2, 13–17 im Hinblick auf die durch Hagelschaden Verunglückten, Böblingen 1832

Philipp Joseph Brunner: Trostpredigt über Matth[äus] 6, 24–34, auf den 14ten
Sonntag nach Pfingsten 1793, nebst einem öffentlichen Kirchengebete, nach
einem Hagelschlage gehalten, Heidelberg 1794

Johann Gottlieb Faber: Predigt von dem grossen Schaden, den die hartnäkige
Verachtung des göttlichen Worts nach sich zieht, über das Evangelium an
Dom[inica] I. Trinit[atis] zugleich aus Veranlassung eines heftigen Donner-
und Hagelwetters, welches Freytags zuvor, den 30. May 1766 über die Stadt
Tübingen und die umliegende Gegenden ausgebrochen, und grosse Verwü-
stung angerichtet hat, Tübingen [1766]

Johann Christoph Glöckler: Predigt über die [...] vorgekommene Sonntägliche
Abend=Lection, insonderheit über die Worte: Gott ist die Liebe! Darinnen
kürtzlich gezeigt worden, wie das zwey Tag zuvor den 30. May 1766 in Tübingen und etlichen benachbarten Amts=Orten ausgebrochene Hagel-Wetter /
und der dadurch entstandene Feld= und Güter=Schaden Christlich angesehen und zur Besserung des Hertzens angewandt werden solle, Tübingen 1766

[Christoph Friedrich] Haas: Hagelpredigt, gehalten zu Ruith am 15. Sonntag
nach Trinitatis, den 4. September 1853, Stuttgart 1853

Kurze Abhandlung über die Frage: Was von der Kraft, und Wirkung des Wetterläutens, und anderer in der katholischen Kirche üblichen Sachsegnungen
zu halten. Wider den Herrn Verfasser der Belehrungs- und Trostrede nach
einem sehr schweren Hagelwetter an seine Pfarrkinder gehalten, beantwortet
von einem Liebhaber der Wahrheit, Kempten 1799

Georg Conrad Pregitz[er]: Das von Gott zwar hart gestraffte und gezüchtigte / Aber mitten in einem erschrecklichen Ungewitter gnädig erhaltene und
zu wahrer Buße erweckte Tübingen, Oder Gründlicher Unterricht / Wie die
Straffen und Plagen Gottes insgemein / sonderlich die schädliche Donner=
und Hagel=Wetter anzusehen usw., Tübingen 1720

[Gottlob Adam] Schall: Hagelpredigt, gehalten in Hößlinswarth am 7. Sonntag
nach Trinitatits, den 11. Juli 1875, Schorndorf 1875

Johann Georg Sigwart: Ein Predigt vom Hagel und Ungewitter. Im Jahr Christi
/ 1613. den 30. May / am Sontag der H. Dreyfältigkeit zu Morgens (als am
Sambstag abends zuvor Nachmittag vor 5. Uhren ein schröcklicher Hagel

gefallen) zu Tübingen in der StifftsKirchen zu S. Georgen gehalten / unnd
auff guthertziger erinnern und begehren in Truck gegeben, Tübingen 1613
[Ernst Gustav] Zeller: Predigt nach dem in der Nacht vom 11. auf den 12. August in Enzweihingen ausgebrochenen Gewitter und Brands, gehalten am 13. August 1837, Vaihingen 1837

Hagelversicherung
Heinz Ammon: Geschichte der süddeutschen Hagelversicherung unter besonderer Berücksichtigung der Entwicklung in Württemberg, Tübingen [Dissertation] 1937
Paul Belle: Die Hagelversicherung in Hohenzollern von 1830 bis 1952 und das Problem ihrer ökonomisch-organisatorischen Gestaltung, Freiburg i. Br. [Dissertation] 1954
Gespräch zwischen einem Pfarrer und einem Bauern über die beste und sicherste Hagelversicherung, Cannstatt 1842
Grundlage einer Hagelschlags-Versicherung für Württemberg, und in allen Ländern anwendbar, Reutlingen 1824
Eberhard Ramm: Die Hagelversicherungsfrage in Württemberg, Tübingen 1885
P[aul] Theuerle: Die Hagelversicherungs-Anstalt für das Königreich Württemberg, seit ihrem Entstehen bis zum Jahr 1847, Rottweil 1847
Gustav Weis: Geschichte der Hagelversicherung im Großherzogtum Baden, Prenzlau [Dissertation] 1905

Feuer und Stadtbrände

Marie Luisa Allemeyer: Fewersnoth und Flammenschwert. Stadtbrände in der Frühen Neuzeit, Göttingen 2007
Balingen brennt – 1809. Begleitheft zur Ausstellung. Zehntscheuer Balingen, 8. Juli bis 8. November 2009, Balingen 2009
J[ohann] H[einrich] Bäschlin: Der große Brand zu Schaffhausen am 5. Mai 1372, in: Schaffhauser Beiträge zur vaterländischen Geschichte, Bd. 4, Schaffhausen 1878, S. 153–171
Oskar Baumeister: Der große Brand von Donaueschingen am 5. August 1908, Donaueschingen 1926
Hans Benz (Hrsg.): Beschreibung des Brandes zu Neckarbischofsheim 2./3. November 1859 (Beiträge zur Neckarbischofsheimer Heimatgeschichte, Bd. 1), Heidelberg 1968

Immanuel Gottlob Brastberger: Christliche Gedächtnis-Predigt der am
12. Dec[ember] 1750 in der Fürstl[ich] Würtemberg[ischen] Amts-Stadt Nürtingen entstandenen gewaltigen Feuers-Brunst, wie solche am 12. Dec[ember]
1756 als an Domin[ica] III. Advent der Christlichen Gemeinde daselbst gehalten worden, Stuttgart 1756

Philipp Joseph Brunner: Rede über Prediger 9, 12 aus Gelegenheit der am 8ten
September 1787 zu Tiefenbach entstandenen Feuersbrunst, wobey ein Vater,
der sein Kind aus den Flammen retten wollte, samt dem Kinde jämmerlich
verbrannte, Speyer 1787

Michael Fischer: Klage, Ach, und Wehe, enthalten in einem Göttlichen Brieff an
das Seines Schöpffers vergessene und deswegen mit Feuer hart gestraffte Reutt-
lingen, an dem, nach der den 23. Sept[ember] 1726. daselbst entstandenen ent-
setzlichen Feuers=Brunst, auf den 19. p[ost] Trin[itatis] gehaltenen Buß= Bett=
und Fast=Tag, aus Hos[ea] VIII. v. 14. vorgestellt und sammt angehängtem Bericht von ermeldter Feuers=Brunst zum Druck überlassen, Tübingen 1726

Egid Fleck: Die Anfänge der öffentlich-rechtlichen Brandversicherung in den
früheren Gebieten des heutigen Landes Baden-Württemberg, Stuttgart /
Karlsruhe 1958

Albrecht Gühring: „So ist die wehrte Statt ein öder Aschen-Hauffen". Der Marbacher Stadtbrand im Jahr 1693 (Schriften zur Marbacher Stadtgeschichte,
Bd. 7), Marbach a. N. 1993

Hans Harter: Der Teufel von Schiltach. Ereignisse – Deutungen – Wirkungen
(Beiträge zur Geschichte der Stadt Schiltach, Bd. 2), Schiltach 2005

Höchst=bestürtzt= und Thränen=voller kurtzer Bericht / Von der Abscheuli-
chen Feuers=Brunst, so zu Reutlingen den 23ten Septemb[er] als Montags
Nachts / zwischen 8. und 9. Uhr entstanden / und biß Mittwoch den 25ten
dito, gegen Mittag / die völlige Stadt / wenig davon außgenommen / auf das
erbärmlichst eingeäschert, [Reutlingen] 1726

Johann Lorenz Höltzlein: Weinende Augen in dem mit Feuer gestrafften Auggen,
Das ist: Etliche Christliche Predigten nach Anleitung einer im Jahr 1727 den
18. October in Auggen entstandenen gefährlichen Feuers-Brunst, Basel 1727

Carl Meerwein: Beschreibung des den 23. July 1818 in dem Großh[erzoglich]
Bad[ischen] Städtchen Zell im Wiesen-Thal, Amts Schönau entstandenen
verheerenden Brandes, Karlsruhe 1819

[Martin] Schüßler: Der Triberger Stadtbrand 1826, Triberg 1926

Paul Schwarz: Die Stadtbrände in Reutlingen am 23.–25. September 1726 und
in Schwäbisch Hall am 31. August 1728, in: Württembergisch-Franken, Bd.
64, Schwäbisch Hall 1980, S. 139–160

Ernst Zimmermann: 1908 – Donaueschingen brennt. Begleitbuch zur Ausstellung „1908 – Donaueschingen brennt" vom 19. Juli bis 2. August 2008 in der Donauhalle B in Donaueschingen, ebenda 2008

Hochwasser und Überschwemmungen

Friedrich Albrecht: Die Ueberschwemmung im Württemberger Unterland am 1. August 1851. Eine Mahnung und Bitte, Ulm 1851

Annegret Bäßler / Jens Ender: Historische Hochwasser in Mitteleuropa, Norderstedt [Seminararbeit] 2006

Martin Bauch: Die Magdalenenflut 1342 – ein unterschätztes Jahrtausendereignis?, in: Mittelalter. Interdisziplinäre Forschung und Rezeptionsgeschichte, 4. Februar 2014, http://mittelalter.hypotheses.org/3016

Jörg Uwe Belz u.a.: Das Abflussregime des Rheins und seiner Nebenflüsse im 20. Jahrhundert. Analyse, Veränderungen, Trends, Lelystad 2007

Christoph Bernhardt: Zeitgenössische Kontroversen über die Umweltfolgen der Oberrheinkorrektion im 19. Jahrhundert, in: Zeitschrift für die Geschichte des Oberrheins, Bd. 146 (N.F. 107), Stuttgart 1998, S. 293–319

Eduard Bernoulli: Predigt bei der Beerdigung von sechszehn Personen, welche zu Höllstein am 16. Juli 1830 in einer Wasserfluth verunglückt sind, Basel 1830

Karl Heinz Burmeister: Die „zweite Sündfluth". Das Rhein- und Bodensee-Hochwasser von 1566, in: Schriften des Vereins für Geschichte des Bodensees und seiner Umgebung, H. 124, Ostfildern 2006, S. 111–137

Eberhard Friedrich Cleß: Zwei Predigten gehalten bei der wiederholten Ueberschwemmung in Wangen und gutthätigen Menschen=Freunden zum Besten der am meisten Bedrängten gewidmet, Stuttgart 1789

[Cosimo Alessandro] Collini: Ueber die Ueberschwemmungen des Neckars bei Mannheim mit Beweisen und Erläuterungen, Mannheim 1790

Walter Degenfeld: Die furchtbare Überschwemmung des Eyachthales, welchem viele Menschenleben zum Opfer fielen, Reutlingen [1895]

[Ernst Ferdinand Deurer]: Umständliche Beschreibung der im Jänner und Hornung 1784 die Städte Heidelberg, Mannheim und andere Gegenden der Pfalz durch die Eisgänge und Ueberschwemmungen betroffenen grosen Noth; nebst einigen vorausangeführten Natur=Denkwürdigkeiten des vorhergehenden Jahres, Mannheim 1784

Mathias Deutsch / Rüdiger Glaser / Karl-Heinz Pörtge u. a.: Historische Hochwasserereignisse in Mitteleuropa. Quellenkunde, Interpretation und Auswertung, in: Geographische Rundschau, Jg. 62, H. 3, Braunschweig 2010, S. 18–24

Paul Dostal / Katrin Bürger / Jochen Seidel: Das Neckarhochwasser von 1824 – Historische Hochwasseranalyse als Mittel für ein verbessertes Hochwasserrisikomanagement, in: Christoph Ohlig (Hrsg.): Von der cura aquarum bis zur EU-Wasserrahmenrichtlinie (Schriften der Deutschen Wasserhistorischen Gesellschaft, Bd. 11, 2. Halbband), Siegburg / Norderstedt 2007, S. 493–503

Heinz Engel: Eine Hochwasserperiode im Rheingebiet. Extremereignisse zwischen Dez[ember] 1993 und Febr[uar] 1995 (Bericht der Internationalen Kommission für die Hydrologie des Rheingebietes 1, Nr. 17), Lelystad 1999

Jürgen Herget: Am Anfang war die Sintflut. Hochwasserkatastrophen in der Geschichte, Darmstadt 2012

Johann Christian Heusson: Diluvium Franconium magnum, das ist: Wahrhaffte und Historische Nachricht von der grossen Fränckischen Wasser-Fluth, welche bey einem schweren Donner-Wetter durch den dabey erfolgten Platz-Regen in der Michaelis-Nacht zwischen dem 29. und 30. Sept[ember] 1732 verursacht worden, Frankfurt a. M. 1733

Iso Himmelsbach: Erfahrung – Mentalität – Management. Hochwasser und Hochwasserschutz an den nicht-schiffbaren Flüssen im Ober-Elsass und am Oberrhein (1480–2007). (Freiburger geographische Hefte, H. 73), Freiburg i. Br. 2014

Hochwassergefahren am Oberrhein. Darmstädter Wasserbauliches Kolloquium 1995 (Wasserbau-Mitteilungen, Nr. 40), Darmstadt 1995

Max Honsell: Die Hochwasser-Katastrophen am Rhein im November und December 1882, in: Centralblatt der Bauverwaltung, Jg. 3, Berlin 1883, Nr. 5, S. 39–42 und S. 49–52; Nr. 6, S. 53–56

Rolf Jente: Überschwemmungen im Filstal. Hochwasser im Kreis Göppingen 1817–1982 (Veröffentlichungen des Kreisarchivs Göppingen, Bd. 7), Göppingen 1983

Herbert Kappler / Burkard Gassenbauer (Red.): Sonderheft „Hochwasserkatastrophe von 1984", Königheim 2004

K[arl] Kitiratschky: Die Hochwassermarken im Großherzogtum Baden (Beiträge zur Hydrographie des Grossherzogtums Baden, H. 13), Karlsruhe 1911

Ph[ilipp] Klausner: Erinnerungsblätter an die Schreckenstage der Hochfluth von 1882–1883 in Baden, Bayern, dem Hessenlande, Preußen, Württemberg und Elsaß-Lothringen, Mannheim 1883

Richard Lepsius: Der Rheinstrom und seine Überschwemmungen, Darmstadt 1895

Uwe Lübken: „Der große Brückentod". Überschwemmungen als infrastruktu-
relle Konflikte im 19. und 20. Jahrhundert, in: Saeculum. Jahrbuch für Uni-
versalgeschichte, Bd. 58, H. 1, Köln / Weimar / Wien 2007, S.

89–114
Predigt zur Erweckung edler Gesinnungen und eines dankbaren Verhaltens we-
gen der den 28sten Hornung schonend vorüber gegangenen Eißgefahr und
Wasserfluth, [Mannheim] 1784

Jacob Friedrich Reichert: Kurze Beschreibung über die am 13. May 1827 in
Stein im Grossherzogthum Baden entstandene grosse Wassernoth. Nebst einem beygefügten Liede. Verfasst von einem Blinden aus Calw, ebenda 1827

Dieter Röckel: Der Neckar und seine Hochwasser. Am Beispiel von Eberbach,
ebenda [1995]

Christian Rohr: Der Fluss als Ernährer und Zerstörer. Zur Wahrnehmung, Deutung und Bewältigung von Überschwemmungen an den Flüssen Salzach und
Inn, 13.–16. Jh., in: Traverse. Zeitschrift für Geschichte, Bd. 10, H. 3, Zürich
2003, S. 37–48

Peter W. Sattler: Wetter-Nachhersage. Analyse historischer Hochwassermarken
und Chroniken, in: Geschichtsblätter Kreis Bergstraße, Bd. 37, Heppenheim
2004, S. 212–255

Simon Scherrer / Roger Frauchiger / Daniel Näf / Gabriel Schelble: Historische
Hochwasser: Weshalb der Blick zurück ein Fortschritt bei Hochwasserab-
schätzungen ist, in: Wasser Energie Luft, Jg. 103, H. 1, Baden (CH) 2011,
S. 7–13

Martin Schmidt: Hochwasser und Hochwasserschutz in Deutschland vor 1850.
Eine Auswertung alter Quellen und Karten, München 2000

Wilhelm Schneider: Erinnerungen an die Wertheimer Hochwasser in den Jahren 1845, 1848/49, 1862, 1870, 1876, 1882 und 1909, Wertheim a. M. 1909

Achim Schulte: Wie außergewöhnlich sind die jüngsten Hochwasserereignisse
am Neckar?, in: Dietrich Barsch / Werner Fricke / Peter Meusburger (Hrsg.):
100 Jahre Geographie an der Ruprecht-Karls-Universität Heidelberg (1895–
1995). (Heidelberger Geographische Arbeiten, H. 100), Heidelberg 1996,
S. 55–74

[Paul] Stark: Die verheerende Ueberschwemmung des Nagold-Thales zu Calw
am 1. August 1851. Worte der schwergeprüften Gemeinde zu christlicher Betrachtung gewidmet, Calw 1851

Helmut Straub / Martin Treis: Historische Hochwassermarken in Baden-
Württemberg (Oberirdische Gewässer, Gewässerökologie, Nr. 100), Karlsruhe 2006 [CD-ROM]

Gerd Tetzlaff / Michael Börngen / Manfred Mudelsee / Armin Raabe: Das Jahrtausendhochwasser von 1342 am Main aus meteorologisch-hydrologischer Sicht, in: Wasser und Boden, Jg. 54, H. 10, Berlin 2002, S. 41–49

Hans Wehnert / Jörg Paczkowski: Hochwasser in Wertheim, ebenda 1985

Wie kann den durch die allgemeine Ueberschwemmung Beschädigten nachdrücklich geholfen werden, ohne die Staatslasten zu vermehren. Zum Besten der Unglücklichen, Heidelberg 1824

Markus Wolff: Hochwasserrisiko im mittleren Neckarraum. Charakterisierung unter Berücksichtigung regionaler Klimaszenarien sowie dessen Wahrnehmung durch befragte Anwohner (Potsdam Institute for Climate Impact Research, PIK report, Bd. 87), Potsdam 2003

Günther Wüst: Hochwasser in vergangenen Jahrhunderten. Ein historischer Beitrag zu einem unerschöpflichen Thema, in: Neckargemünder Jahrbuch, Jg. 9, Neckargemünd 1997, S. 6–33

Erdbeben

Carl Botzong: Über die Erdbeben Südwestdeutschlands, insbesondere über die der Rheinpfalz, in: Pfälzische Heimatkunde. Monatsschrift zur Förderung von Natur- und Landeskunde in der Rheinpfalz, Jg. 8, Kaiserslautern 1912, S. 1–4, 25–27, 41–45, 56–61, 73–76, 112–116, 133–136 und 146–150

Lukas Clemens: Katastrophenbewältigung im Mittelalter. Zu den Folgemaßnahmen bei Erdbeben, in: Franz J. Felten / Stephanie Irrgang / Kurt Wesoly (Hrsg.): Ein gefüllter Willkomm. Festschrift für Knut Schulz zum 65. Geburtstag, Aachen 2002, S. 251–266

Christiane Eifert: Das Erdbeben von Lissabon 1755. Zur Historizität einer Naturkatastrophe, in: Historische Zeitschrift, Bd. 274, H. 6, München 2002, S. 633–664

Erdbeben. Dokumentation über die Naturkatastrophe vom 3. September 1978 im Raum Albstadt, Baden-Württemberg, Albstadt 1978

Gerhard Fouquet: Das Erdbeben in Basel 1356 – für eine Kulturgeschichte der Katastrophen, in: Basler Zeitschrift für Geschichte und Altertumskunde, Bd. 103, Basel 2003, S. 31–49

Alexander R[enato] Furger: Ruinenschicksale. Naturgewalt und Menschenwerk, Basel 2011

Monika Gisler / Donat Fäh / Domenico Giardini: Nachbeben. Eine Geschichte der Erdbeben in der Schweiz, Bern u.a. 2008

Hans Dieter Heck / Rolf Schick: Erdbebengebiet Deutschland. An der Rißnaht Europas: Bebenursachen und -abläufe, Stuttgart 1980

Jan Kozak / Marie-Claude Thompson: Historical Earthquakes in Europe, Zürich 1991

Peter Merian: Über die in Basel wahrgenommenen Erdbeben, nebst einigen Untersuchungen über Erdbeben im Allgemeinen, Basel 1834

Werner Meyer: Da verfiele Basel überall. Das Basler Erdbeben von 1356 (184. Neujahrsblatt, hrsg. von der Gesellschaft für das Gute und Gemeinnützige), Basel 2006

L[udwig] Neumann / Wilhelm Deecke: Das Erdbeben vom 16. November 1911 in Südbaden, in: Mitteilungen der Großherzoglich Badischen Geologischen Landesanstalt, Bd. 7, H. 1, Heidelberg 1912, S. 149–199

Melchior Nicolai: Christliche Predigt / Von unterschiedlichen Erdbidemen / Welche sich hin und wider / die Wochen vor und nach Dominica Laetare, im löblichen Hertzogthumb Würtemberg / mit grossem Schrecken der Einwohner / begeben / und zugetragen, Stuttgart 1655

Georg Nuber: Eine christliche Erinnerung von den schröcklichen Erdbidemen, welche sich dises instehende Jahr sehr vilfältig und schrecklich erzeiget. Darinnen angezeiget wird, wie wir dieselbige sollen anschauen: woher sie kommen: womit dieselbige verursachet: was Gott darmit zuverstehen gebe: und wie wir der angedrohten Straffen können entgehen, Stuttgart 1655

Götz Schneider: Die Erdbeben in Südwestdeutschland als tektonisches Ereignis, in: Die Naturwissenschaften, Jg. 59, H. 3, Berlin 1972, S. 112–119

August Sieberg: Beiträge zum Erdbebenkatalog Deutschlands und angrenzender Gebiete für die Jahre 58 bis 1799 (Mitteilungen des Deutschen Reichs-Erdbebendienstes, H. 2), Berlin 1940

Johann Georg Sigwart: Satter, ernst- grunndt- und tröstlicher Bericht von den Erdbidemen, auß Anleitung deß Anno 1601, am 8. Septemb[er] zu, und umb Heidelberg, Tübing, Pfortzheim, und deß Orts in Hochteutschlande ergangenen Erdtbebens, Steinfurt 1613

Wilhelm Sponheuer: Erdbebenkatalog Deutschlands und der angrenzenden Gebiete für die Jahre 1800 bis 1899 (Mitteilungen des Deutschen Erdbebendienstes, H. 3), Berlin 1952

Rudolf Suter: Basel und das Erdbeben von 1356, Basel 1956

Gerhard H. Waldherr / Anselm Smolka: Antike Erdbeben im alpinen und zirkumalpinen Raum. Befunde und Probleme in archäologischer, historischer und seismologischer Sicht (Geographica historica, Bd. 24), Stuttgart 2007

Elisabeth Wechsler: Das Erdbeben von Basel 1356. Teil 1: Historische und kunsthistorische Aspekte, Zürich 1997

Jakob Ziegler: Grundlicher Bericht von den natürlichen ursachen der Erdbidmen. Samt angehenkter Historischer Erzehlung, was mehrentheils darauf in unserem geliebten Vatterland erfolget, Zürich 1674

Himmelserscheinungen, Sonnenfinsternisse und Meteoriten

David Algöwer: Schrifft= und Vernunfft=mässige Anzeige, daß man sich vor innstehender grossen Sonnen=Finsternuß, welche den 3. Maji, 1715, eintreffen wird, weder fürchten noch selbige für ein ausserordentliches Göttliches Zorn= und Straff=Zeichen halten, oder daher künfftige schwere Unglücks=Fälle vermessener Weise prognosticiren, sondern Sie vielmehr als ein handgreiffliches Zeugnuß deß allweisen Schöpffers, und seiner bißher unveränderten punctuellen Ordnung in der Natur, ansehen und betrachten solle, Ulm 1715

Astrologische Beschreibung von der Anno 1654 den 2. (12.) Augusti vorfallenden grossen / sichtbaren und nachdencklichen Sonnen-Finsternuß, Nürnberg 1654

Astrophili Send=Schreiben / Einige die letztere grosse Sonnen=Finsternuß Anno 1706. den 12. Maji vormittags / angehende Punkten betreffend/ an einen seiner guten Freunden, Frankfurt / Leipzig 1706

Wolfgang Bachmeyer: Gründliche und außführliche astronomische Beschreibung der bevorstehenden Sonnen-Finsternuß, welche auff nächstkommenden 2. 12. Augusti bey uns zu ersehen seyn wird. Sampt gebürender Ableinung etlicher ungereimter Puncten dadurch diese Finsternuß ohne Grund überauß schröcklich und gefährlich angegeben wird, [Nördlingen] 1654

Ursula B[ailey] Marvin: The meteorite of Ensisheim: 1492 to 1992, in: Meteoritics, Vol. 27, No. 1, Lawrence 1992, S. 28–72

J[oseph] P[atrick] McEvoy: Sonnenfinsternis. Die Geschichte eines Aufsehen erregenden Phänomens, Berlin 2001

Christoph Schorer: Erinnerung von bevorstehender Sonnen-Finsternus / und Abmahnung von der daher entstehenden grossen Forcht, Ulm 1654

Eberhard Welper: Eclipsiographia oder Beschreibung der ungewohnlichen grossen Sonnen-Finsternus welche sich im nechstkünfftigen 1654. Jahr, den 2. 12. Augstmonats kurtz vor Mittag erzeigen und mit Trawren anzuschawen seyn wird, Straßburg 1653

Bergstürze, Lawinen und gravitative Massenbewegungen

Rainer Bell: Lokale und regionale Gefahren- und Risikoanalyse gravitativer Massenbewegungen an der Schwäbischen Alb, Bonn [Dissertation] 2007

Erhard Bibus / Birgit Terhorst (Hrsg.): Angewandte Studien zu Massenbewegungen (Tübinger geowissenschaftliche Arbeiten, Reihe D: Geoökologie und Quartärforschung, Bd. 5), Tübingen 1999

Alexander Blöchl: Ökonomische Analyse von Naturrisiken am Beispiel von Hangrutschungen der Schwäbischen Alb (Kölner geographische Arbeiten, H. 89), Köln 2010

Armin Dieter: „Nationaler Geotop" – Mössinger Bergrutsch. Einer der bedeutendsten Geotope Deutschlands, Mössingen [2008]

August Göller: Von Murgängen und Erdrutschen im südwestlichen Schwarzwald, in: Markgräfler Jahrbuch, Bd. 3, Schopfheim 1954, S. 29–32

Otto Manz: Das Unglück bei der Bronner Mühle, in: Tuttlinger Heimatblätter, N.F. 55, Tuttlingen 1992, S. 163–169

Klima, Missernten, Teuerung und Hunger

Wolfgang Behringer: Kulturgeschichte des Klimas. Von der Eiszeit bis zur globalen Erwärmung, München 2007

Wolfgang Behringer / Hartmut Lehmann / Christian Pfister (Hrsg.): Kulturelle Konsequenzen der „Kleinen Eiszeit" (Veröffentlichungen des Max-Planck-Instituts für Geschichte, Bd. 212), Göttingen 2005

Johann Lorenz Böckmann: Carlsruher Beyträge zur physischen Geschichte des ausserordentlichen Winters vom November 1783 bis April 1784, Karlsruhe 1784

Karl Heinz Burmeister: „Der Heisse Sommer" 1540 in der Bodenseeregion, in: Schriften des Vereins für Geschichte des Bodensees und seiner Umgebung, H. 126, Ostfildern 2008, S. 59–87

Horst Buszello: Teuerung und Hungersnot am Ober- und Hochrhein im Spätmittelalter und in der Frühen Neuzeit (circa 1300–1800), in: Das Markgräflerland, Bd. 2, Schopfheim 2007, S. 32–71

Rüdiger Glaser: Klimageschichte Mitteleuropas. 1200 Jahre Wetter, Klima, Katastrophen, Darmstadt 2008

Rüdiger Glaser / Dirk Riemann / Johannes Schönbein / Michael Friedrich / Alexander Land: Klimawandel im 15. und 16. Jahrhundert im deutschen Südwesten im Kontext von Gesellschafts- und Naturarchiven, in: Zwischen Tradition und Wandel. Archäologie des 15. und 16. Jahrhunderts (Tübinger Forschungen zur historischen Archäologie, Bd. 3), Büchenbach 2009, S. 493–500

Miriam N[oël] Haidle: Mangel – Krisen – Hungersnöte? Ernährungszustände in Süddeutschland und der Nordschweiz vom Neolithikum bis ins 19. Jahrhundert (Urgeschichtliche Materialhefte, Bd. 11), Tübingen 1997

Gunther Hirschfelder: Extreme Wetterereignisse und Klimawandel als Perspektive kulturwissenschaftlicher Forschung, in: Österreichische Zeitschrift für Volkskunde, Bd. 112, Neue Serie Bd. 63, H. 2, Wien 2009, S. 5–25

Manfred Jakubowski-Tiessen: Die Auswirkungen der „Kleinen Eiszeit" auf die Landwirtschaft: Die Krise von 1570, in: Zeitschrift für Agrargeschichte und Agrarsoziologie, Jg. 58, H. 1, Frankfurt a. M. 2010, S. 31–50

Christian Jörg: Teure, Hunger, Großes Sterben. Hungersnöte und Versorgungskrisen in den Städten des Reiches während des 15. Jahrhunderts (Monographien zur Geschichte des Mittelalters, Bd. 55), Stuttgart 2008

Susanne Kiermayr-Bühn: Leben mit dem Wetter. Klima, Alltag und Katastrophe in Süddeutschland seit 1600, Darmstadt 2009

Ulrich Köpf (Red.): Die Hungerjahre 1816/17 auf der Alb und an der Donau, [Ehingen] 1985

Daniel Krämer: „Menschen grasten nun mit dem Vieh". Die letzte große Hungerkrise der Schweiz 1816/17 (Veröffentlichungen der Abteilung für Wirtschafts-, Sozial- und Umweltgeschichte, Bd. 4), Basel 2015

Rainer Loose: Klimafolgen. Der Einfluss des Wetters auf Wirtschaft und Gesellschaft der Mittleren Schwäbischen Alb (ca. 1770–1850), in: Roland Deigendesch / Sönke Lorenz / Manfred Wassner (Hrsg.): Geschichte und Biosphäre. Zur Erforschung und Bewahrung des historisch-kulturellen Erbes der Schwäbischen Alb (Tübinger Bausteine zur Landesgeschichte, Bd. 12), Ostfildern 2009, S. 139–164

Petra Lutz / Thomas Macho (Hrsg.): 2°. Das Wetter, der Mensch und sein Klima, Göttingen 2008

Hans Medick: Teuerung, Hunger und „moralische Ökonomie von oben". Die Hungerkrise der Jahre 1816–17 in Württemberg, in: Beiträge zur historischen Sozialkunde, Jg. 15, H. 2, Wien 1985, S. 39–44

K[arl Pfaff]: Nachrichten über Witterung, Fruchtbarkeit, merkwürdige Natur=Ereignisse, Seuchen u.s.w. in Süd=Deutschland, besonders in Württemberg, vom Jahr 807 bis zum Jahr 1815, aus gedruckten und ungedruckten Quellen zusammengestellt, in: Württembergische Jahrbücher, Jg. 1850, H. 1, Stuttgart 1851, S. 80–166

Jelle Zeilinga de Boer / Donald Theodore Sanders: Das Jahr ohne Sommer. Die großen Vulkanausbrüche der Menschheitsgeschichte und ihre Folgen, Essen 2004

Volksfrömmigkeit und Theologie

Wolfgang Behringer: Das Wetter, der Hunger, die Angst. Gründe der europäischen Hexenverfolgungen in Klima-, Sozial- und Mentalitätsgeschichte. Das Beispiel Süddeutschlands, in: Acta Ethnographica Hungarica, Vol. 37, Nr. 1–4, Budapest 1991/92, S. 27–50

Monica Blöcker: Wetterzauber. Zu einem Glaubenskomplex des frühen Mittelalters, in: Francia. Forschungen zur westeuropäischen Geschichte, Bd. 9 (1981), München 1982, S. 117–131

Bernd Brinkmann: Wetterlieder im 17. und 18. Jahrhundert, in: Max Matter / Nils Grosch (Hrsg.): Lied und populäre Kultur / Song and Popular Culture (Jahrbuch des Deutschen Volksliedarchivs Freiburg, Bd. 45), Münster 2000, S. 89–108

Hermann Ehmer: Zeichen und Wunder. Die theologische Deutung von Naturereignissen im nachreformatorischen Württemberg, in: Blätter für württembergische Kirchengeschichte, Jg. 88, Stuttgart 1988, S. 178–200

Manfred Jakubowski-Tiessen / Hartmut Lehmann: Um Himmels willen. Religion in Katastrophenzeiten, Göttingen 2003

Dieter Klepper: Wetterwendisch. Glaube und Aberglaube um Donner, Blitz und Feuer, St. Georgen 2006

Hans-Günther Körber: Vom Wetteraberglauben zur Wetterforschung (Aus Geschichte und Kulturgeschichte der Meteorologie), Innsbruck / Frankfurt a. M. 1987

Hartmut Lehmann: Frömmigkeitsgeschichtliche Auswirkungen der „Kleinen Eiszeit", in: Wolfgang Schieder (Hrsg.): Volksreligiosität in der modernen Sozialgeschichte (Geschichte und Gesellschaft, Sonderheft 11), Göttingen 1986, S. 31–50

Sönke Lorenz: Brenz' Predigt vom Hagel und die Hexenfrage, in: Blätter für württembergische Kirchengeschichte, Jg. 100, Stuttgart 2000, S. 327–344

Alexander Sperl: Vom Blutregen zum Staubfall. Der Einfluß politischer und theologischer Theorien auf die Wahrnehmung von Umweltphänomenen, in: Gerhard Jaritz / Verena Winiwarter (Hrsg.): Umweltbewältigung. Die historische Perspektive, Bielefeld 1994, S. 56–76

Ortsregister

Bildnachweis

S. 12 oben: Freiwillige Feuerwehr Hirschhorn – S. 12 unten: Marco Kaschuba, Reutlingen – S. 23: Alex R. Furger, Augst – S. 26: Andreas Faiß, Rottenburg am Neckar – S. 28: Heimatverein Brehmbachtal e. V. – S. 35: Städtische Archive Biberach an der Riß (Sig. fo-4541) – S. 53: Bayerische Staatsbibliothek, München (Sig. Cgm 426, fol. 44r) – S. 57: Stiftung Ernst Feigenwinter, Reinach – S. 63: Burgerbibliothek Bern (Sig. Mss.h.h.I.1, p. 289), Foto: Codices Electronici AG, www.e-codices.ch – S. 72: Zentralbibliothek Zürich (Sig. Ms F 19 fol. 191 recto) – S. 74: Rosgartenmuseum Konstanz (Inv. Nr. T 665) – S. 76: Zentralbibliothek Zürich (Sig. PAS II 3/3) – S. 81: Bayerische Staatsbibliothek, München (Sig. 4 Inc.s.a. 1299 g) – S. 86: Karlsruhe, Badische Landesbibliothek (Sig. 51 A 1376, Titelseite und Inhaltsangabe) – S. 94: Eva Mertes, Galerie Schön, Bonn – S. 99: Universitätsbibliothek Heidelberg (Theatrum Europaeum, 1643, Sig. B 3446 B Folio RES::1, S. 101) – S. 101: Staatsarchiv Wertheim (Sig. Lb 64 HV) – S. 113: Niedersächsische Staats- und Universitätsbibliothek, Göttingen (Sig. DD2000 A 156) – S. 115: Gemeinde Zwingenberg – S. 120: Staats- und Universitätsbibliothek Dresden (Sig. KS B911) – S. 121: Stadtarchiv Schwäbisch Hall – S.124: Württembergische Landesbibliothek, Stuttgart (Sig. Theol.qt.5635, Titelseite) – S. 127: Landeskirchliche Zentralbibliothek, Stuttgart (Sig. AS/5576, Titelseite) – S. 128: Rainer Halama, Dortmund – S. 135: Karlsruhe, Badische Landesbibliothek (Sig. O55 A 69, Tafel nach S. 48) – S. 139: Stadtarchiv Ravensburg (Inv. Nr. 89/1157) – S. 142/143: Württembergische Landesbibliothek, Stuttgart (Sig. W.G.oct.1399, Jg. 1818) – S. 144 oben: Württembergische Landesbibliothek, Stuttgart (Sig. W.G.oct.k.158, Titelseite) – S. 144 unten: Wolfgang Ehret, Eppingen – S. 146: Stadtarchiv Ludwigshafen (Sig. Foto Nr. 972) – S. 148: Bildarchiv Wolfgang Wirth, Fridingen – S. 149: Stadtarchiv Freudenstadt (Sig. F 1) – S. 150: Armin Dieter, Mössingen – S. 152: Generallandesarchiv Karlsruhe (Sig. J-D_N 1) – S. 154/155: Württembergische Landesbibliothek, Stuttgart (Sig. W.G.qt.20, Jg. 1927, S. 134/135) – S. 162: Stadtarchiv Donaueschingen – S. 167: Landesamt für Geoinformation und Landentwicklung Baden-Württemberg, Stuttgart – S. 176: Stadtarchiv Blaubeuren (Sig. Negativ Nummer 220; Aufnahme: Wilhelm Gunsilius) – S. 177: Foto Kasenbacher, Schramberg – S. 182: Stadtarchiv Pforzheim (Sig. 12-1-Bleichstr. – 13-g) – S. 184: SÜDKURIER, Jürgen Dreher – S. 191: Dieter Wissing, Gengenbach – S. 193: Sammlung Thomas Adam, Karlsruhe – S. 194: Schwäbische Alb Tourismus, Bad Urach

Die Deutsche Nationalbibliothek verzeichnet diese Publikation in der Deutschen Nationalbibliografie; detaillierte bibliografische Daten sind im Internet über http://dnb. dnb.de abrufbar.

Der Konrad Theiss Verlag ist ein Imprint der WBG.

© 2015 by WBG (Wissenschaftliche Buchgesellschaft), Darmstadt

Die Herausgabe des Werkes wurde durch die Vereinsmitglieder der WBG ermöglicht.
Umschlaggestaltung: Stefan Schmid Design, Stuttgart, unter Verwendung einer
Abb. von Plainpicture/Tine Butter
Programm-Management THEISS Regionalia: Stefan Brückner, Stuttgart
Lektorat, Gestaltung und Satz: Kohler Media, Michael Kohler, Karlsruhe
Gedruckt auf säurefreiem und alterungsbeständigem Papier
Printed in Germany
Besuchen Sie uns im Internet: www.wbg-wissenverbindet.de
ISBN 978-3-8062-3156-4
Elektronisch sind folgende Ausgaben erhältlich:
eBook (PDF): 978-3-8062-3250-9
eBook (epub): 978-3-8062-3251-6